动物与人
ANIMALS AND HUMANS

郭耕自然保护随笔

郭耕◎著

北京出版集团
北京出版社

恩泽鸟兽，荫及子孙。
人与动物，休戚与共！

物我同舟，相伴永久！
笔耕不辍，护生不止！

图中为"自然之友"原创会会长，全国政协原常委梁从诚。图右为世界著名灵长类学家珍·古道尔博士。图左为本书作者郭耕

For GUO Geng
   I am so happy we met
Together we can make this
world a better place for all
living things.
         With love
         Jane Goodall

致郭耕：
    我非常珍视我们的每次会面，希望我们共同努力使这个世界的所有生灵活得更好，人与动物，永远和谐！

                              珍·古道尔

珍·古道尔博士（右）与郭耕

珍·古道尔博士（左）与郭耕

I have known Guo Geng for 18 years and, from the start, was impressed by his understanding and love of wildlife. He introduced me to the Pere David Deer or Milu that he describes in this book. And I loved the way he talked about them. He shares his passion and knowledge in this book which provides fascinating information about various species and habitats. As I write, the world is still affected by the COVID-19 pandemic, that was caused by a virus jumping from an animal to a human, and Guo Geng emphasises the need to develop a more respectful relationship with animals and nature to avoid future epidemics of this sort. It is so important to realize that individual animals have personalities and can feel fear and pain and deserve our respect, and to understand that we are part of the natural world , not separated from it, and that we depend on it for our survival as a species. I hope this book is widely read, especially by young people throughout China.

Jane Goodall

我认识郭耕18年了，从一开始，就对他对野生动物的认知与爱意印象深刻。是他向我介绍了麋鹿即戴维鹿，我也很欣赏他情系万物的方式。在其书中，他分享了与动物接触的经历、趣闻与知识。就在我写下这些文字时，新型冠状病毒，一种从动物跨越种藩篱来到人间的病毒，正肆虐全球。为了避免未来类似流行病的蔓延，郭耕强调建立人与动物和自然相互尊重的关系的必要性，即距离不仅产生美，更产生安全！能够理解每个动物都是血肉有情之物，值得我们的尊重，至关重要。人类作为众多生物的一员，是其赖以生存的自然界的一部分，不可分割。我希望能有更多的人，特别是中国的年轻人读到这本书！

珍·古道尔
2020 年 9 月

前　言

2020 年，鼠年初始，新型冠状病毒肺炎在全世界肆虐开来。随着疫情的发展，野生动物交易市场成为公众关注的焦点。大疫当前，举世惊愕，这一巨大的灾难为什么会发生？有人把疫情归咎、迁怒于野生动物，认为是它们把病毒带给了人类，某地甚至出现了灭杀冬眠蝙蝠的过激行为。殊不知，野生动物始终在代人受过，人类捕捉、运输、饲养、屠宰野生动物和破坏野生动物自然栖息地的行为，才给寄生于野生动物身上的病毒带来了跨越物种传播的机会。痛定思痛，野生动物何罪之有呢？不是野生动物有问题，而是人类对待动物的态度、与之相处的方式出了问题。

为了满足口腹之欲，为了追逐可观的利益，野生动物的盗猎者、经营者和购买者不惜违反法律，心存侥幸，同时也与有关部门有法不依、执法不严、市场监管不力不无关系。但这些还只是表象，更深层面的是非法野生动物市场和野味贸易有无存在的合法性及必要性的问题。有人辩解，一些人赖此为生，不让他们经营野味，这些人就会失去生活来源。其实，取缔野味贸易与当年取消拉洋车、取缔鸦片烟馆是一个道理。经营野味本来就是非法行为，他们理当另谋生计。还有人说，野味经营能创造成百上千亿元的年产值，但如果让全社会为一个有损国家形象、有悖生态文明，甚至是有损人民健康与生命的行业来买单，岂不是因小失大？

好在希望总比失望多。2020 年 2 月 3 日，中共中央政治局常委会会议提出，要加强市场监管，坚决取缔和严厉打击非法野生动物市场和贸易，从源头上控制重大公共卫生风险。2 月 17 日全国人大常委会第四十七次委员长会议提请审议全国人大常委会关于全面禁止非法野生动物贸易、革除滥食野生动物陋习、切实保障人民群众生命健康安全的决定草案的议案。2月24日下午，十三届全国人大常委会第十六次会议表决通过了这项既惠及天地万物、更惠及亿万百姓的划时代的决定。

本来，出于生态权利保护，野生动物的合法经营与可持续利用是正常现象，也是国际惯例。且不说野生动物的科学狩猎与管理是被允许的，只说人工繁育野生动物只要合理合法也是被许可的。人工繁育的供给必须能替代野外来源的供给；其人工种群的维持不能依赖野外种群来补充；人工饲养场所更不能钻法律空子打着人工繁育之名，行野外捕捉之实，否则这一粒老鼠屎就可能毁了一锅汤。

有人问，你倾向于哪边？我不属于任何一边，野的不吃，家养的也不吃——我已经几十年都不吃肉了。但芸芸众生还是要吃肉，要消费动物产品，如何做到合理合法呢？简单地说，就是利用驯化动物，保护野生动物。

这两天，在一个有关动物的业内群里，两个人吵了起来，因为一位主张取缔野生动物产业，一位支持合理合法的野生动物产业存在。近年来我发现，因为概念的混乱，导致理念与观点混乱，保护派与利用派各持己见，双方动辄打乱仗，最后，可能因一方名望高而暂居上风。

2016年，我有幸参加了《中华人民共和国野生动物保护法（修订草案）》的座谈会。与会者不乏相关专业的高级专家，其中有位专家提出"利用"的想法，说什么绿孔雀繁殖了成千数万。我提醒道，能大量繁殖的不是绿孔雀，而是蓝孔雀。他却说，既然蓝的能繁殖，绿的也一样；梅花鹿能繁殖，其他鹿也一样；外国能有马戏，中国何必反对；古人能用动物入药，今人有何不能？歪理一套一套的，显然他是野生动物保护方面的外行，并不具备野生动物保护方面的基本常识。还有一次，我在中央电视台参加了一个关于动物保护与利用主题的节目，一位教授说："保护什么什么就少，你看熊猫、丹顶鹤、白鳍豚，越保越少；利用什么什么就多，你看鸡、鸭、猪、狗，越吃越多……"此言乍听似乎在理，在场的学生都为他鼓掌。事实上，他偷换了两个概念，就是野生与驯化。一般学生哪分得清何为野生动物，何为驯化动物；哪个该保护，哪个可利用；哪个该用、能用，哪个不该用、不能用？驯化动物的历史艰辛而漫长，驯化动物的消费，完全可以满足我们对蛋白质的需求。2019 年中国人均消费肉类 62 千克，都是来自驯化动物，而非野生动物。

回到眼前，既然中央出台"坚决取缔和严厉打击非法野生动物市场和贸易"的政策，我们亟待厘清驯化与野生的差别。何为野生动物？野生动物就是没有被驯化且生活在自然界的动物。饲养场的动物，就不要动辄打着野生动物的旗号来吸引眼球、招揽生意，饲养场的驯化（包括半驯化）动物，应属农业畜牧业的范畴，应与需要保护的野生动物区别对待，相关主管部门不应纠结甚至沉溺于对养殖经营性质的产业审批，而应开展更重要、更广泛、更公益的保护和宣教工作，唤起全社会保护共有家园和形成人与自然的生命共同体的意识。

2020 年 1 月 26 日，在疫情危机之际，市场监管总局、农业农村部、国家林草局三部委及时采取措施，发布公告：自本公告发布之日起至全国疫情解除期间，禁止野生动物交易活动。这是好事，是个开端，但愿对野生动物的全面保护不仅仅限于公告发布之日至疫情解除之时，但愿《中华人民共和国野生动物保护法》的范围不仅涉及重点保护动物，也荫泽一般野生动物。何出此言呢？目前，《中华人民共和国野生动物保护法》涉及的动物只包括三部分，即《国家重点保护野生动物名录》，地方重点保护野生动物名录，《国家保护的有重要生态、科学、社会价值的陆生野生动物名录》。只有保持物种的多样性，才能维护生态系统的稳定性。野生动物保护，不仅具有生态价值，更是生态安全的一部分，须从卫生健康、公共安全等方面来考虑。野味中的病菌传播，不是简单的高温蒸煮就能消除的，传染的风险贯穿于捕、运、养、存、售、杀全过程，更有甚者，对野生动物赖以生存的自然地、荒野地的鲸吞蚕食，也在开启潘多拉魔盒。野味市场漏洞多、风险大，不能吃的野味包括的范围很广：蝙蝠、穿山甲、果子狸、旱獭、麻雀、龟、鳖……驯养的、野生的，各种动物，不管是不是名录上的都有人兽共患病的风险。

归根结底，处理好人与动物关系的关键，不是把动物关起来，而是把人管起来。只有管好自己，敬畏生灵，才能岁月静好，相安永久。

正如习近平总书记 2020 年 9 月 30 日在联合国生物多样性峰会上通过视频发表的重要讲话中指出的，当前，全球物种灭绝速度不断加快，生物多样性丧失和生态系统退化对人类生存和发展构成重大风险。[1] 新冠肺炎疫情告诉我们，人与自然是命运共同体。我们要同心协力，抓紧行动，在发展中保护，在保护中发展，共建万物和谐的美丽家园。

郭耕

2021 年 2 月 24 日于北京麋鹿苑

---

1. 出自《习近平在联合国生物多样性峰会上发表重要讲话》，《人民日报》，2020 年 10 月 1 日 01 版。

目 录

一

动物与人
关系之思

二

巡讲不止
笔耕不辍

三
生肖动物
人生诠释

一

动物与人
关系之思

面对新冠病毒，做多米诺式的反思

黄鹤西去悼大鹏

2020 年伊始，中国进入非常时期，新型冠状病毒肺炎在全国各地迅速传播开来。1 月 21 日，武汉自然教育名人、75 岁的徐大鹏老师继夫人于 12 日因不明原因肺炎病故后，竟然也染病而亡。他们夫妇因没有来得及做新冠肺炎的核酸检测而未被列入官方公布的新冠肺炎死亡名单。但作为我多年的朋友、2000 年同届环保"地球奖"获得者、非专业出身的坚定的动物保护人士，徐老师竟在疫情初始即患病去世，收到消息后我内心充满了悲痛。一位为动物保护奔走呼号的可敬的长者，却成了疫病的牺牲者，这令同为政协委员的我想起他说过的一次提案经历。他曾提交政协一份关于重视环境教育的提案，不料最后这份提案的落实又回到了他的头上，当时徐老师一脸无奈，两手一摊苦笑着说："没辙，还得咱们来。"

他是武汉的政协委员，我是北京的政协委员，为了同一个目的，我们并肩战斗二十载，先期是随"地球之友"公益组织的吴方笑薇巡讲各地，近年又共同参加中国野生动物保护协会和国家环保宣教中心的教师培训活动。徐老师可谓一人跨两界：环保与林业。2019 年我们还相继在山东东营、辽宁盘锦做湿地学校培训。年逾古稀，战斗不息，他的名言仍萦绕耳畔："要想人不老，终生搞环保。"如今，我们只有化悲痛为力量，继续为野生动物保护奔走呼号。

这是 2002 年 4 月我和徐老师在广西巡讲的一段笔记：

> 在我们强调善待地球的环境教育中，还是比较侧重动物保护内容的，尤其是护生惜物的观点。课后活动更令人难以释怀，作为"寻找地球故事"活动内容之一的自然考察，在环保局宣教中心及广西电视台《生存空间》栏目组的周密安排下，于 4 月 4 日成行了。吴方老师一行 4 人及环保局陶工、电视台李力前往防城港红树林保护区、大明山白鹭保护区、防城港金花茶保护区以及一所野生动物救护中心，但最令大家触目惊心的是这

游云、徐大鹏（左一）在北京麋鹿苑

所救护中心冰柜里的一具具动物尸体。我虽然没有在现场（我去了崇左的白头叶猴保护区），可是，听到他们动容的描述和录像上回放的一幕幕惨景，仍为之惊诧：那些身体僵硬的穿山甲、肢体残缺的果子狸、死不瞑目的广西猴……皆是对人类活动恶行的无声控诉。

——摘自《鸟兽物语》

之后，上课时，徐老师便经常以这些图片为例，讲述野生动物被屠戮、被残害的故事。

2001年7月，我们在武汉的一次活动更是令人感慨万分：

> 和徐老师离开动物园，驱车赶往位于武昌的白鱀豚馆，我们的老朋友、豚类研究专家张先锋博士，带我们探望了慕名已久的"淇淇"——世界上唯一一只人工饲养的白鱀豚。说起淇淇的故事，可谓一言难尽。望着已20多岁仍孑然一身的淇淇，在静得瘆人的水池中百无聊赖地兜圈子，涟涟水波在我心中激出一阵莫名的凄楚。这最后的活化石，本该属于大自然的长江特有鲸类，已经在长江中进化了2000多万年，如今，却不足20只，是又一种势必会灭绝在我们这代人手中的野生生灵，被国际保护人士称为"活着的死物种"。对于淇淇来说，真不知是幸运还是悲哀。

——摘自《鸟兽物语》

不料，次年7月，这只白鱀豚竟然死去了，我们共同见证的，不仅是一个个体生命的死亡，更是一个古老物种的终结。从那以后，我在动物保护科普巡讲中都会说，我曾目睹了一个活生生的物种的灭绝。

灭绝墓碑警公众

1999 年，我在北京麋鹿苑设计的由一列巨型多米诺骨牌石碑构成"濒危"之列的世界灭绝动物公墓，刻有"白鳍豚"的骨牌石碑还处于将倒未倒的状态，如今，物是人非，骨牌尚在那里，淇淇和整个白鳍豚物种却已与我们永别。说到永别，英语中有这样的谚语"As dead as Dodo"（直译即"像渡渡鸟一样死去"，引申为"永别了"）。渡渡鸟是一种仅产于印度洋毛里求斯岛上的不会飞的鸟，随着 16—17 世纪西方航海业的发展，特别是荷兰人定居毛里求斯并引入大量的陆地动物，这种古老的岛屿鸟类在外来物种的入侵下，很快就灭绝了。渡渡鸟的灭绝可谓首开现代物种灭绝之先河，影响巨大，所以留在了谚语中，更刻在了麋鹿苑灭绝动物多米诺骨牌石碑上。

简单地说，物种灭绝的主要因素有 4 种：生境破坏、过度开发、盲目引种、环境污染。

在濒临灭绝的脊椎动物中，有约 37% 的物种受到过度开发的威胁，许多野生动物因被作为"皮可穿、毛可用、肉可食、器官可入药"的开发利用对象而遭受灭顶之灾。象的牙、犀的角、虎的皮、熊的胆、鸟的羽、海龟蛋、海豹油、藏羚绒……更多更多的是野生动物的肉，无不成为人类牟取暴利的商品，"万类霜天竞自由"的大千世界，竟然成了"秋风秋雨愁煞人"的大屠宰场。

人类为了满足自己的口腹之欲，而剥夺了野生动物生存的权利，使它们甚至遭受了灭族灭种之灾，这种暴虐残忍的行径，不仅伤害了野生动物，而且也使那些寄宿在野生动物体内的病毒、细菌、寄生虫，往往因人类的扼杀、人类的乱饮乱食、人类的消费而不得不另寻宿主，转移到吃货——人类身上，这岂不是人类的咎由自取！我在设计世界灭绝动物公墓的多米诺骨牌石碑时，在靠近尾声的部位一块汉白玉骨牌上，刻上了"人类"两个字，其用意就是告诉人们，物种灭绝具有连带性，你推倒的骨牌最终还会砸向自己。当然，人类并非最后一块骨牌，最后一块骨牌上写着"老鼠"两个字，包括老鼠在内的啮齿动物多达 2000 多种，其中仅鼠科就有 800 多种，个体数量比人类还多，生存能力极强，科学家往往生出"即使人类灭绝，老鼠也不会灭绝"的感叹。

解铃还须系铃人

痛定思痛，杜绝人与动物共患疫病的滋生，防患于未然更为重要！近年来查处的野生动物黑市贸易，令人触目惊心。

2018 年 7 月，江西森林公安破获一起特大贩卖野生动物案，涉案动物 17000 多只，销售网络覆盖全国 15 个省份。

2018 年 11 月，湖南森林公安通报，告破一起特大贩卖穿山甲以及非法收购、运输、出售其他濒危动物及其产品的案件，收缴 216 只穿山甲。

2018 年 12 月，吉林森林公安在吉林省通化市朝阳镇一家商铺查获野生动物尸体 4856 只，包括狍子、野兔和猫头鹰、花尾榛鸡等大量鸟类。

2019 年黑龙江省齐齐哈尔市破获 "9·3 非法售贩野生鸟类特大案件"，抓获涉案人员 25 名，涉案地区跨黑龙江、湖北两省，大庆、武汉等 6 个市县。

每年类似的大案要案都有数十起，野生动物的非法捕猎、运输、买卖形成了一条黑色链条，野生动物制品在黑市上交易，一些野味被摆上了餐桌。野生动物产品的消费非常值得关注。

中国是全球生物多样性最丰富的国家之一，有脊椎动物 5200 多种，其中陆栖动物 2300 种，占世界陆栖动物的 10%。

其中：

哺乳动物，全球约 5000 种，中国 693 种；

鸟类，全球 10000 种，中国 1400 多种；

爬行动物，全球 6300 种，中国 500 余种；

两栖动物，全球 4000 种，中国 500 余种；

鱼类，全球 21400 种，中国近 3000 种；

无脊椎类动物至少 100 万种。

"劝君莫射南来雁，恐有家书寄远人。" 中国自古就有保护野生动物的传统，这是我们的骄傲，也是我们祖先留给我们的文化，而我们理应使其继续传承下去，而不是断绝于我们手中，否则，就是 "吃祖宗饭，造子孙孽"。2020 年 1 月 26 日，市场监管总局、农业农村部、国家林草局三部委及时发布公告，自本公告发布之日起至全国疫情解除期间，禁止野生动物交易活动。这是好事，也是开端。相信国家对野生动物及生态环境的保护会越来越重视，力度也

一
动
物
与
人
关
系
之
思

会越来越大，也希望社会民众对保护野生动物和我们赖以生存的环境，能够形成更加深切的共识。

　　保护野生动物，就是保护人类自己。这是我们喊了多年的口号，但喊破嗓子，也不如一次生命教训这么振聋发聩，这么有说服力，这么有理有据！保护、保护，保护的关键不是把动物关起来，而是把人管起来，管好自己、善待动物，就是保护自己、善待自己。

| 格言 |　　我的生命对我来说充满了意义，我身旁的这些生命一定也有相当重要的意义。如果我要别人尊重我的生命，那么我也必须尊重其他的生命。

——［德国］史怀哲

生物多样性：从麋鹿的保护谈起

我所在的单位北京麋鹿苑博物馆，又叫北京麋鹿生态实验中心，其核心工作是实施对麋鹿这个物种的保护，并围绕这个核心开展有关生物多样性保护的科研和科普工作。截至 2020 年，麋鹿作为中国"重引进"的拯救动物，回归祖国已经 35 年。这些年，我们始终都面临着一个问题：为什么要保护麋鹿？为了一个物种值得吗？麋鹿其实是一种原产于我国，在我国一度绝迹，后经中外合作引种才得以恢复的物种。"北京麋鹿苑"这个名称可能大家都知道，但它还有一个鲜为人知的别名：北京生物多样性保护研究中心。我们保护麋鹿的理论根据就是"地球的生物多样性"必须保护，"只有多样性，才有稳定性"。

一　动物与人关系之思

023

那么，什么叫生物多样性？为什么要保护生物多样性？

生物多样性包括地球上所有植物、动物、微生物和它们所拥有的基因以及由这些生物和环境构成的生态系统。保护生物多样性就是在生态系统、物种和基因 3 个水平上采取保护战略和保护措施。生物多样性是地球 40 亿年来生物进化遗留下来的宝贵财富，是人类社会赖以生存和发展的基础。经济的可持续发展必须以良好的生态环境和可持续利用的生物多样性为基础。生物多样性给我们提供了食品、医药、衣服和住房等，它不仅是农、林、牧、副、渔业经营的主要对象，还是重要的工业原料。除此之外，生物多样性在保护土壤、涵养水源、调节气候、维持生态系统的稳定性等方面也具有重要的作用。

生物多样性强调，地球本身存在着多种多样的生物类型，它们互相依赖又互相制约，使自然生态和食物链保持动态平衡和稳定，各种生物得以在不断变化的环境中生存和发展。生物多样性是地球上各种生物赖以长期存在、繁衍、昌盛的基础和社会财富的源泉。生物多样性包括基因（遗传资源）多样性、物种多样性和生态系统多样性 3 个层次。保护生物多样性就是要保护生态系统和自然环境，维持和恢复各物种在自然环境中有生命力的群体，保护各种遗传资源。但是，由于人类活动的扩展和对大自然的过度开发，许多物种已经灭绝或

成年公麋鹿在发情期常将杂草挑起挂在角上，以吸引异性，图中这只鹿角上挂着一个破布袋，略显滑稽

正面临灭绝的危险。

我国是世界上生物多样性最为丰富的国家之一。一方面，我国地域差异显著，因而孕育了既丰富多彩又独具特色的生物种群和生态系统。仅生态系统就有 27 个大类 460 个类型（其中，森林有 4 个大类 56 个类型，荒漠有 7 个大类 79 个类型，湿地和淡水水域有 5 个大类）。我国有高等植物 32800 余种，占世界总种数的 12%，居世界第三位。我国的动物种类约有 6 万种，占世界总种数的 10%。由于我国古大陆受第四纪冰期的影响较小，因而保存下来许多古老的孑遗种和特有种（或属）。我国的生物多样性还具有经济物种多的特点：药材植物 4773 种，淀粉原料植物 300 种，纤维原料植物 500 种，油脂植物 800 种，香料植物 350 种，珍贵用材树种 300 种，已开发利用的真菌 800 多种，药材动物 740 种，有经济价值的野生动物 200 种。我国是世界三大栽培植物起源中心之一，除 20 多种农作物起源于我国以外，我国还拥有大量栽培植物的野生亲缘种，如野生稻、野生大麦、野生大豆、野生茶树和野生苹果等。

我国常见的栽培作物有 50 多种，果树品种 1 万余个，畜禽 400 多种，居世界首位。另一方面，我国的森林资源，尤其是宝贵的原始林，由于长期遭到乱砍滥伐、毁林开荒以及森林火灾和病虫害等的危害，面积有所减少。草原由于超载放牧、毁草开荒以及鼠害等影响，也有所退化。森林和草原的破坏使我国 15%~20% 的动植物物种受到威胁。许多贵重药材如野生人参、野生天麻等濒临灭绝。近百年来，我国有 10 余种野生动物曾经绝迹，如高鼻羚羊、麋鹿、野马、犀牛、新疆虎等。目前，大熊猫、金丝猴、东北虎、雪豹等 20 余种珍稀野生动物也面临着灭绝的危险。我国于 1988 年公布了《国家重点保护野生动物名录》。另外，由于种群数量减少或灭绝，致使我国种质资源因缩小或消失而丧失了许多遗传基因。外来物种的引进和单纯追求高产，致使许多古老的土著品种遭受排挤而逐步减少甚至灭绝。

我国生物多样性的损失早已引起政府的高度重视。自 20 世纪 50 年代起，我国就制定了有关的方针政策和一系列保护措施，生物多样性的保护初见成效。1987 年公布的《中国自然保护纲要》是我国第一部自然保护方面的纲领性文件，它提出了我国保护生物多样性的总体战略和基本原则，并且提出了一般性对策。党的十八大以来，节能环保力度不断加大，生态建设进一步加强，2016 年，全国完成造林面积 720 万公顷，新增水土流失治理面积 562 万公顷。生物多样性保护的措施主要包括就地保护、迁地保护、开展生物多样性保护的科学研究、制定生物多样性保护的法律和政策，以及开展生物多样性保护方面的宣传和教育等。党的十八大以来，节能环保力度不断加大，生态建设进一步加强。

就地保护是生物多样性保护中最为有效的一项措施，是指以各种类型的自然保护区（包括风景名胜区、森林公园）的形式，将有价值的自然生态系统和野生生物生境保护起来，以便保护其中各种生物的繁衍与进化。我国于 1956 年在广东省肇庆市的鼎湖山，建立了第一个自然保护区——鼎湖山自然保护区。截止到 2019 年，我国已建成自然保护区 2750 个，约占国土面积的 15%。自然保护区保护了国家的战略资源，维护了国家的生态安全，保护了我国 80% 的陆地自然生态系统类型、40% 的天然湿地、20% 的天然林、85% 的野生动植物种群、65% 的高等植物群落。我国自然环境最洁净、自然遗产最珍贵、生物多样性最丰富、生态功能最重要的区域，都存在于自然保护区中。自然保护区可以分为自然生态系统类的保护区和野生生物类的保护区等。自然生态系统类的保护区，能够有效地保护森林、草地、湿地和水域等多种生态系统。任何一个有效地保护了自然生态系统的保护区，必然会很好地保护其内部的所有物种。因此，所有自然生态系统类的保护区，都会对保护区内的野生物种提供保护。此外，我国还设有专门保护某种或某些野生生物的野生生物类自然保护区。总之，自然保护区在保护我国生物多样性方面起到了十分重要的作用。另一重要措施是"迁地保护"或称"移地保护"，如建立遗传资源种质库、植物基因库，以及保护中心、野生动物园和植物园及水族馆等。迁地保护只能对单一的物种进行保护，它主要适用于对受到高度威胁的物种进行紧急抢救，以避免该物种的灭绝。对于植物来说，迁地保护主要是将濒危物种迁移到植物园、珍稀濒危植物迁地保护基地或繁育中心。对于动物来说，迁地保护主要是将濒危物种迁移到动物园、珍稀濒危动物迁地保护基地或繁育中心。

保护生物多样性，最主要的是行动，联合国《生物多样性公约》的缔约国之间要广泛合作，积极行动，制定必要的法规，对生物多样性造成重大损失的活动进行打击和控制，对濒临灭绝的物种、破坏严重的生态系统和遗传资源实行有效的保护和抢救。

麋鹿的保护项目就是生物多样性保护中的迁地保护和就地保护措施相结合的具体实现。目前，我国在长江之畔和黄海之滨都建立了麋鹿自然保护区。北京的麋鹿苑主要采取迁地保护，但又带有就地保护的性质，因为这里在历史上曾经是麋鹿的原始栖息地，至今这里的地名还叫南海子，几百年来，历经元、明、清三个朝代，一直作为一个湿地性质的皇家苑囿存在。所以保护麋鹿及其湿地环境，包括保护这里的生物多样性，都是我们的任务。当然，从这里的公益性上看，特别是科普，涉及的范围就更广了，我们关注的是全国乃至全球的生物多样性保护话题。

生物多样性可定义为"生物中的多样化和变异性及物种生境的生态复杂性"。它包括植物、动物和微生物的所有种类及其组成的群落和生态系统。生物多样性一般有三个水平，即遗传资源多样性，指地球上生物个体中所包含的遗传信息总和；物种多样性，指地球上生物有机体的多样化，包括种的数目或丰富度和种的均匀度；生态系统多样性，涉及的是生物圈中生物群落、生境与生态过程的多样化。

其中，物种多样性包括两个具体含义：

一是种的数目或丰富度，指一个群落或生境中物种数目的多少。国外相关专家认为，只有这个指标才是唯一真正客观的多样性指标。在统计种的数目时，需要说明多大的面积，以便比较。在多层次的森林群落中必须说明层次和径级，否则是无法比较的。

二是种的均匀度，指一个群落或生境中全部物种个体数目的分配状况，它反映的是各物种个体数目分配的均匀程度。例如，甲群落中有 100 个个体，其中 90 个属于种 A，另外 10 个属于种 B。乙群落中也有 100 个个体，但种 A、B 各占一半。那么，甲群落的均匀度就比乙群落低得多。

然而，非常不幸的是，人类在开发利用自然的同时，对生物多样性的重要性认识不足。我国是生物多样性受到严重威胁的国家之一：原始森林长期受到砍伐、开荒等人为活动的影响。草原受到超载放牧、毁草开荒的影响。中国十大陆地生态系统无一例外地受到影响，就连青藏高原生态系统也不能幸免。

以南方的红树林为例，中国红树林主要分布在福建沿海以南，历史上其最大面积曾达 25 万公顷，20 世纪 50 年代只剩下约 5 万公顷。高等植物中有 4000~5000 种受到威胁，占总种数的 15%~20%。在《濒危野生动植物种国际贸易公约》（CITES）列出的 640 个世界濒危物种中，中国就占 156 种，约为其总数的 24%，形势十分严峻。

保护生物多样性，是人类生态文明的觉醒，是道德伦理的提升。只有和谐，才能平衡，只有保护多样性，才有稳定性。提倡保护生物多样性，旨在唤起人类与万物和谐共生的崇高天性和树立一种科学的、可持续的发展观。

鹿苑海外侨民——几种驯化动物

您可能知道，麋鹿是"归国华侨"，而在北京麋鹿苑里有很多动物却是海外侨民。

祖先源自欧洲的侨民——黇鹿

在世界各地的动物园，几乎都能见到这种貌似梅花鹿的鹿——黇鹿，这是一类原产于欧洲南部地中海一带及西亚地区的鹿类，罗马时代开始扩散到中欧和其他地区。

黇鹿体长约 1.3~1.6 米，身毛黄褐色，带有白斑，甚至有些黄色和白色的变种，被游人误认为是山羊。黇鹿为群居，优势雄鹿可做一群雌鹿的鹿王，夏季产崽，每次产一崽。小鹿春季出生，寿命可达 12 年。雄性长角，角型雄伟，呈掌状。尾的根部有白斑。麋鹿苑饲养了很多黇鹿，可有谁知道，它们的老家竟然是在欧洲。

祖先源自南美的侨民——番鸭

番鸭原产于中美洲、南美洲热带地区，在我国福建饲养历史悠久。据1763 年编纂的《泉州府志》记载："番鸭状似鸭而大似鹅，自抱其蛋而生，种自洋舶来。"另外，在福建番鸭的主产区古田、莆田等县的县志中，也都有记载。

番鸭体形与家鸭不同，前尖后窄，呈长椭圆形，头大，颈短，嘴甲短而狭，嘴、爪发达；胸部宽阔丰满，尾部瘦长，不似家鸭有肥大的臀部。番鸭嘴的基部和眼圈周围有红色或黑色的肉瘤，雄者展延较宽。翼羽矫健，长及尾部，尾羽长，向上微微翘起。羽毛颜色有白色、黑色和黑白花色 3 种，少数呈银灰色。

原产南美的驯化禽类：番鸭

祖先源自北美的侨民——火鸡

火鸡原产于北美，因为欧洲人觉得它的样子像土耳其人的服装，身黑头红，所以称它为"土耳其"（Turkey）。火鸡是吐绶鸡科两种鸟的统称，一种是普通火鸡，另一种是眼斑火鸡。

普通火鸡的驯化可能要追溯到哥伦布到达美洲前就定居于墨西哥的印第安人。1519 年，火鸡首次被引进西班牙。1541 年，引入英格兰。17 世纪英国殖民者又把在欧洲育成的火鸡品种带到北美洲东部。野生的火鸡喜栖息于水边林地，吃种子、昆虫，偶尔也吃蛙和蜥蜴。一只火鸡雄鸟配一群雌鸟，每只雌鸟产 8~15 枚有褐斑的卵，孵化期 28 天。

中美洲的眼斑火鸡较普通火鸡小；头部蓝色，从额到喙的肉质结构呈淡红黄色；羽毛尖端鲜明，酷似孔雀；除喙下有肉垂外，头顶部有一个尖端黄色的瘤突。该种火鸡从未经过人工驯养。目前饲养品种以青铜色火鸡和白色火鸡居多。

祖先源自印度的侨民——蓝孔雀

蓝孔雀也叫印度孔雀，是雉科孔雀属两种孔雀之一，另一种是绿孔雀，属于国家一级保护动物。绿孔雀在中国仅分布在云南红河一隅，数量只剩几百只。蓝孔雀主要产于巴基斯坦、印度和斯里兰卡，是印度的国鸟。今天，世界各地均有孔雀被饲养。野生孔雀生活于热带落叶林中，在林中的开阔地或耕地上觅食种子、浆果及植物茎叶，也吃稻谷、芽苗、草籽等食物，还食用一些昆虫，如蟋蟀、蝗虫及鼠类、小型爬行动物，野外孔雀的动物性食物主要以白蚁为主。雌雄都可以十分敏捷地飞到高枝上栖宿。繁殖期间，一只雄鸟可与多只雌鸟生活数天，逐一交配后，每只雌鸟独自营巢产卵，雄鸟继续单独活动。蓝孔雀在 –30℃～45℃ 的温度下都能正常生长，多见一雄伴随 3~5 只雌鸟活动。每年 4 月起进入繁殖期，建巢于草丛。每窝产蛋 4~8 枚，孵化期为 26~30 天。寿命 20 多年。

祖先源自澳大利亚的侨民——黑天鹅

黑天鹅分布于澳大利亚大陆南部、塔斯马尼亚岛和新西兰及其邻近岛屿。栖息于海岸、海湾、湖泊等水域，欧洲探险者在澳大利亚惊异地发现这种黑色的天鹅时，人们已经在戏剧中臆想过黑天鹅的形象了。澳大利亚珀斯有黑天鹅故乡之称。

黑天鹅体长 80~120 厘米，体重 6~8 千克。其全身除初级飞羽小部分为白色外，其余通体羽毛卷曲，羽色漆黑，背覆花絮状灰羽。嘴为红色或橘红色，靠近端部有一条白色横斑。虹膜为红色或白色，跗跖和蹼为黑色。成对或结群活动。营巢于水边隐蔽处。以水生植物和水生小动物为食。繁殖期为每年 6—7 月。每窝产卵 4~8 枚，孵化期为 34~37 天。

祖先源自非洲的侨民——珠鸡

珠鸡是鸡形目珠鸡科鸟类，约有 7 种，是一种中型陆生鸟类。分布于非洲的热带地区，从茂密的雨林到半荒漠地带都有分布。珠鸡用爪挖食昆虫、种子和块茎。翅短而圆，善飞行，但遇到威胁时多奔跑逃走。春季产 12 枚卵于地面凹陷处，孵化期约 30 天。野生普通珠鸡因具有大型骨质冠而得名为盔珠鸡；雌雄形态相像。珠鸡体长约 50 厘米，典型品种面部裸露，喙上的肉垂为红蓝两

蓝孔雀，即印度孔雀

原产于澳大利亚的黑天鹅

色，体羽黑色有白斑点。珠鸡品种有 3 类：一是分布在索马里、坦桑尼亚的"大珠鸡"，其主要特征是只在其背部有几根羽毛。二是分布在非洲热带森林的"羽冠珠鸡"。三是"灰顶珠鸡"，包括带有蓝色肉髯和红色肉髯两种类型。

"灰顶珠鸡"已培育出灰色珠鸡、白珠鸡、淡紫色珠鸡及它们之间的杂交鸡种等多个品种，其中灰色珠鸡是饲养量最大的品种，我国以饲养此珠鸡类型为主。

祖先源自澳大利亚的侨民——鸸鹋

鸸鹋是鸟纲鸸鹋科的唯一种类，以擅跑著称。澳大利亚特产，是澳大利亚的国鸟。鸸鹋体高 150~185 厘米，体重 30~45 千克，是世界上第二大鸟，仅次于非洲鸵鸟，因此也被称作澳大利亚鸵鸟。其翅膀比非洲鸵鸟和美洲鸵鸟更加退化，足具三趾，是世界上最古老的鸟种之一。

鸸鹋栖息于澳大利亚森林和开阔地带，每窝产 7~10 枚暗绿色卵，卵长 13 毫米。雄鸟孵卵约 60 天。体上有条纹的幼雏出壳后很快就能跟着成鸟奔跑。特别的气管结构在繁殖期可发出巨大的隆隆声。鸸鹋在地面上筑巢。野生鸸鹋可以活 10 年，家养的可以活 20 多年。长久以来，鸸鹋在当地的土著文化和经济体系中占据着非常重要的地位，但却被欧洲人当作吃麦苗的害鸟。19 世纪初，欧洲人用猎枪灭绝了鸸鹋的两个种和一个亚种，而且还竭力想把剩下来的也消灭掉。不过鸸鹋在荒芜宽广的平原上隐藏了起来，从而躲过了劫难。畜牧业上认为鸸鹋与牲口争夺食物和水源，但却忽视了鸸鹋作为生态系统的一部分对土壤的帮助和吃掉大量蝗虫和毛虫等害虫的贡献。

关于斑驴，你所不知道的 10 件事

马科动物知多少

地球上现存的马科动物成员里，既包括灭绝了的欧洲野马（其后代即为遍布全球的家马），又包括尚存于世的普氏野马（又名亚洲野马、蒙古野马），还有几种非洲斑马（山斑马、普通斑马、细纹斑马）；既有现存于非洲的野驴，还有亚洲的西藏野驴、蒙古野驴。此外，还有一种灭绝了的马科动物——斑驴。

斑驴长啥样？

斑驴总的来说是棕色的，只有头颈部位有斑纹，背上条纹模糊斑驳，后身无斑纹，腿和尾色较白。其体形与其说像斑马，倒不如说像马，或像大头驴。而另外一种与斑驴同域分布的白氏斑马则是头大些的像驴一样的马科动物。

斑驴之名源自叫声"夸嘎"？

斑驴，英文名为 Quagga，这个词来自于它的叫声；灭绝年代：1883 年；灭绝地点：南非。斑驴是一种非常吸引人的马科动物，最初被发现时人们还以为是一种斑马，甚至以为是雌性斑马。"Quagga"一词源于南非霍屯督人，他们模仿这种马的嘶鸣之声而称其为"夸嘎"。

斑驴为何跟其他动物都相处和谐？

在自然界中，斑驴常常与牛羚、鸵鸟混群吃草，防御共同的敌人——狮子。在开阔的草原上对付捕食者的偷袭，谈何容易；但几种动物组合之后，凭借鸵鸟的视力、牛羚的嗅觉、斑驴的听力，取长补短，就能有效御敌了。所以，以健硕著称的斑驴很少能被天敌捕食。但是在装备有马匹、火器和套索的布尔人（居住于南非和纳米比亚的白人种族之一）面前，斑驴就无处可逃了。

斑驴"遗照"

非洲斑驴的谋杀者竟是荷兰移民?

南非原野上,作为荷兰移民后裔的布尔人发现,斑驴是一种很容易获得的食物来源,且皮张可供收藏或出口,于是在短短几十年里,他们就射杀了成千上万的斑驴。据记载,当时很多人以此为业,大肆捕杀斑驴,劫掠、贮藏、运输、贩卖斑驴的皮,发了不义之财。

斑驴曾被驯化,用以守夜报警?

当年,一度有人把斑驴驯化作家马的夜间守护者,因为斑驴生性机敏,对一切入侵者——无论是人还是兽,都怀有强烈的警惕性,它们看门守夜,比狗还警觉。

斑驴在英国,曾经拉大车?

据说在 1830 年,英格兰一度兴起用斑驴拉车之风。在伦敦郊区,郡长的马车之后曾经就拴着两匹带斑的怪马——斑驴,前呼后拥,真是风光一时。至于这些斑驴是否真被驯化或被阉割,已经无据可查。实际上,斑驴作为一种野生动物，本来就是桀骜不驯、宁死不屈的。伦敦动物园曾经饲养过斑驴，1860年就发生了一起斑驴撞墙而亡的事件，真是"不自由，毋宁死"啊！

最后的斑驴客死他乡——欧洲

1840 年，南非野外还有种群兴旺的斑驴，仅仅经过了 30 年的"文明开发"，这里的斑驴便全军覆没了，最后一头野生斑驴是 1878 年被杀死的。斑驴消失后的许多年里，人们还能在自己的日用品中见到斑驴皮的制品。世界上最后一头斑驴是被饲养在荷兰阿姆斯特丹动物园的一头雌驴。作为世界上最后一只斑驴，它孤苦伶仃地活到 1883 年，便无可挽回地走向了灭绝。

斑驴灭绝之后，为何还不断有人见到它们的影子？

1883 年，斑驴灭绝了，但之后总有人说又见到了斑驴，这是怎么回事？原来，跟斑驴同期同地生活的，还有另一种马科动物——白氏斑马。关于斑驴再现的传闻几乎持续了一个世纪，之所以这样主要是因为人们屡屡看到了白氏斑马，也许是误传，也许是斑驴与斑马杂交产生的杂种。其实白氏斑马作为正式命名的一种动物，是斑马的一个亚种。容易混淆的原因是白氏斑马也是腿、尾皆白，又分布在南非的奥兰治自由邦及博茨瓦纳的南部，与斑驴的分布区有重叠，以至于很长时期人们把斑驴误当成雌性的白氏斑马。

如何区分与斑驴为邻的白氏斑马？

其实，白氏斑马和斑驴的本质区别在它们的条纹上：白氏斑马的后半身，特别是臀部呈现奇妙的暗影形的条纹，与黑色条纹相间。而且白氏斑马的鬃毛直立，甚至比斑驴更像常见的驴。一位名叫沃楚克的人，干脆将这两种动物都统称南非斑驴。在南非原野，曾纵横驰骋着数以千计的斑马、斑驴，与鸵鸟、牛羚等为伍。随着殖民者的开发，人进驴退，人进马退，最终剩余的 3 个亚种，从西北至东北，渐次消亡。继其优雅的亲属斑驴之后，白氏斑马也消失了。这是人类在 20 世纪之初导演的一出动物灭绝悲剧。

郭耕自然保护随笔
动物与人

渡渡鸟的灭绝

渡渡鸟的灭绝可谓首开欧洲工业文明即西方工业社会来临导致地球物种大灭绝之先河。西方有句俗语"As dead as Dodo"，字面的意思似乎是逝者如渡渡，但实际上的含义乃是"永别了"。作为渡渡鸟老家的毛里求斯，今天，是世界上唯一一个把灭绝鸟类作为国鸟的国家。

作为非洲鸟类消失的典型事例，生活在印度洋毛里求斯的渡渡鸟，亦名愚鸠，体态圆胖，貌似火鸡，体重 20 千克；翅膀很小，不能飞行，只能在夏天用翅膀当作扇子来扇凉。头大嘴钩，喙部绿白相间，前端为黄色的弯钩。尾羽小而蓬松卷曲；身上覆盖着黄绿相间的羽毛。

当年，葡萄牙人首次登上毛里求斯海滩时，满目皆是欧洲没有的各种美丽的海鸟，其中最令他们惊异的是渡渡鸟：它们完全不怕人，也没有任何天敌，当航海者出现时，它们好奇地迎上去，上下打量着这些突然闯进它们生活中之前从未出现过的外来者。不幸的是，它们毫无恐惧与戒备的举止换来的却是人类的棍棒，海员们肆意地屠杀这些善良得发愚的鸟。毛里求斯也成了葡萄牙航海者喜爱的公共停泊地。

1599 年，荷兰人取代了葡萄牙人侵占了这里，荷兰冒险家柯姆林斯·那克宣布毛里求斯为荷兰所有。1644 年，首批定居者的到达宣告了渡渡鸟的厄运将至。殖民者不仅毫无节制地滥杀，而且带来很多的动物，如猫、猪、鼠类等，使渡渡鸟及它们下的蛋"危如累卵"。

毛里求斯渡渡鸟，1680 年灭绝。

留尼汪白渡渡鸟，1750 年灭绝。

罗德格里斯地愚鸠，1800 年灭绝。

十分可惜的是，世界上连一只完整的渡渡鸟的标本也未能保存下来，只有一位荷兰画家 1599 年绘制的《愚鸠图》供人们凭吊。

令人奇怪的是，在渡渡鸟灭绝后不久，一种生存于当地的植物——大颅榄树日益衰败，也走向了灭绝。原来，这种植物的种子必须经过渡渡鸟的消化

荷兰画家笔下的《愚鸠图》

道，把种子外层的硬壳消化掉才能够萌生。鸟与树相依为命的关系被人类破坏了，杀绝了渡渡鸟，也就扼杀了大颅榄树的生存机会。科学家直到发现火鸡进食了遗存的大颅榄树的种子后，其粪便中的种子竟然发了芽，才揭开了这个奥秘，渡渡鸟的存在竟为大颅榄树的繁衍创造着条件。禽兽无言，天道有常！渡渡鸟以它的死告诉人类，世上万物都是相互关联、互惠而生的，只有爱护所有野生动植物才是明智的选择。

进化上的奇葩——大角鹿

界：动物界 Animalia

门：脊索动物门 Chordata

纲：哺乳动物纲 Mammalia

目：偶蹄目 Artiodactyla

科：鹿科 Cervidae

属：大角鹿属 *Megaloceros*

种：大角鹿 *M. giganteus*

按照二名法的定名规则，大角鹿的学名为：*Megaloceros giganteus*，大角鹿又名巨角鹿、巨型鹿或爱尔兰麋鹿，是世界上体形最大的鹿。它生存于更新世晚期及全新世早期的欧亚大陆，分布地域由爱尔兰至贝加尔湖东。最近年代的化石约为 7700 年前。大角鹿的大量化石现正在爱尔兰都柏林的爱尔兰自然历史博物馆展览。

传统上大角鹿被称为爱尔兰麋鹿。虽然有大量的骨骼在爱尔兰发现，但它们的活动范围却不只限于爱尔兰，加上它其实与麋鹿不是近亲，故现在很多学者都只称呼它为"大角鹿"。

大角鹿站立时肩高约 2.1 米。它具有所有鹿类中最大的鹿角，最大的约有 3.65 米宽，重量达 90 磅（1 磅≈0.454 千克）。大角鹿不单是体形较大，它的鹿角在整体比例上也非常大。科学研究表明，大角鹿的鹿角之所以如此之大，性选择也许是主要的原因：这样一对鹿角在形态上很不适合打斗，但其在头骨上的位置却使其在吸引异性方面十分抢眼，它们根本不用转动头部来显示其大角的美态，单单从其正面就可以看到。较近期的研究发现，大角鹿的鹿角主要是由钙及磷酸根组成，如此巨大的角需要大量的这类物质来维系。估计雄鹿会先从其骨骼上提供这些物质，再从食物上补足或是从遗弃的鹿角中获得。故此，雄鹿在生长期会出现骨质疏松症。

笔者与原麋鹿中心主任张林源在德国慕尼黑奥斯瓦尔先生的鹿类博物馆考察灭绝物种大角鹿的标本

　　自从 19 世纪初期，人们第一次发现了爱尔兰大角鹿的残骸起，就出现了种种有关爱尔兰大角鹿灭绝原因的猜测。起初的观点包括：《圣经·创世记》篇中的大洪水导致了大角鹿的灭亡。尽管在爱尔兰分布最广，但大角鹿的分布范围并不仅限于爱尔兰岛。在 40 万年到 10600 年前，大角鹿在从欧洲到西亚的广阔地域都有分布。而在最后的冰河世纪，即第四纪冰期结束阶段，大角鹿迅速灭绝。也有人认为是人类的过度捕杀导致大角鹿的灭绝。然而，考古记录表明，人类是在最后一次冰川时代后才来到爱尔兰岛的，而当时大角鹿早已灭绝。

　　有不少人认为，气候变化是大角鹿绝迹的元凶。爱尔兰都柏林大学的肯德拉·科里茨女士和她的同事对 7 具雄性大角鹿残骸的牙釉质进行了分析研究。通过对碳、氧同位素的研究，以及牙骨质水平分析，研究人员能够得知每只大角鹿的出生年代、它们所吃的食物以及一年中大角鹿的生活和行为的变化情况。

　　同位素比值法表明，大角鹿所生活的生态环境因干旱而发生很大变化，从覆盖着茂密的森林到退化成苔原带。肯德拉·科里茨表示：总的趋势是植被衰退。

　　此外，大角鹿通常在温暖的春季或初夏繁殖后代。但由于气候变化，天气

大角鹿的角

逐渐变得寒冷。肯德拉·科里茨说："大角鹿在应对年平均气温下降和生长期缩短问题时，遇到了艰难时刻。"对幼鹿而言，这更是一个糟糕的情况。大多数幼鹿在春季出生，因为这时天气温暖，食物更多。肯德拉·科里茨下结论说："幼鹿在应对冰河世纪带来的巨大气候改变上遇到了很大的困难。"

在西伯利亚出土的大角鹿残骸表明，一些大角鹿在距今 7000 年前生活在该地区，而那时冰河世纪已经终结。肯德拉·科里茨说："这意味着在最终灭绝前，大陆上的大角鹿找到了冰河世纪的避难所，它们可以转移到更好的环境中并幸存下来。"但是爱尔兰岛上的大角鹿"不幸被困在岛上，无处可逃"。

还有一种流行观点认为，大角鹿的灭绝源于配偶选择。雌鹿被角大的雄鹿吸引并与之交配。根据达尔文的进化论，最开始，较大的鹿角使得鹿有较强的生存能力，有较大鹿角的雄鹿在争夺雌鹿上也占据优势。雌鹿喜欢鹿角巨大的雄鹿，那些鹿角稍微小点的雄鹿，因为没有雌鹿和它交配而没有后代。因此，鹿角就越来越大，以至于成为巨大的负担，据了解大角鹿两鹿角之间最大的距离可达 3.6 米长。最终，鹿角与身体比例失调，大角鹿逐渐不堪重负，最终灭亡了。

灭绝之狼十日谈

先人说狼，吓人成分居多

在清代短篇小说集《聊斋志异》的《狼》一文中，作者蒲松龄这样写道："一屠晚归，担中肉尽，止有剩骨，途中两狼，缀行甚远……其一犬坐于前，久之，目似瞑，意暇甚……"《兽经》上说："狼，贪兽也，贪而有灵。"古希腊人总把狼与巫术联系在一起，有些地方的民间还传说狼会催眠的法术。大灰狼每每被说成会吃小孩的怪物。狼的恐怖，主要体现在狼身上毛乎乎的触感与冷森森的尖利牙齿上。古代斯堪的纳维亚的神话告诫世人，世界末日的到来，便是巨狼吞日的那天。中世纪的圣书上甚至这样发问："除了魔鬼，我们能想到的恶魔便是狼，除此以外还能有谁？"现在，尽管人类早已处在地球食物链的顶端，但这种观念并未发生多大改变。

也许你不信，这些地方都曾有狼

作为一个物种，灰狼（Canis lupus）的毛色可以从黑到白，从棕到黄，差异很大。在英格兰，最后一只灰狼是 1500 年被杀死的，而在爱尔兰及苏格兰，灰狼曾残存到 1750 年。如今，曾经有灰狼的法国、比利时、荷兰、瑞士、德国、丹麦，均无狼迹。灰狼曾见于日本，如今只在俄罗斯的库页岛有残存记录。北美，由于近代人类普遍的猎狼史，从 1850 年到 1900 年的半个世纪里，约有 200 万条狼惨遭枪杀及陷阱和毒饵的扼杀。有 7 个亚种的北美狼遭受到灭绝的厄运。

非狼叫狼的动物有很多

人们多把一些貌似或不貌似狼的动物也称为某某狼，包括南美洲阿根廷大平原上濒危的鬃狼（Chrysoscyon brachyurus）、埃塞俄比亚草原上稀有的胡狼（Canis simensis）、已灭绝了的塔斯马尼亚有袋类食肉动物袋狼（Thylacinus cynocephalus）。这些动物其实与狼并没有亲缘关系。

袋狼"遗照"

纽芬兰白狼——近代第一个灭绝的狼

纽芬兰白狼，英文名称：Newfoundland white wolf；灭绝时间：1911 年；灭绝地点：北美纽芬兰岛。

近代第一个走向灭绝的北美狼是纽芬兰白狼（*Canis lupus beothucus*）。这是灰狼中非常独特的大型亚种，平均体长达 180 厘米，重逾 45 千克。头大而身长，犬齿宽大，弯曲有力。浑身的体毛为纯白色，头和四肢略微呈牙黄色。1842 年，纽芬兰当局悬赏重金捕狼；到 1875 年，狼群的数量还能保持对驯鹿的轻微猎食；到 1900 年，狼群不见了；到 1911 年，最后一只白狼被射杀。

倭狼——世界上最小的狼

日本倭狼，英文名称：Shamanu or Japaness wolf；灭绝时间：1905 年。

在日本，曾生存过两种狼，现在均已灭绝。一种是被称为野曳（Yeso）的日本灰狼，是灰狼的一个亚种，虽然在日本境内灭绝，但在俄罗斯还有少量的残余个体。另一种就是著名的日本倭狼或叫日本袖珍狼（*Canis lupus hodophilax*），法国博物学家塔米克在他的《日本动物志》一书中，为这种狼冠以如此的拉丁学名。这是一种被日本人叫作刹马努（Shamanu）的狼，1905年灭绝。尽管它被列入灰狼的一个亚种，但是，据一项大英博物馆（这里收藏有唯一一具日本以外的倭狼标本）的研究表明，塔米克及倭狼的发现者之所以都对这种狼的存在惊讶不已，就在于它们与灰狼的差别如此之大。

日本倭狼是世界上最小的狼，体长84厘米，有一条30厘米长的酷似狗尾的狼尾。灰色的厚毛覆盖全身，夹杂着白、褐相间的斑迹，有些是黄褐色或灰白色。这种狼的肩高约39厘米，腿相对较短。真正的狼，在犬科动物中，是大个子，而这种狼不如说更接近狗。尽管它们个头不大，却令日本人极其畏惧。日本土著阿伊努人把日本倭狼称为吼神，因为这种狼常常在山坡上吼叫，能持续数个小时之久。正如欧洲旅行者亨利·菲尔兹描述的那样，在许多日本民居的房屋北侧，就像街名与户名似的，挂着驱狼的符咒。日本人畏惧这种小狼，也许是因为他们根本没见过大狼，但也正是这种耿耿于怀的恐怖感，才使倭狼得以生存，不然日本倭狼岂能有生存下去的指望呢？从本州到北海道，日本许多地方都曾悬赏猎狼。在北海道，当地政府于1878—1882年鼓励打狼，每只狼的奖金是7日元，1888年以后升到10日元。到1905年，日本倭狼便在本州绝迹了。当时，当地人为欧洲旅行者阿道森所能做的展示，只剩下一张狼皮了。也许，这是世界上最后一次对日本倭狼的确切记录。

达尔文描述过的狼——福岛胡狼

福岛胡狼，英文名称：Warrah or antarctic wolf；灭绝时间：1876年；灭绝地点：马尔维纳斯（福克兰）群岛。

1833年，达尔文乘坐"贝格尔号"考察船进行他空前绝后的远航。在途经南美洲南端的福克兰群岛即马尔维纳斯群岛时，他注意到该岛的唯一一种食肉动物南极狼——福岛胡狼（Dusicyon austialis）。在岛上逗留期间，达尔文收集到三张狼皮标本，其中的两张现在还收藏在伦敦动物学会。

尽管福岛胡狼的面貌像狼，但它们根本不是狼，也非一些人认为的大型狐狸。福岛胡狼是怎么成为岛屿居民的，有些令人匪夷所思。它们是福克兰群岛上唯一的食肉动物，但不能说是唯一的哺乳动物，因为这个岛上还是有一种小鼠。它们是如何进化的，如何来到这个与世隔绝的地方并独立于其他相关物种的，都是千古之谜。的确，这种特殊的狼可以以鸟蛋为食，也可以捕食小鸟、海洋哺乳动物为生。可它们自己的身世却耐人寻味。

有一种理论认为，在冰期时代，胡狼顺着浮冰从巴塔哥尼亚漂流而来。另一种理论认为，冰期以前，福克兰群岛曾经森林密布，林中隐藏着许多物种，如今，只剩下胡狼这一种了。

福岛胡狼是怎么灭绝的

达尔文在《"猎兔犬"号航行中的动物》一文里，引用了几位到达过福克兰群岛的目击者的记述，并加进了他自己的观察和分析，他敏锐地预言：尽管胡狼的生境保持得和现在一样，但它们的数量却因人类捕猎技术的奇巧而极度减少，甚至遭到毁灭性的破坏。他确信，曾有三位西班牙农夫受雇猎取这些牲畜，它们在这个海岛上野跑惯了，于是，这些农夫一手拿肉，一手拿刀，诱其上钩，再行杀戮……在过去的 50 年中，这些动物数量锐减；并且，令人质疑的是，这些岛屿竟也成为了我们人类的殖民地。这些动物被描绘下来，可惜，在画稿尚未腐烂之前，这种动物就从地球上消失了。在达尔文离开福克兰不久，殖民政府真的悬赏捕杀这些动物，为谋取皮毛的猎人随即来到这里，双重作用下，这种动物的数量直线下降。

福岛胡狼作为一种食肉动物消失了，可关于它性情凶恶的传说却越传越玄。老吸血鬼的故事再度出现，牧羊人把它们描述成大吃绵羊的嗜杀者。他们荒唐地坚持（就像人类以前对待许多其他狼那样），福岛胡狼不仅嗜杀而且只吸羊血，至于肉则回头需要时再吃。悬赏金额的提高，更加剧了捕杀的力度。最后传来福岛胡狼被杀戮的消息是 1876 年，地点是岛上的一个叫黑尔考夫的浅海湾中。达尔文曾断言：事态的发生比预料的还快，福岛胡狼竟然绝迹在他这一代人手中了。

从最后一只白犀说起

我在科普演讲中经常引用联合国某位官员的一句话：如果达尔文还活着，他的工作可能会是致力于物种的讣告，而不再是物种的起源了。此话怎讲？因为我们正处于一个地球物种快速消失的时期，甚至这一个个物种的命运，都处在个体数量的倒计时状态：5、4、3……

最近微信上的一则有关灭绝的消息令我疑惑，《四人持枪守护世上最后一头雄白犀》。最后一头？怎能那么快？记得前两年还听说白犀有 2 万多头呢！

白犀（Ceratotherium simum）又叫白犀牛、方吻犀、宽吻犀，体大威武，是现存体形最大的犀牛，也是仅次于非洲象、亚洲象和非洲森林象的现存第四大陆生动物。白犀牛并非体色为白色，其名称来自于荷兰语"weit"，意思为"wide"（宽平），是针对它们宽平的嘴唇而言的，后来被人误传为"white"（白色），故称"白犀牛"。明代，郑和下西洋时，犀角作为异邦奇物流入中国，人怕出名猪怕壮，犀牛角的出名则给它带来了噩运。

向动物研究所的专家请教后，我才知道，网上所说仅存于世的白犀为北白犀，它们的确少得可怜，而南白犀还有 1.8 万头。据报道，这头世上仅存的 43 岁的北白犀，大概能活到 50 岁。这短短的几年时间，将是拯救这一物种的最后机会。就像大象的遭殃是人贪求其牙，犀牛的遭殃则是人贪求其角，于是，这头硕果仅存的白犀，为防止偷猎取角，便被提前切除了犀角，24 小时守护它的是 4 名全副武装的武装警卫，这一做法是为了挽救这个高度濒危的物种。真是亡羊补牢！当只剩最后一头北白犀的时候，在我看来，这种做法的象征意义已经大于其实际意义了。

从人与犀牛这两个物种的关系来说，本来毫无牵扯，尽管都是哺乳动物，可一个属于灵长目杂食，另一个属于奇蹄目草食，领地互不干扰，食性上也无竞争，就像网上流行的一句话"有什么仇什么怨"。然而犀牛却因为我们可有可无的需求和奢侈性的消费——对犀牛角的觊觎，而招致杀身之祸，甚至灭顶之灾，这回，可真是头顶（犀牛角）之祸带来了命运（物种绝迹）之祸了。

物种灭绝本是生命进化史上的自然现象，然而近代以来，地球上物种灭绝的速率却超出自然灭绝速率的上千倍，而且是一个物种——人类导致了无数物种的大灭绝，灭绝因素主要包括过度猎取、生境毁坏、盲目引种和环境污染。猎杀之所以排在首位，是因为它是·种面对面的残暴。纵观近代灭绝动物的最后时刻，其末日景象无不令人痛心疾首。

英格兰也曾有狼，最后一只狼是 1500 年被杀死的。

近代第一个走向灭绝的北美狼是纽芬兰白狼，1842 年，纽芬兰政府悬赏重金捕狼。

日本也曾有狼，称为倭狼，主要分布于本州，并辐射到北海道和千岛。由于政府重金悬赏猎狼，到 1905 年，日本倭狼在本州基本绝迹了。

美洲黑狼曾一度遍及美国的佛罗里达州、田纳西州及佐治亚州，在 18 世纪还漫游于山地，但到了 1894 年已被人从大沼泽驱赶殆尽。在佛罗里达半岛，最后的黑狼是 1908 年被杀死的。1910 年，在一些山谷中尚存的个别黑狼也是饥寒交迫，朝不保夕，被冠以攻击家畜的坏名声。猎杀、陷阱和投毒活动效果显著，1917 年，最后一头黑狼遭到枪杀的记录是在考伯特县，但这已经是一头杂交的黑狼了，它可能是屈尊与体形小些的红狼杂交的后代。

巴厘虎，是虎的各个亚种中体形最小的种类。随着大量火器流入印度尼西亚的巴厘岛，这个地方人与虎的实力平衡被打破。到 20 世纪 30 年代中期，据一名荷兰观察家揭露：仅在巴厘岛的西部，还有很少量的巴厘虎，而且随着猎人的穷追不舍，它们已山穷水尽。几年后，最后一只巴厘虎——一只雌虎，在苏巴咖玛被人射杀，时间是 1937 年 9 月 27 日。

新疆虎的最后目击者也许是 19 世纪瑞典探险家斯文·赫定，其在《罗布泊探险》一书中记录了当地人描述的虎的遗骸被蚁类蚕食的情景，虎作为大型动物自古就在新疆塔里木河沿岸出没，斯文·赫定确信当地人士的陈述绝非无中生有。只是没有想到，新疆虎这么快就湮没于历史的尘沙中了。

人类施加拯救措施为时已晚的另一个虎的亚种是爪哇虎。这种小型的岛屿型虎在 1971 年尚余 12 只，残存于爪哇岛的东南部。1981 年，人们试图通过建立保护区来挽救它们，但保护区建立起来了，爪哇虎也只剩 2 只了。到了 1988 年，这最后的两只爪哇虎终于抱恨而亡。人们是在"5、4、3、2……"的

犀牛

倒计数中眼睁睁地看着爪哇虎走向灭绝的，因为这残存的数量本来就已经难以维持其种群的繁衍。所谓物以稀为贵，猎杀也就愈发变本加厉。

猎豹是大家熟知的掠食动物，现分布于非洲萨王纳草原上，是一种奔跑速度极快的猫科动物，时速可达 110 千米，堪称陆地上的动物短跑冠军。猎豹其实不是豹属动物，而是猎豹属，与豹属动物不同的是，猎豹根本不会上树，爪钝且不善收缩，之所以叫作猎豹是由于古代西亚地区的达官贵人常常驯养这种动物去助猎，由此得名。

印度是亚洲猎豹的主要产地，伊朗、伊拉克、沙特阿拉伯、阿富汗、土库曼斯坦等地也均有过亚洲猎豹分布。亚洲猎豹与非洲猎豹同种，属不同亚种。人们垂涎猎豹华美的皮毛而大肆猎取，终于使其走向绝路。1948 年在印度中央邦，有一窝三只幼年雄性猎豹被猎人杀死，此后人们再也没有在野外见到过亚洲猎豹。最后一只亚洲猎豹是生活在德里动物园的笼养个体，它苟延残喘到 1995 年 1 月，最终死去，为亚洲猎豹的生命史画上了句号。亚洲猎豹，1995

年灭绝。

原牛是家牛的野生祖先，从新石器时代开始，人类就驯化了部分原牛，而未被驯化的原牛存活到了近代，分布在欧洲中部。随着原牛的野外个体越来越少，1299年，波兰鲍莱斯劳斯公爵在其领地马索维亚下达禁杀令，1359年，泽母维特公爵也萧规曹随地保护着原牛，使波兰成了原牛最后的庇护地。它们苟延残喘，到1550年尚出没于波兰西部森林中，1599年仅余20只，1620年便剩下最后一头，这头原牛活到1627年，戏剧般地扮演了这种动物的最后一名成员，走到剧终。原牛，1627年灭绝。

有一种欧洲原生野牛叫高加索野牛，19世纪仅残存于俄国沙皇的保护地，属于沙皇亚历山大一世所有。1830年，沙俄还拥有500头高加索野牛。1914年，苏维埃革命爆发，这些野牛丧失了皇家的保护，它们因曾是宫廷的宠物、帝国的象征而成为仇杀的对象。原来的皇家禁地被开垦，野牛被军队猎食，成为政治斗争的牺牲品。大革命后，一头名叫"考卡萨斯"的公牛逃过一劫幸存下来，当时它属于德国动物商卡尔·哈根贝格所有。1925年2月26日，这头孤独的公牛死于汉堡，由此宣告它所代表的这种动物的灭绝。高加索野牛，1925年灭绝。

在古称"暹罗"的泰国境内，有一种叫暹罗鹿的鹿科动物，又名宿氏鹿、熊氏鹿，其标本仅在北京麋鹿苑博物馆有收藏。这种鹿从未被欧洲人在野外目睹过，只有一具标本存世，1867年曾在法国的芝丁拉斯植物园公开展览过。它是1862年被发现的，这时距暹罗鹿灭绝还有70年。当暹罗鹿仅有200张皮的记录时，还不足以敲响预告其濒临灭绝的警钟，当时，欧洲人对珍禽异兽与日俱增的射猎兴趣，无疑更增加了这种栖息于沼泽湿地鹿类的生存压力。暹罗鹿头上那既展现夸耀又似乎预示着祸端的双角，曲线优美而坚锐，壮观富丽，简直是天然的战利品。遗憾的是，正是这副角不幸被人类贪婪的双眼盯上，或为药用，或为术士的道具，结果，暹罗鹿遭到人类疯狂的追捕。真所谓"不成名无以晓利，不晓利无以施害"。就像一位作家在其文字中描述的那样："鹿角在中药贸易中具有典型象征作用。""如今贪得无厌的猎杀，导致一个物种的灭绝，这简直是一场宗教迫害。"尽管这些文字多少有欠妥当，但人类的一些文化现象，不正是一个物种对另一些物种的迫害吗？生境改变，对暹罗鹿命运的改变，无异于雪上加霜。19世纪中期，尚有小群的暹罗鹿在泰国湿地出没，在一年一度的洪泛期，鹿被船家穷追不舍，逼至小岛后，再逐一刺杀。这种传统虽然残酷，可是至少还不至于将鹿斩尽杀绝，很多年，被追杀的暹罗鹿尚能保持一定数量。但是很快，沼泽被排干，农田灌溉取代湿地荒野，公路、铁路的修建，都严重破坏了动物的栖息环境，原有的平衡被打破了。

　　暹罗鹿被迫迁徙，躲进了竹林，但这不是适合它们存活的生态环境，然后，苟且偷生的暹罗鹿又进入稻田，那是它们曾经的家园。鹿发现稻子是一种很合口味的食物，但是，那里无遮无挡，它们会轻而易举地暴露在农夫的视野中，这些对动物毫无欣赏力的人，唯一的反应就是举起手中的枪。19世纪后期，英法殖民者来到，他们被暹罗鹿美丽的鹿角吸引，开始大量捕杀，割下鹿角作为装饰品挂在墙上。1932年，人们最后一次在野外见到活的暹罗鹿。1938年，最后一只圈养的暹罗鹿死去。

　　面积仅约3.6万平方千米的中国台湾岛曾有70种哺乳动物栖息的记录。台湾梅花鹿本与大陆一脉相承，一万年前最后一次冰期结束，气温上升，海平面升起，海峡形成，隔断了物种的自然交流，包括梅花鹿在内的很多动物开始单独演化，渐成亚种。梅花鹿曾经广泛分布于台湾各地低海拔的林草交界地带。随着人类农耕、猎食、围捕的压力，梅花鹿逐渐减少，仅1630—1640年间，荷兰人侵占台湾时每年收购的梅花鹿和水鹿可达数万只，约20世纪初，西部梅花鹿基本消失，半个世纪后，东部也宣告绝迹。1969年，人们在东岸山区捕捉到一只梅花鹿之后，就再也没有人在野外见过梅花鹿了，由此宣布台湾野生梅花鹿1969年基本灭绝于台湾本土。

　　这个世界上的家羊均源于野羊，葡萄牙北山羊作为西班牙几种北山羊的一个地方亚种，在形态和色彩上很有西班牙动物的特征，但却与伊比利亚其他野山羊大相径庭。葡萄牙北山羊一直是猎人期望值很高的战利品。本地山民也为肉食而猎取，据记载："猎手很乐意兜售葡萄牙北山羊的皮，其价值比兽体和其他部位卖价更高。"

　　1800年葡萄牙北山羊还广泛地见于从波若加罗到蒙塔格拉的各个地区，但是，在猎杀的压力下，葡萄牙北山羊数目剧减，有别于现代狩猎运动严格地按季节和性别狩猎，本地猎民专门喜欢在5月幼羊出生后不久出猎，这一时期羊群迁徙到了海拔较低的山腰，狩猎强度低而效率高。1870年，葡萄牙北山羊已经成为稀罕之物——最后一群野羊大约十几头，显示了这个家族最后的辉煌。实际上，直到1890年9月的一天，还得知有一只老母羊在世，但三天之后便遭毒手。次年，另有两只葡萄牙北山羊被发现，但它们死于西班牙西北加利西亚的雪崩。而最后的目击地在洛姆班德潘，时间便定格在了1892年。

"最后一只"的故事还可以列举下去，只是往事不堪回首。好在，还有个不算太悲观的消息要讲给你听，是有关狮子的故事：狮子在多数人的观念里只分布于非洲，但亚洲的印度也生存着狮子——亚洲狮，印度的古吉拉特邦不仅是亚洲狮的最后栖息地，也是人们唯一能看到狮、虎、豹这几种大型猫科动物同栖一处的地方。亚洲狮在印度本土的宗教中被视为圣物，但英国殖民统治者却一直以猎狮为乐。亚洲狮在20世纪初就已岌岌可危了，1900年，一度为数众多的亚洲狮，几乎全军覆没，1908年仅剩下了13只（比当年麋鹿这个物种仅剩18只的状态还危险），此后印度政府将亚洲狮列为保护对象，终于使这一物种得以留存至今。

看来，这些动物绝迹的主要原因无非一个——人类的过度猎杀，只要我们放下屠刀，天下自然就会太平。记得2015年地球日的主题是"地球未来，由我做主"（It is our turn to lead）。决定我们未来的主动权，包括阻止物种灭绝趋势的主动权，就在我们自己手里。

听听北京麋鹿苑的世界灭绝动物公墓墓碑上碑文的警示之声吧：当地球上最后一只老虎在人工林中徒劳地寻求配偶，当最后一只未留下后代的雄鹰从污浊的天空坠向大地，当麋鹿的最后一声哀鸣在干涸的沼泽上空回荡……人类也就看到了自己的结局！

善恶终有报，猎天必被天猎！当人为造成的物种灭绝事件就像多米诺骨牌一样纷纷倒下的时候，作为自然物种之一的人类（Homo sapiens），难道就能幸免于难，独善其身吗？

教授知识，教化德行——现代动物园的教育功能

动物园的历史

动物园是人与自然关系的缩影和反射，人类把一些动物驯化，却又惧怕某些野生动物，同时还把一些动物当神灵来崇拜（如在印度）。人类捕捉和控制大型动物的历史仅有 3000 年左右，动物园的历史是由历史学家、考古工作者、哲学家、人类学家和建筑学家根据大量的史实推算出来的，作为财富和地位的象征，特别是航海与贸易的发展，收藏动物一度流行于上流社会的达官贵人之间，动物园大都集中在文明程度较高、经济较富裕的城市里。

动物园的雏形，起源于古代国王、皇帝和王公贵族们的一种嗜好，从各地收集来的珍禽异兽被圈在皇宫里供其玩赏，像黄金、珠宝一样，不过那时的动物都被关在笼子里，人们并不考虑它们舒不舒服，只考虑如何让观者看得更清楚一些。公元前 2300 年前的一块石匾上就有对当时在美索不达米亚南部苏美尔的重要城市乌尔收集珍稀动物的描述，这可能是人类记载的最早的动物行为。

大约在公元前 1500 年，埃及法老苏谟士三世也有自己的动物收藏。他的继母、女王哈兹赫普撒特还派了一支远征队到处收集野生动物，远征队的 5 艘大船运回了许多珍禽异兽，包括猴子、猎豹和长颈鹿，还有许多当时人们还不知道怎么称呼的动物。3000 年前，中国西周时期的周文王始建灵囿，筑灵台，就是专门饲养动物供统治者欣赏的。那时的动物收藏虽然是统治者权势的象征，但在收集和饲养过程中，人们开始逐渐了解动物和自然，并开始积累驯化动物的知识。

古罗马的统治者喜欢在斗兽场欣赏狮、虎、熊互斗，或者让它们和人相斗。那时已有一些猛兽能在圈养条件下繁殖了，再繁殖的猛兽不断被投入到血腥的搏杀中。

古希腊的亚历山大大帝把他的动物园传给了埃及国王托勒密一世，托勒密一世建立了历史上第一座有规划性的动物园。古希腊著名的哲学家、亚历山大

大帝的老师亚里士多德，就在那里观察、研究过动物，并写了一本关于动物学的百科全书，书名叫《动物的历史》，书中描述了300多种脊椎动物。亚里士多德也许是世界上第一个研究动物行为的人，不过他所做的一切只是出于好奇。

随着罗马帝国的灭亡，人类历史进入了中世纪，这一时期由于教堂的普及和贸易的发展，新的城市不断被建立，此时的人们对艺术、教育和自然非常重视，而对收集动物似乎不是特别感兴趣。

直到13世纪，动物收藏又开始成为时尚，人们趋之若鹜，王公贵族们又开始把动物当成礼品互相赠送。到18世纪，动物一直都是上流社会的玩物，但随着贵族们在世界各地不同地区权势的消退，动物收藏逐渐大众化，这种把收集来的动物进行展览的行为被称为"menageries"，意为关在笼子里的动物展览（这一词正式出现于1712年，我们姑且翻译为"笼养动物园"）。这种形式比起那些毫无章法的随意性动物收集更具组织性。笼养动物园，其目的仅仅是满足人们的好奇心。笼子的设计根本不考虑动物的健康，只考虑怎样让参观者看得更近、更清楚一些，笼子里除了铁栏杆，什么设施也没有，动物连藏身之处都没有，或者直接把动物放到一个下陷式的大坑中供人参观。

11世纪初的英格兰国王亨利一世曾大量收集动物，他的孙子亨利三世继承王位后，把皇家的居住地搬到了伦敦塔，他继承祖父的传统，建立了"皇家动物园"，把许多特制的装有动物的笼子摆到伦敦塔外面供其他贵族们参观。1254年，亨利一世收到法国国王路易九世送给他的礼物：一头大象，这是大象第一次来到英格兰。为这头大象建造的笼子，大小仅仅能容下大象的庞大身躯。英国收藏的动物，有时也像古罗马一样，进行激烈的斗兽表演，像什么狮虎斗、熊狗斗等，供来访的皇家贵客欣赏。1445年，亨利六世迎娶法国西部一个州的女子玛格丽特为王后，他送给王后的结婚礼物就是一头狮子。王后非常满意并决定扩建伦敦塔动物园，又增添了许多种动物。皇家动物园盛极一时，繁荣了好几个世代。

在15世纪末意大利的佛罗伦萨，也有一个著名的大型笼养动物园。此时正是文艺复兴时期，动物被视为美丽和高贵的象征，狼和狮的图像经常出现在家族的徽章上面。动物园里的动物被画家们当作模特进行艺术创作，它们的形象展现于许多杰出的艺术作品之中。达·芬奇也养了一些动物作模特之用。德国和奥地利也有笼养动物园存在，在马德堡就有一个海洋动物园，饲养海豹和海象，而且还有现在已经灭绝的欧洲野牛。

最好的笼养动物园是由印度莫卧儿王朝的皇帝阿克巴建立的，到他死时，笼养动物园里拥有 5000 只大象和 1000 只骆驼。他禁止动物之间打斗，很得意那些动物能庇护在他身边，他的动物园向他的臣民们开放。

美洲新大陆被发现之后，1521 年，西班牙人考特斯来到中美洲墨西哥的阿兹特克，当他来到他们的首都特诺奇蒂特兰城（今墨西哥城），他和他的士兵们发现他们来到了一个奇异的世界，城市的道路两旁是漂亮的鸟棚，鸟儿在里面唱着动听的歌，阿兹特克的国王蒙提祖马有着引人入胜的动物收藏，遍布特诺奇蒂特兰城中：美洲豹和美洲狮徘徊在青铜做的围栏中，鱼儿在深深的大铜碗中嬉戏，笼子里养着犰狳、猴子和爬行动物，都有人精心照料着。但之后，那里的一切，包括动物，都被他统统毁掉了。

在过去的欧洲大陆，特别是在俄国、波兰和瑞典，饲养熊被视为它们的主人不可一世的象征。俄国的伊凡大帝就把熊养在他的城堡中，用这种方式来对付那些想过于接近他的敌人们。

几代法国国王也有建动物园收养动物的传统，路易十四在他的所有城堡和行宫中都建有动物园，动物笼舍遍布全国各地的皇家领地。并且在凡尔赛宫，路易十四还对动物笼舍进行了改造，他把动物成群地饲养在一个大围栏中，还在四周画上花儿和鸟儿的背景。

在奥地利的维也纳，圣罗马帝国的皇帝弗兰西斯一世在 1757 年送给他的妻子——皇后玛丽娅·特利萨一座动物园作为礼物，动物园当时就在今天维也纳市区西南世界文化遗产舍恩布龙宫（Schonbrunn Palace），是特利萨皇后的避暑离宫。"舍恩布龙"的意思是美丽的清泉，因这里有股巨大的泉水，故又称"美泉宫"，所以动物园被命名为"美泉宫动物园"。据说玛丽娅最喜欢做的事就是在大象、骆驼和斑马群中进餐。

到了 18 世纪 90 年代，情况发生了很大变化，人民开始从贵族们手里夺取政权，他们要求的权利中有一项就是有权参观动物园。法国大革命时，愤怒的群众冲入凡尔赛宫的动物园——当时路易十六的王后玛丽·安托妮的夏宫，

1987 年，笔者在都柏林动物园，左为饲养员朱丽，右为电影演员冷眉

小一点的动物当即被放生，大一点的有些成为占领者餐桌上的食物，有一些乘乱逃入附近的森林中。不过对于象、犀牛、狮子等大型动物，他们觉得最好还是留在那里让原来的饲养员继续照顾它们。国王、贵族们被打倒了，他们的土地和财产被重新分配，各地动物园的动物也被集中到一起，统一安置到巴黎的一个植物园中。1793 年，凡尔赛宫中的动物也被送到这个植物园中，因为法国人觉得它们有科学价值，应该保留下来进行科学

研究，探索大自然的奥秘。至此，现代动物园的概念开始萌芽。同时在隔海相望的英国，老百姓也被允许参观伦敦塔的皇家动物园，不过他们要付几便士的门票，或者带些猫、狗给那些大型猫科动物和熊当食物。

19 世纪初，经济的发展带动城市的扩张，人们开始考虑建设公园、保留绿地以满足休闲娱乐之需。由于对保护自然的关注和渴望对野生动植物进行深入了解，动物和植物被一起放到公园里进行展出。动物园这个英文词"zoo"，源于古希腊语的"zoion"，意为"有生命的东西"，进而发展成"zoology"，意思是"研究有生命的东西（动物）的学问"。所以目前国外众多动物园的全称"×××Zoological Park"或者"×××Zoological Garden"，按字面含义译成中文就是"研究动物的公园"。值得注意的是，有了科学研究的功能，这和"笼养动物园"的"menagerie"仅有单纯的娱乐功能是不一样的，这是动物园发展史上的一次质的飞跃。

在英国的维多利亚时代，对动物和自然科学的研究气氛非常浓厚，那时也正是英国著名的自然科学家达尔文发表自然选择理论和进化论的年代。在这一背景下，伦敦动物园协会诞生了，协会筹款、筹物、寻找地皮、招募员工，终于在 1828 年，在伦敦的摄政公园成立了人类历史上第一家现代动物园——"摄政动物园"（Regent's Park Zoo）。当时成立该动物园的宗旨是：在人工饲养

条件下研究这些动物，以便更好地了解它们在野外的相关物种。号称"日不落帝国"的英国企图了解他们四处扩张的殖民地版图上的每一种野生动物，自然博物馆、植物园和动物园成为这种文化的重要组成部分。伦敦摄政动物园成为那些即将在英国其他地方、欧洲以及美国建立的动物园的典范，开创了动物园史上的新纪元。

　　整个 19 世纪，从英格兰到整个欧洲大陆，动物园不断普及。当时欧洲的城市大多脏兮兮的，所以动物园对于城市居民来说，是一块难得的绿地和休闲娱乐的好去处。动物园成为了人们生活的一部分，也成了文化的一部分，当时的歌曲里也开始有动物园的内容，也许就是因为一首名为 Walking in the zoo is an okay thing to do（《走在动物园里是一件惬意的事》）的歌曲第一次使用了简写的"zoo"代替"zoological"，一个新词就这样诞生了。在《牛津英语词典》中注明：Zoo（动物园）于 1874 年被正式使用。这时动物园里动物的安置次序，和目前大多数中国动物园一样，是按动物分类的方法进行的。动物收藏、笼养动物园、现代动物园都是在人工条件下饲养动物，名称的变化反映出人们对野生动物从猎奇到研究，再到保护的态度的变化。由于公众环境和野生动物保护意识的不断增强，未来的动物园必然会发展成自然保护的前沿阵地，那时它的名字也许会变为"自然保护中心"。

对动物园的反思

　　透过动物园的囚笼，我们可以感知人类与自然复杂关系的每一个层面：排斥和迷恋，利用、支配和理解的愿望，对多种生命形式的复杂性和特异性的认识，等等。因此，这个微观世界的故事，与波澜壮阔的殖民、民族中心主义和自然探索并行史有关；与人际关系中的暴虐以及文明进程对道德和行为的影响有关；与博物馆这样的纪念场所的诞生有关；与社会行为的复杂性有关；也与休闲活动的发展变迁有关。观览动物园的兽笼就是理解催生这些兽笼的人类社会。

　　动物园的出现，是人类妄图征服自然的产物。从动物园的沿革看，初期的动物园只是少数人的收藏嗜好。对公众开放后，把动物作为娱乐对象，搞好服务使游人满意、使经营者获利，是当时建动物园的目的。过去，很多人认为，

1987 年，笔者在古老的伦敦动物园

到动物园就是休闲娱乐，以看到过多少种类的动物、看到过某某珍禽异兽为荣，于是，传统的动物园便投其所好地以收藏更多种、更多只动物为目标。随着社会文明程度的提高，动物园开始重视科普教育，特别是生物知识的传播，动物园分门别类的动物分区布局，正好可以方便提高大人们，尤其是孩子们的认知。随着生态道德的觉醒和伦理范围的进一步扩展，越来越多的人意识到，把动物禁闭在动物园的铁笼中是不道德的事，动物园关的动物越多，就意味着自然界有越多的动物被迫远离栖息地，妻离子散。

尽管动物园在发展中已从单纯收藏动物，转变为迁地保护、人工繁育、地理再现、生态模拟，并开始致力于动物福利的改善、动物环境的增容，但如何解释这些现象和道理，既维护动物的生命权利，又感化公众，提升全社会的生态道德观，便成为现代动物园亟待提倡的理念。据说，在英国的一家很现代的动物园里，其象房展示的是他们饲养过的最后一只非洲象的标本，而不再是活生生的大象了。有人可能会觉得，这样做是在糊弄游客，但看过解说牌或听完讲解，大家便豁然开朗地产生了认同感甚至转而赞赏动物园先进的保护理念："大象是一种感情非常丰富的动物，它们本来就该体面地生活在非洲草原，而非委屈地囚禁在这样的笼舍。"

我在北京麋鹿苑设置的世界灭绝动物公墓，其最初创意也来自类似的经历。我原来在北京濒危动物驯养繁殖中心饲养黑猩猩，由于很多笼舍是空的，参观者总爱问：这里的动物去哪儿了？我便生出一个灵感，在这些空荡荡的笼子上挂起一个个木牌，上边写着刚刚灭绝的鸟兽的名称和年代，甚至灭绝原因。这样，既向观众做了一个交代，又不失时机地进行了一种特殊的教育：反省人与动物的关系。后来，这个创意逐渐演化成专门辟出一块地方做墓地、立墓碑的世界灭绝动物公墓。再后来，我调到麋鹿苑工作，也将这些创意带到北京麋鹿苑并有所拓展，我把灭绝动物的名字按照年代排列成长长的一列多米诺骨牌，直至包括人类在内的现存物种。当然，灭绝的物种，写在轰然倒下的石块上，濒危的物种写在将倒未倒的石块上，现存物种的名字则是写在尚立的石块上，其中一块写有"人类"。这就是作为一个特殊动物园——北京麋鹿苑所发挥的生态道德的教化功能。

我常常说，我希望把北京麋鹿苑建成一座不养动物的动物园，那我们的作为体现在哪里呢？无为，乃是为了更高层次的有为。我们养护的是生态，生态系统的完整才是生物多样性得以维持的基础。比如在北京麋鹿苑，由于我们养护了这里的林地、湿地、草地，很多鸟兽爬虫才得以在这里生息、繁衍、出没，包括我们特意投放到这千亩（1 亩 ≈ 667 平方米）苑区的狍子、黄麂、牙獐、白鹳、孔雀、天鹅、雉鸡等，它们大多是以自由觅食的形式存活的。更有野兔、刺猬、黄鼬、鼹鼠等本土动物的世代生息，及数十种候鸟把这里作为迁徙驿站和繁殖场所。因此，可以说，我们麋鹿苑是一座不"关"养动物的动物园，我们不像传统动物园那样把动物关在小小笼舍里喂养，而是养护着偌大的苑区——保护核心区。

这里有关于动物的科普设施、格言警句、动物文化、动物民俗、传统护生诗文……这便是我提出的不养动物的动物园的另一个含义：可以不养动物，也堪称是一座动物园、动物主题园，这个功能的体现完全是依赖科普教育来实现的。这就是我所陈述的动物园应具备的教育、教化功能。

从动物园的沿革看，19 世纪的动物园是活的自然历史橱窗；20 世纪的动物园是活的博物馆；21 世纪的动物园则是保护和教育中心。可见，在现代动物园，保育、繁育、教育功能，特别是围绕保育开展的教育功能、教化作用，不可或缺。

现代的动物园有条件具备也必须具备教育功能，为什么呢？根据世界动物园的保护策略和我们的实践，似乎可从以下诸方面来诠释：

1. 这是由动物园的大众性决定的，因抵达便捷，每年全世界参观动物园的人数以亿计；

2. 动物园展示的是活的动物，这种鲜活生动的教育手段是其他形式所无法替代的；

3. 这种非正规教育能影响广泛的目标群体，包括来访者和未到却关注动物园的社会各界人士；

4. 教育与娱乐并存，寓教于游，在轻松有趣的氛围中求知；

5. 不排除正规的、定向性的教学群体；

6. 有教无类，动物园教育应适应不同水平的人士；

7. 可以通过动物开展多学科，如生物学、地理学、行为学等的教育，举一反三；

8. 信息众多：保护为本，受危状态，利用程度，生活方式，进化与未来，天人关系，等；

9. 全球责任：群落联系、生命共同体，从动物个体联想到其生境境域，以唤起责任感；

10. 动物园在拯救濒危物种及其教育、公关、宣传方面的公益形象和各种努力，代表了一个国家和地区的文明程度，其影响甚至会超过保护的具体行为本身。

动物园可应用的（也是麋鹿苑正采用的）教育手段包括：动物介绍、场馆设计、笼舍安排、环境氛围、主题展示、导览标志、解译系统、交互教育、视听手段、游客体验、指南图册、出版物、纪念品、人员讲解、接触项目、公益活动、长短期展陈、媒体传播、参观路线、教育流程、专业指导、知识与意识、福利（丰容）与伦理教育实践……

人间正道是素食——《向肉食说 NO》读后感

　　展读世界知识出版社出版的、由圣海先生所著的《向肉食说 NO》一书，倍感亲切！毕竟我已有近十年的光景不吃肉了，不仅自己不吃，而且还四处奔走做"素食"讲座，坐而论道且身体力行。阅读此书，大有相见恨晚和快意、解渴之感，因为目前在中国，"素食一族"还是小众群体，常被视为另类，我们常常要面对广大的"不素之客"的质疑和诘问，需要给予有理、有力、有节的答复。所以，这本书列举的大量数据、证据、论据，使我如获至宝，或抄录，或节选，或下载，其中不少精彩的段落干脆被我直接纳入了关于素食的演讲演示文档（PPT）之中。我的素食讲座分为上下两部分，上篇为"素食的六大理由"，下篇为"素食，一种救世的文化"。

　　拜读《向肉食说 NO》，仿佛是在与一位志同道合的朋友谈心，听朋友娓娓道来，语重心长；《向肉食说 NO》又似一座富矿，读者可以源源不断地从中汲取营养，获取信息。我尤其喜欢其中的一个标题"人间正道是素食"，我也以"天下文章一大抄"的拿来主义精神，将其用于本文的题目，在此应感谢《向肉食说 NO》的作者圣海先生的奇思妙想。

　　全书一共九章，其中一至六章，用大量篇幅讲述了食肉的危害，当然是对我们健康的危害了。由此，我想起一次我到位于北京建外 SOHO 的维根素食小屋吃饭，偶遇餐厅老板余力博士，他对我说了这样一句言简意赅的话："我们至少应为环保吃一天素，为护生吃一天素，为自身的健康吃五天素。"这基本上与本书的论点相一致，不吃或少吃肉，首先是为了您的健康。理由如下：

　　第一章　你吃的那块肉健康吗？

　　第二章　人们吃进多少兽药？

　　第三章　肉类含有多少毒素？

　　第四章　肉食重金属超标危害多！

　　第五章　多少死动物上了餐桌？

第六章　过量肉食危害国民健康！

　　仅仅看到这些题目，就已足够让人触目惊心的了。有这样一句话："如果屠宰场的墙是透明的，那么，很多人就不会再吃肉了。"翻看其中各个章节，仿佛洞穿了肉食产业背后的丑陋，打开了一扇扇暗箱操作的门窗，揭开了一个个不可告人的内幕，但毕竟大家都在吃，都习以为常了，所以我们指出吃肉的危害，就会遭到反驳，有所谓科学的、社会的、文化的、经济的诸多道理。但我认为，这都是小道理，而素食才是大道理，是人间正道！本书后面两章，带领读者进入了素食高尚之境界，即为了环境，为了生灵，为了地球，为了后代，我们应该选择素食。

　　第七章　肉食何以破坏环境？
　　　　一、动物亦有情
　　　　二、每年一百多亿只禽畜葬身国人肠胃
　　　　三、危害中国生态系统的肉食

　　第八章　肉食加剧气候暖化！
　　　　一、拯救气候刻不容缓
　　　　二、全球变暖与我何干
　　　　三、动物养殖是全球最大的温室气体排放源
　　　　四、中国可为减缓全球变暖做出巨大贡献

　　《向肉食说 NO》的第七、八章阐述了肉食对环境造成的破坏，尤其对气候的负面影响，这与 2009 年联合国哥本哈根世界气候大会，中国政府高调出席，承诺和实施节能减排行动不谋而合，或曰积极而及时地做了呼应。可以说，本书恰到好处地为公众指出了一条百姓在日常生活中实现"节能减排，人人可行，从嘴做起，从素做起"的捷径。以上题目"肉食何以破坏环境""肉食加剧气候暖化"，尤其是"动物养殖是全球最大的温室气体排放源""中国可为减缓全球变暖做出巨大贡献"的小标题，对吃素食抵抗全球变暖的意义诠释得再清楚不过了。最后一章可谓全书的点睛之笔，笔者从古今中外，旁征博引地道出素食的文化渊源和精神本质。

第九章　人间正道是素食！
一、中国源远流长的素食传统
二、蔚然成风的欧洲素食
三、美国素食潮后来居上
四、素食潮卷中华

　　从西方社会的素食风尚，到中华传统素食文化的回归，我有切身体会。记得有一次在国外一个餐厅用餐，我声言素食，餐厅老板以一种怀疑的口吻反问我："啊？中国还有素食？"其言外之意是，西方人的素食选择是一种高度文明的体现，没想到中国人也知道素食。

　　《向肉食说 NO》最后落笔于如此响亮的句式"人间正道是素食"，实在令我的沉郁之心为之一振！胸中块垒为之一浇！多年来为了素食，或苦口婆心，或仗义执言，锲而不舍，屡败屡战，虽应和之人寥寥，包括家人、同事，均无苟同，但孙中山的一句话"知难行易"，使我茅塞顿开，是啊，让公众停止多年习惯的口味，痛改陋习，达到"知"的层面的确不易。

　　令人快慰的是，在前几年的某届北京市大兴区政协全会上，作为大会日程，我向全体委员极其正式地作了题为《健康环保，我行我素》的演讲，电视台、报纸都对此作了报道。我还将我的《减碳生活，从素做起》提交为北京市政协的大会发言，我相信，中国的素食之风必将随着人们认识程度的提高而登堂入室，家喻户晓。"千家万户曈曈日，总把新桃换旧符。"更令人振奋的是，听说有一份"推广素食成为国策"的全国政协提案已被提交，通览全文，言之有理，行之有据，积德修福，善莫大焉。我坚信，随着人类认识的提高、文明的进步，"向肉食说 NO"的时刻终会来到，毕竟"人间正道是素食"。

城市公园：身心栖居之所

　　许多朋友去到郊外或出国，看到一些地方甚至城市的生态环境自然、野逸时，都会发出这样的赞叹：要是能住在这样的地方该多幸福啊！有些朋友来到我工作的北京麋鹿苑，或从博客上看到我拍摄的鸟兽野景，都不敢相信这是在中国、在北京。这就是城市绿地和自然公园的魅力，有人说这是鸟语花香的意境，有人说是田园牧歌式的生活。可是，你知道吗，几年前麋鹿苑的周边还是垃圾围城的恶劣景象。随着北京市"城南行动"计划的实施，2010 年，南海子公园一期建设顺利竣工，二期工程也于 2019 年 7 月底完工。作为北京四大郊野公园之一的南郊生态公园的核心地，麋鹿苑被南海子公园四面环绕，我身临其中，感受并目睹了北京如火如荼的生态改造进程，不禁发出这样的感叹："美轮美奂南海子，福天福地麋鹿苑。"这就是北京市正在全力以赴开展的生态文明建设的一个缩影。

061

　　作为以宣传野生动物保护为己任的科普人士，在生态建设上，我们建议，不仅要在静态的植物恢复方面有所建树，还应在动态的野生动物的栖息、过往、停歇、取食、居留、迁徙中转、补充能量上多加考虑，树立"现代城市应是生命共同家园的生命共同体"和"野生动物乃是城市有生命的基础设施"的理念。

　　在这方面，几个兄弟城市已经走在了前面，如上海引进了獐子，其实更准确的说法是恢复了曾是上海土著动物的獐子，还在崇明岛野放了扬子鳄，在奉贤野放了黑斑蛙和狗獾，做了现代城市与野生动物和谐共处的有益尝试。

　　广州市政府提出了绿地建设要与野生动物保护同行，开展了野生动物进城工程，自然招引与人工放归结合，以白云山、帽峰山等为动物避难所，一是营造栖息环境，二是采取招引措施，三是通过人工繁育和野化恢复本土动物或重引入。

　　宁波慈溪政府在杭州湾湿地进行了湿地鸟类生境设计和招引，在 4 平方千米的湿地中，鸟类增加了 50 种，水鸟个体达 15000 只以上，我们北京麋鹿苑

鸟瞰云南

的麋鹿也输送到了慈溪湿地，为湿地动物种类和规模的提升增色不少。

　　作为一座现代城市，不仅应有花香，还需有鸟语，不仅要建成花园城市、山水城市，具有园林景观，还需把动态的动物考虑在内，才能真正实现城市生态高质量，蜂类传播了花粉，鸟类控制了害虫，松鼠扩散了种子……动物的出没更给人们以心旷神怡之感。当然，野生动物对人类生活的影响也不能忽视，如机场周边须防鸟撞，密切接触动物会导致疫病，动物粪便也会令人厌恶。所以，要给动物们宽松的活动空间，不可与人零距离，提倡观鸟，而非养鸟。对于广大市民，倡导不捉、不买、不养、不吃野生动物，不穿皮草服装，不扰动物生活等。古人有"爱惜飞蛾纱罩灯"的古训，我们则应给动物们留足空间和通道，减少农药杀虫剂的使用，用生态的方法解决生态问题。

　　在上述方面，西方一些城市起步得更早，如美国纽约的中央公园位于曼哈顿正中，1856 年开始设计，1873 年建成，占地 341 万平方米，号称纽约的后花园，草地、森林、湖泊，均为人造景观，但却鸟兽出没，与人类和谐共处。造园家西蒙兹评价："凡是看到、感受到、利用到中央公园的人，都会感到这块不动产的价值，它对城市的贡献简直无法估量。"

建于 1812 年，开放于 1838 年的伦敦摄政公园占地 500 英亩（1 英亩≈ 4047 平方米），是一座 19 世纪风格的城市公园，著名的大英博物馆、伦敦大学、中国大使馆都坐落在其附近，伦敦动物园干脆就在其中。海德公园是18 世纪的英王猎鹿场，占地 360 英亩，为伦敦全市最大的公园，古树参天，绿野千顷，曾因举办博览会、演唱会甚至演讲会而闻名。

美学家赫西菲尔德曾说："公园是为所有人提供休闲和改善精神状态的地方，其公共性、大众性和自然化的主张，尤其重要。公园是公众的大花园，是人与动物共有的伊甸园，更是现代人、都市人赖以栖息的身心回归与休憩之所。"

北京在 2012 年春启动了平原地区造林工程，分别在东、南、西、北 4 个方向建设四大郊野公园。工程中，在河滨、水岸、风景林带或穿越森林、公园等自然游憩空间中建立具有休闲、健身功能的健康绿道。郊野公园不仅成为北京的巨大"绿肺"，也为更多的市民和游客提供了休闲、嬉戏以及动物栖息的场所。

| 格言 | 关心动物是一个人真正有教养的标志；一个社会的文明程度越高，其道德关怀的范围就越宽广。

——［英国］达尔文

城市野生动物，远亲不如近邻

　　某日，在三环路上行车，蓦然瞥见一只大鸟划过天际，"红隼！"我脱口喊出其名，令旁边的朋友惊愕不已。其实，隼这种猛禽在城市楼宇间的亮相并非罕见。夏日黄昏，京城上空不时还会出现三五成群的夜鹭，不慌不忙，缓缓飞过，全然一副安详舒展之态，令人赏心悦目。冬季城市的楼头树梢，总有乌鸦桀骜不驯的身影。这些，无不构成了城市野生动物的一部分。也许你会说，城市里除了麻雀、喜鹊，还有什么动物呀？当然有，只要你注意，像燕子、斑鸠、啄木鸟还是很容易见到的。我作为一个观鸟爱好者，总会左右逢源，并得意于这句话："如你学会观鸟，就像获得了一张进入自然剧场的门票，而且是终身免费。"

　　如果你稍加留意，就会发现我们身边的动物简直异彩纷呈，像唯一会飞的哺乳动物蝙蝠、古老的爬行动物壁虎、家鸭的祖先绿头鸭、被人们奉为"大仙"的黄鼠狼，还有大大小小、昼伏夜出的老鼠……昆虫种类更是不计其数，所以，说起城市野生动物，注意我强调的是"野生"（wild），首先应肯定，有！其次，它们只能在生态环境适宜的条件下生存，即有栖息和隐蔽之处、有水和食物来源，且无过度的污染，否则，树砍了，水污了，空气脏了，动物流离失所，甚至中毒身亡，销声匿迹，那不就成了美国环保发起人蕾切尔·卡逊所描述的"寂静的春天"了吗？而这种情形对人的生存也一样构成危胁，因为人也是一种动物，我们人类与动物本是同根生，害它即害己，生活在一个生物圈的各位会同样遭到环境激素中毒之厄运，说白了，就是导致恶性肿瘤，即癌症。

　　动物园是城市一景，现代动物园起源于 1752 年的维也纳。动物园的出现，是工业化的产物，更是人类妄图征服自然的例证，尽管在其发展过程中曾经起到过拯救个别濒危物种"进行迁地保护"的庇护所作用，也对人们分门别类认识生物起到过辅助作用。但我一直认为，动物园更是人类进行扪心自问的反思之所，毕竟，动物园中的动物不是真正的城市野生动物，只能算是身陷囹圄的

足不出户见红隼

"驯服"（tame）动物。

近年，猫、狗等宠物在现代城市中大行其道，甚至有不少被人无情地抛弃，成为城市流浪儿，但它们也不算野生动物，而是野化了的"驯化"（domestic）动物。诚然，我们身边的猫、狗等宠物对过分紧张或孤寂的城市人的心理，起到了很大的抚慰作用，但"福兮祸所伏"，它们往往是病害的携带者，仅犬的身上就会有数种致病的病毒病菌，那些与宠物亲密无间的行为必须适可而止。

尽管 2008 年北京奥运会的一个经典之作——国家体育场叫"鸟巢"，但城市中真正能够供鸟营巢的建筑却凤毛麟角，许多现代城市建筑甚至对野生动物的生存构成了威胁。本来古人设计的房子是鸟类，特别是雨燕等小动物理想的栖息之所，表现出先人的睿智和好生之德，并留有"燕子不住愁房"的民谚。但现代的高楼大厦不仅使鸟无以栖身筑巢，那些镜子般的玻璃幕墙更是误导飞鸟的死亡陷阱。最近，加拿大魁北克博物馆为秋季撞死大楼玻璃幕墙的鸟类做了一个展览，共 30 余种 2000 余只，摆在人们面前的是曾经鲜活的飞舞生灵的成堆尸骨，与其说是一个生物科学的展览，不如说是一次生态伦理的控

伯劳见证，春"倒"了

诉。但愿有一天建筑师们能够良心发现，在设计人居建筑时，也捎带着顾及一下鸟，给鸟设计一些生息之所，而非制造血光之灾。

　　作为当今地球的绝对优势物种、城市主人、动物"远亲"的我们，须谨记，一个地方能否有野生"近邻"的生存，不仅是该地方生态质量好坏的标志，也是衡量民情世风、生态道德及生存质量优劣的一种尺度。应知，爱护动物是社会文明的体现；保护环境，是持续发展的需要。毕竟，只有大千世界生物的多样性，才有人类生活和谐永久的稳定性。只有解放全世界的生灵，才能最后真正地解救自己！

点赞荒野——兼谈城市生物多样性保护

生物多样性保护，是当代对自然保护的科学描述，包括物种多样性、遗传多样性、生态系统的多样性。人类的衣食住行无不依赖地球母亲的供养与恩惠，只有保护生物的多样性，才有人类社会的稳定。虽然保护生物多样性意义重大，但道路艰难。毕竟，它关系人类福祉，关乎社会稳定，关涉子孙利益。但从概念到理解，从行动到效果，从乡村到城市，尤其在异化发展的大城市，生物多样性保护的现状不尽如人意，"同志仍需努力"。

那么，生物多样性到底呈现在哪里？简单地回答就是——在荒野。要想实现保护，必须保存荒野，荒野即自然地。遗憾的是，地球上的荒野，随着人类开发的进程，日渐减少。据英国著名科学期刊《自然》（Nature）载，一个世纪以前，地球表面的陆地仅 15% 用于种植农作物、饲养牲畜，而今，地球 77% 以上的土地和 87% 的海洋因人类的影响而改变，全球保育政策必须提醒并遏制这种"自私加自杀"的行为，阻止最后呵护我们生物多样性和生命维持系统的消失趋势。

我所在的中科院老科学家演讲团，前不久在江苏如皋巡讲，晚餐时发生了这样的争论。当时我在强调保护动物，一名科学家不解地问："保护有什么必要，即便物种不断灭绝对我们又会怎么样？"另一名则提出，破坏自然乃是发展的必然，要不我们怎么发展呢？我回击道，物种灭绝本是自然规律，但当前人类活动导致的灭绝速度已经超过自然速度的上千倍，这就是"逆天而行"，这就是生态失衡危险正在发出的信号，如果我们的发展必然以自然基础被破坏为代价，那疯狂发展的结局就是将我们自己推向末路。一位哲人曾说："人类的文明从砍第一棵树开始，到砍最后一棵树结束。"我把这句话用麋鹿苑的一组雕塑诠释了出来，用 4 个汉字表达出来，即"森、林、木、十"。更何况人类的一些奢侈消费，完全不是出于生存必需，"不吃鱼翅你不会死，吃了鱼翅，鲨鱼就没法活"；"不穿裘皮你不会死，穿了裘皮，野兽就没法活"。难道人类的非生存需要，就必须高于非人类的生存需要吗？

曾几何时，我们忘乎所以地喊出"人定胜天"的口号，后来，我们也曾大言不惭地喊出"保护地球"的口号，其实，地球根本不在意你的保护，毕竟地球的维度，从时间到空间，都大大超乎人的想象，人类之于地球，既是微不足道的，又是匆匆过客，地球完全可以没有人类，过去和将来，都是这样！而人类须臾不能没有地球。我们需要地球的什么呢？需要的就是地球上能够呵护我们的生物多样性，而这种多样性恰恰就在荒野中。

荒野的一般定义是："在我们的星球上留下的最完整的未被破坏的野生自然区域——那些人类尚未影响的最后真正的野地，在那里，从未修建过任何田地、房屋、道路、管道或其他工业基础设施。"国际保护组织甚至有一个更具体的界定：荒野为原生地占 70% 以上，面积在 1000 平方千米，每平方千米土地上的人数少于 5 人的地域。据此定义，世界上，还有 46% 的土地属于荒野。

1924 年 6 月 3 日，在"大地伦理学"创始人利奥波德的努力下，美国出现了第一个荒野保护区——位于新墨西哥州的总面积 22 万公顷的基拉荒野保护区。

1964 年美国国会通过《荒野法案》，此后，官方依法认定的 3.7 万平方千米的联邦土地作为荒野保护下来，除了科考，禁止包括旅游在内的任何经济活动。当时的美国总统约翰逊在签署《荒野法案》时说："如果想要我们的后代在想起我们时心怀感恩而非蔑视，就需留给他们一瞥世界最初的样子。"

尽管这些年全球的荒野因人类的活动，特别是过度开发和消费，已大幅减少，但仍约占陆地的 1/4 面积，主要分布在南北极、热带雨林、荒漠戈壁，我国西部高原所谓无人区的地方，也尚有荒野幸存。

荒野，一般被称为不毛之地，是未开发的土地，有人急于去开发，声称要"与天奋斗、与地奋斗"，但荒野作为自然生态系统，作为千古演化的遗存，我们应该如何科学审视，以避免短视？古人说"不谋全局不足以谋一隅，不谋万世不足以谋一时"，这颗星球上的宝贵荒野，不仅属于当代，还应为后代保留选择机会，即为永续发展；不仅属于人类，还是其他生灵的家园，而所有生灵构筑的生命共同体，也是人类生存之基，这就是荒野的价值。

从遗传基因库的角度看，如果荒野尽失，科学家再高明也将"巧妇难为无米之炊"。

要不是金鸡纳树这种植物尚存于荒野中，我们哪能得到战胜疟疾的特效药奎宁？保留荒野这座天然基因库，才能使一些古老的遗传多样性得以延续和保存。

荒野是未受人为干扰和较少人工改造的自然"本底"，"荒野"（wilderness）一词有"野生物种不受人类管制和约束"的含义；荒野是一种充满多样性、原生性、开放性、和谐性、偶然性、异质性、自愈性、趣味性的野趣横生的自然系统。

目前，一些国家都有类似荒野保护协会（Society of Wilderness）一类的非政府组织（NGO），这些组织通过购买、租赁、租借等方式，取得荒野监护权或管理权，将其围护起来，使大自然尽量自主演替、自繁自灭。并使子孙后代能有机会在先辈遗留下来的荒野中，探寻自然奥秘，领悟生命意义，生发独特感受，体验多样经历。正如美国作家约瑟芬·约翰逊所说："应当让人们懂得和尊重：树木的权利、山岳的崇高、个体的完美以及荒野的价值。"

如今，全球气候变化异常，正日益成为人类所面临的首要环境问题，而荒野恰恰能在这方面发挥碳汇作用，荒野的失去，碳汇将沦为碳源，人类的最后福祉将难以保障。所以，从政策上，应将保护荒野与减碳抗暖结合起来。

既然荒野如此重要，在城市中如何体现呢？纽约中央公园、巴黎布隆森林、伦敦海德公园是几个国际著名的城市公园，也是在城市中保留一块荒野的典范。在这方面，我们国家也正在努力。2019年春天，我在珠海讲课，课后请接我的老师送我去一处市内荒野地——吉大水库，这位老师竟然也没去过。当我置身其中，发现这里简直是都市里的绿岛，远山传来噪鹛的鸣叫，被我摄录了下来，这里毫无城市车水马龙的嘈杂。作为寸土寸金的大城市，能保存荒野，留白增绿，是一项重大的公益和普惠。我也曾在中国台湾东华大学见识到一座校园中的保护区，难怪他们说，学校有三宝——野鸡、野兔、清明草。作为保育实践的校园保护区，他们也坚守着一条"生态红线"。

在进化的时间尺度上，荒野是唯一在物种丰富度上接近自然水平的地域，荒野为众多野生物种提供了庇护场所，是生物多样性遗传信息的储存库。值得注意的是，一开始所提到的荒野概念过于严苛，从"治病救人"的角度思考，对破碎化的生态系统和退化区域的治理，城市生物多样性的恢复，可能与保护

灰鹤与乌鸦

未受干扰的生态系统同等重要，至少便于操作，所以，在"复野化"的层面，城市公园、校园保护区，便起到了亡羊补牢的作用。

前不久，中央电视台的《科学！加油课》栏目组邀我做节目。编导先出了一个有关校园动物保护的方案，其中一个实践活动是"为小鸟挂巢箱"。我对此提出异议，不要自以为是地给鸟做窝，要想真正在校园提供便于野生动物栖息之所，不如造一处"荒野"——一个小小的自然地，用围栏围起来，有自然的土壤和水体，乔木、灌木、草本植物多种多样，枯枝烂叶切莫清理，杜绝一切人为干扰。我们所要做的就是观察记录，不久就会发现生命的奇迹，有草、有树、有虫、有鸟，甚至有兽的出没。而这个建议恰与《绿化与生活》杂志上的一篇有关城市荒野与生物多样性保护的方案不谋而合，人家管这叫"本杰士堆"。这个一看就是舶来品的"土堆"源自一位动物园管理者赫尔曼·本杰士，即通过生态化行为，为园区分布的野生动物重建生存空间，特别是动物园笼舍中的动物"丰容"，将石块、枝叶、倒树掺杂本土植物，并覆以多刺藤蔓植物，使这个土堆既封闭又有空隙，为动物留有通道，从而改善小环境、小生态、小气候。这一方案的提出给人展现了一幅令人振奋的画面：北京市将完成6处涵盖城市绿地、平原森林、山区森林和湿地的生物多样性恢复示范区，北京园林绿化局将在新一轮百万亩造林中推出……而且在北京野生动物救护中心设置了一个生物多样性示范点——本杰士堆，还要推出包括小微湿地等人为干扰少的生态保育场所，并宣布今后每个公园至少建造一处。其好处是：

1. 营造局部环境多样性；

2. 营造多层次植被，提供物种多样性；

3. 为小型动物提供食物和隐蔽场所；

4. 给昆虫、两爬类提供越冬场所。

无独有偶，我在北京麋鹿苑也进行着两个类似的实践：

一是桃花岛荒野区，这是一处干涸并废弃的鱼塘，但我一再强调不要干扰，如今这个乱草丛生的地方俨然成了牙獐的隐蔽处和求偶场。

二是设置了几个题为"活着的死树"的科教点，看看说明就知道其含义：

活着的死树（Living Dead Trunk）

老树、死树、风倒木……作为一种自然现象对保持林地的物质与能量循环十分重要。

为众多物种提供生长、栖息、隐蔽和采食的场所，丰富了生物的多样性，从而使林地生态系统更加稳定，更显生机。

落叶归根是自然法则，残枝败叶也非无用，"落红不是无情物，化作春泥更护花"。

我认为，保护自然地，勿以恶小而为之！留存小荒野，勿以善小而不为！在自然保护措施中，有一种保护形式叫保护小区，我国江西婺源为保护鸳鸯、白腿小隼、中华秋沙鸭，特别是蓝冠噪鹛，就设置了一系列的保护小区，卓有成效。我曾在印度见过一处城市中的湿地，虽半亩方塘，却生机盎然，因为湿地周围是类似苏州园林的花墙，人进不去，但可以凭窗观赏，由于挡住了人为干扰，水草茂盛，鱼翔浅底，鸟来鸟去，距离远近适当，极其适合拍照，达到人鸟两相宜的境界。类似的小湿地、小土丘、小灌丛、小荒野，可以营造于每个公园、每所学校、每条街道、每个大院、每个社区……城市生物多样性恢复有望，且事半功倍，我们何乐而不为呢？

北京麋鹿苑，不仅实践着麋鹿种群和健康湿地的恢复，还倡导着荒野与生物多样性的保护，殊不知我们的别名即为"北京生物多样性保护研究中心"。在苑中漫步，还能见到这样一首有关荒野的诗，颇为个性化，至少是原创，就作为本文的结语吧：

荒野的自白

没有尘世的喧嚣华丽

没有农田的整齐划一

满目乱草杂树，四季演替

盈耳鸟语虫鸣，昼夜有序

落英缤纷，神采各异

疏影横斜，斑驳陆离

这就是我，荒野地

我丰富的内涵，被视为良莠不齐

我勃发的生机，被谬称疏于管理

物欲凡俗之心，何谈野趣天成

功利世故之眼，哪见美感灵气

我就是我，荒野地

原始的外表，杂陈的有序

廉价的奢华，低调的高级

荒野 Wilderness——一块神圣的处女地

福兮，祸兮——从切尔诺贝利成保护地谈起

北京麋鹿苑里有一处世界灭绝动物公墓，是由长长的石制多米诺骨牌组成，倒下的骨牌上写着灭绝物种的名字，将要倒下的骨牌上写的是濒危物种，而尚未倒地的骨牌上写的是现存物种的代表，在现存的骨牌中，有一块写着两个字"人类"。每次为参观者进行讲解时，还没走到跟前，我都会故弄玄虚，让听众先猜猜人类的位置会在哪儿，大家多是自信地回答："在最后。"实际上，我设计放在最后一块的并非"人类"，而是"鼠类"，为什么？因为在地球上，老鼠的繁殖力、生命力和抗灾变能力都远远胜过人类。也总听人说，如果人类在地球上消失了，那就是世界的末日，我说未必，也许那就是万物的节日了呢。

一只曾经生活在北京麋鹿苑的丹顶鹤

物种的彼此消长，乃是自然规律，在人与动物之间也是同理。

我们发现，通常，人类所到之处，动物们数量稀少，生存艰难，而人迹罕至之地，万物复苏，鸟兽滋育。例如，在韩国与朝鲜两国的边界地带，由于长达半个多世纪都被划为军事禁区，却成为了鸟兽的天堂。在这个长 155 英里（1 英里 ≈ 1609 米），宽 2.4 英里的布满地雷的地方，自 1953 年 9 月 6 日执行《朝鲜停战协定》，成为无人区后，森林恢复了，农田变成了荒野，目前生活着超过 1100 种植物、50 种哺乳动物，包括黑熊、豹子、猞猁、野羊，还有濒危鸟类黑脸琵鹭、丹顶鹤（据说朝鲜半岛作为丹顶鹤种群的东线，比起扎龙至盐城的西线，现在丹顶鹤的数量更多）等，甚至超过 80 种的鱼类……每年都有数百种鸟类迁徙至此，真是祸兮福所倚，战争的遗留地倒成了绿色的和平地、万物生灵的避难所。

而最具讽刺意味的故事还是发生在著名的切尔诺贝利核电站的核事故

世界上的 15 种鹤

之后。

事实上，1986 年发生于切尔诺贝利的核事故，死亡人数为 56 人，远不及 1984 年发生在印度帕博尔的化学物品泄漏导致 6000 人死亡的程度严重，但前者造成的影响却远比后者巨大，为什么？因为核恐怖。有一部电影叫《生活在切尔诺贝利》，其中有一段精彩的评论说："人们对核辐射的恐怖反而比核辐射本身对健康的威胁更大。"更值得注意的是，核电站附近的小镇成为隔离区，工业停止了，砍伐停止了，耕作停止了，这里竟然成为乌克兰最安静，也是最干净的地区，相当于希腊罗德岛那么大的地域已经成为一块美丽的荒野地，鸟语花香，到处是海狸、狼、鹿和猞猁，黑鹳、蓝雀等罕见的鸟类都频频亮相，野牛、白尾鹰、普氏原羚都被成功地引进。

1994 年，美国得州理工大学的两位生物学家进行了为期 15 年的调查，在一个名为红色森林的辐射区惊讶地发现，尽管野生老鼠的体内测出了辐射量，但它们生活正常，照样繁殖。综合考察结果，几位学者得出了出人意料的结论：农耕、畜牧、打猎及伐木……这些人类行为的消失，为当地的动物带来了巨大的益处，可以说，世界最严重的核电站事故对当地动物的破坏性影响远远不及人类活动对动物的影响，即使是在核辐射最厉害的地方，野生动物都还大量存在。

这是一个预想不到的实验：当 33 万人外迁而动物入驻后，这里成为欧洲最好的天然保留地。切尔诺贝利，在人的心目中，也许是鬼城，在野生动物眼里，简直是天堂，那里俨然成为一座国家公园了。祸兮？福兮？人类当反思。

果子狸何其无辜

2004年是猴年，那年年初时，我一边为拯救濒危猿猴奔走，做"猴年说猴"电视节目或灵长类动物讲座，另一边为北京奥运会动物吉祥物的推选撰写文章，忽然，听闻广东方面为防SARS传播，要全面封杀果子狸。闻此，大惊！很多人诧异地说，果子狸何罪之有？不吃动物比什么都强，杀人家干吗？媒体也是一片哗然，网站上称其为："宁可错杀一万……"。

我在2003年"非典"疫情期间就曾撰文《果子狸，我是无辜的》，为果子狸鸣冤叫屈，如果真的证实果子狸是SARS病毒的携带者，那更验证了病从口入，病患是因吃野味导致这一简单结论。所以，应该大力整治的是那些野味经营者，而非受害者——果子狸。即使果子狸因被吃而把其身上的疾病传给了人，责任也不在它，因为，它不是有意的。应该说，是吃野味的人居心不良，明知故犯，不仅咎由自取，还影响全社会，理当严惩。

15世纪，当西班牙殖民者来到南美洲时，不仅把欧洲的天花带给了当地土著人，使其大批死亡，而且，这些殖民者还从南美洲染上了梅毒，带到欧洲乃至世界各地，谁之罪？难道罪在南美洲土著吗？非洲绿猴或黑猩猩被认为是艾滋病的原始宿主，但若非人类侵入森林，进食猴肉，又怎会染上这种人家自身携带的病毒呢？类似的例子不胜枚举。

下面，我再介绍一下果子狸：果子狸，顾名思义，爱吃果子之狸。因面带白纹，而又名花面狸。一般生活在多丘的森林、灌丛。夜行，树栖，以洞为穴，以果为食，特别爱吃山桃、猕猴桃等，兼食啮齿类、两栖动物、鸟类及昆虫，别看是杂食，其实，果子狸属于灵猫一类的动物。最稀罕的是，灵猫科的动物多见于南方，在北方，尤其在北京，果子狸是唯一的灵猫科动物，为果子狸的秦巴亚种。

这回，无辜的果子狸要大难临头了。可苍天有眼！无论人家是否携带病毒，本来与人类是没有干系的。人家既没有定居在城市，也不爱和人做伴，天生胆小，见人就躲，可是，人类却见其就抓、抓到就吃。果子狸对人类，历来

与麋鹿大使汪涵共同呼吁保护野生动物

是采取逃避策略，但从另一个角度说，躲着人的结果是保护了人。毕竟，野生动物寄身荒野，就会有很多病原微生物寄生，作为宿主，它们长期以来已与病毒形成势均力敌的平衡关系，很多病毒在动物身上是不会暴发的，如艾滋病病毒之于绿猴、亨德拉病毒之于狐蝠。论理，只要人类对动物敬而远之，便绝无感染之虞，我倒赞同那句话"距离产生美"，或曰"爱我，就别理我"。

可是一些人偏偏置天理、国法于不顾，像恐怖分子似的追杀动物，可你知道吗？当这些动物的生命结束之日，便是其身上的病毒、病菌开始转移之时，屠杀动物的人类，便自然而然地成了病毒寻找的新寄主，咎由自取呀！

人们把传播"非典"病毒的元凶再次锁定到了倒霉的果子狸身上，人家招谁惹谁了？为什么不去找真正的元凶——野生动物的经营者、食野生动物者、谋财害命的杀戮者呢？讲不讲道理，难道屠杀者无罪，被杀者倒有罪吗？

动辄迁怒异类、欺凌弱者，是虚弱和卑鄙的表现，中世纪欧洲黑死病暴发，英国人曾迁怒于狗，见狗就杀，后来证明是错了，是挣个面子而已。古时候有"狸猫换太子"，而今，却有"狸猫换面子"，地球上哪个物种会做出如此行径？人的劣根性再次表现出来。我认为，灭杀果子狸，不仅解决不了问题，还严重违背了生命科学、践踏了生态伦理，更与国际习惯不符——试问，哪个国家因艾滋病的传播而大肆屠杀黑猩猩或绿猴了？又有哪个国家因可能传播狂犬病而肆意杀狗，因可能有弓形体、病毒而肆意杀猫了？任何动物，包括人这种动物都可能是某类病毒、病菌的宿主，难道就一杀了之吗？

请刀下留情吧！果子狸是无辜的，动物们是无辜的。最后，还是那个道理：病从口入，人类要管住自己的嘴。否则，唐代大诗人杜甫的诗句就真的成了谶语："吾徒胡为纵此乐，暴殄天物圣所哀！"

077

　　　　法律和公正的约束不应该仅限于人类，就像仁爱应该延伸到每一种生物身上一样；这种仁爱精神会从人心中真正流露，就如同泉水会从流动的喷泉中涌出一般。

——［古希腊］布鲁达克

鲸之歌

在历次科普讲座中，我常常给大家展示一张题为《鲸之歌》的照片。"鲸之歌"乃是一艘护鲸船的名字，它属于国际爱护动物基金会。这艘快速灵活的护鲸船每每航行于大洋的惊涛骇浪中，勇敢地与巨大的、贪婪的捕鲸船对峙，为保护鲸类——这些地球进化史的奇迹、世界上最大的哺乳动物，义无反顾，劈波斩浪，不畏强手，奋力抗争。

有人会问，为什么叫"鲸之歌"？那是因为鲸这种动物，虽体魄巨大，却歌喉婉转，经常发出悠长缠绵的歌声，给经年累月度过漫长航海生活的水兵、船员、渔民以精神上的调剂和安慰。

鲸怎么会唱歌呢？原来，鲸的进化途径与大多数动物相反，大多数动物是从海洋走上陆地，而鲸是一类又从陆地回到大洋的哺乳动物。由于陆地竞争激烈，资源有限，再加上地球引力作用，使其越来越难以支撑其日益庞大的身躯，绝望之中，它们把视线投向大海，水的浮力，海的辽阔，使它们的祖先做出重回海洋的英明选择，过起了悠悠万世、与世无争的生活。岂料，如今人类科技进步，能够进入大海攫取资源、肆意捕捞、炮击这些海中巨兽，再次把鲸推向绝路。这些巨兽在陆地生活时，就喜欢载歌载舞，到了海里，更加如鱼得水，歌声也是它们个体间相互交流的必要手段，甚至可以理解为"鲸之歌"就是它们的语言、它们的文化。

最近，澳大利亚的研究人员发现，鲸不仅会唱歌，唱情歌，而且，还能让某一新歌在两年内传播到千里之外的鲸群中，成为流行歌曲。

又到了座头鲸的求偶季节，"男声小合唱"开始了，雄性座头鲸们在大声吟唱着同一首歌，澳大利亚昆士兰大学的项目负责人加兰博士分析南太平洋鲸类研究会 10 年来对 6 个鲸群合计 775 头座头鲸的记录后得出结论："一个鲸的族群，所有雄性在合唱着一首变奏曲，歌曲绵长、复杂，每首歌曲都抑扬顿挫，或低频呻吟、叹息，或高声咆哮、喊叫，有升调，有降调，每首歌能持续 10~20 分钟，一头痴情的雄鲸竟能昼夜不休，浅唱低吟，大展歌喉

24小时。"

研究人员通过电脑软件对鲸歌进行分析，发现在澳大利亚东部的一群鲸引领时尚、带头唱起的4首歌，能逐步向东传，不到两年，竟传播到了6000千米外的法属波利尼西亚海域，那里的鲸也开始翻唱同一版本的歌。

研究人员认为，生活在南太平洋的鲸，可能在一年一度的洄游、聚会中，在南极洲学会了这些歌，也有可能是个别的鲸从一个族群移民到另一族群，作为文化使者，带去了原来族群的歌。毕竟，鲸的流动性很大，它们的行动都是大手笔、大尺度、大迁徙，一日千里，不在话下。一些流浪鲸也会自觉充当文化大使的角色。

研究人员发现，鲸既唱新歌，也唱老歌，以新歌彰显个性，吸引异性，以老歌抒发感情，长歌当哭。巨大的鲸，还不乏身体语言，它们时不时会用尾鳍拍打水面，激起朵朵浪花，不禁令我想起一首吟唱海中珊瑚的歌：风吹来，浪打来，风吹浪打花常开，哎……

| 格言 |　　　爱上帝创造的万物、所有的一切及每一粒沙砾。爱每一片叶子、每一道上帝的光！爱所有的动物、植物，爱一切事物……所有的动物，上帝赋予了它们基本的思考能力、平静和喜悦。因此，不要引起它们的不安，不要虐待它们，不要剥夺它们的喜悦，不要违背上帝的旨意。

——［俄国］陀思妥耶夫斯基

野外识鼠兔

　　1994 年夏初，我所参加的中美合作野外考察队继续在四川省阿坝藏族羌族自治州的岷山山脉进行野外作业。这次，为配合对绿尾虹雉生态学的研究，我们搜集了大量野外动植物照片和实物资料；找到了高山雉类雪鹑的巢和卵，目睹了一对蓝额红尾鸲做巢、产卵、育雏的全过程；采集到贝母、虫草、福寿参等许多药材（绿尾虹雉的食物）。那漫山遍野的金色奶浆草、云霞般艳丽的杜鹃花……真是令人目不暇接。而最令我感兴趣的是一种小型哺乳动物——鼠兔。

　　无论我们跋涉在悬崖、溪流旁，还是小憩于草甸、灌丛中，总能看到鼠兔的身影。即使在我们营地的窝棚里，它们也肆无忌惮地来来去去，如入无人之境。一天清晨，考察队的小苏在烧柴做饭时嘴里嘟嘟囔囔地说："好哇，不把我当人了！"我以为他对谁有意见，原来他是在对一只大摇大摆从他脚边走过的鼠兔讲话。正是利用鼠兔对于静止的人类缺乏警惕性的特点，我手持照相机，屏住呼吸，守候在鼠兔出没的树根、石砾旁，拍到了许多鼠兔的照片，其中最令我得意的是一对鼠兔正爬跨交配的镜头。

　　鼠兔究竟为何物？是鼠，还是兔？这是一个饶有趣味的问题。乍一见到它们，我以为这是啮齿目的一个类群。因为其外表体短身圆，身长十几厘米，耳圆毛短，色泽灰黄，又常常在我们营地附近探头探脑，俨然一种肥老鼠模样。可是，它们又不具备老鼠那种又细又长的尾巴，而仅具小短尾。再仔细观察，其上唇纵裂，后腿略长且弯曲，足部多毛，跑中带跳，又是一副兔子的形象。同行的芝加哥大学生态学博士汉斯说，鼠兔被美国人称为 Pika，英国人称为 Mouse hare。我翻阅了《动物大百科全书》，知道鼠兔还有几个别名：叫兔（Calling hare）、家蹄兔（Coney）、滑蹓鼠（Slide rat），甚至叫"干草机"（Haymaker）。原来，它们根本不是什么鼠，而是兔子家族中的一员，在分类学上为兔形目鼠兔科鼠兔属，是一种小型、短耳、几乎无尾的兔类，可谓世界上最小的兔。它们全天活动，以晨昏最为活跃，多生活在寒冷的高山草甸、

终于拍到了鼠兔

岩地、石缝、树根环境，最高海拔达 6000 米，是哺乳动物中呈垂直分布最高的动物之一；群居，以鸣叫声相互联络，无冬眠习性，但有贮食习惯。夏天，忙着收集草叶等，放在阳光下晒干，然后储存在岩缝或洞穴中，以备冬天青黄不接时食用。正因为它们以草为主食，所以尽管我们营地放着几袋粮食，鼠兔熟视无睹，秋毫无犯，这的确与老鼠有着天壤之别。

　　鼠兔在全世界共有 14 种，除两种在北美洲外，其他均产于欧亚大陆（主要在亚洲），而且绝大多数在中国，包括东北、西北、西南各省区，共 10 种，仅四川一省就有 8 种之多。遗憾的是，在《四川动物志》所列的众多的鼠兔分布地区中，竟没有一处提及松潘甚至阿坝，这使我和同行的美国考察队员疑惑不解，那漫山遍野随处可见的鼠兔，怎么竟然没有被人发现而载入《四川动物志》呢？想到这儿，我们又有些自鸣得意，我们是不是成了松潘鼠兔的"发现者"呢？

广西见识果下马

久闻有一种体形极其矮小的马，叫果下马，小到可以自如地在果树下行走，在广西，以德保、靖西为主要分布地。百闻不如一见，2009年夏，我随政协考察团赴广西考察，在中越边境，不仅目睹了壮美的德天大瀑布，而且还见识了被称为德保矮马的果下马，真是不虚此行！也许同行之人，除了我，没有人会注意，一路上见到的马，都是非常矮小的。在我们入住的靖西宾馆，凭窗望去，路上来往的车马，全无北方的高头大马。在旅游景区，供游人骑乘拍照的马，也不算高大，但身高至少还是高及普通人的胸部，这些一米多高的小马，能不能算是"果下马"呢？我还难以确定。因为真正的矮马的成年体形应在一米或一米以下，特别是果下马，不仅个头矮小，连腰椎骨都比一般家马少一块，从而得知，中国的果下马与欧洲的矮马渊源是截然不同的。欧洲矮马源自英国的设得兰群岛，为人工驯化繁育的马种，而我国的果下马或曰德保矮马之所以这么矮小，完全是古老的遗传基因决定的。

由此，我有两个疑问：其一，果下马既然不同于欧洲家马，是否与亚洲的普氏野马更接近呢？比如，野马的染色体数目为33对，家马的则为32对，野马比家马多一对，不知果下马是不是也多一对？其二，中国不仅有广西（德保）矮马，还有贵州矮马、四川矮马、陕西（宁强）矮马，它们之间是否有遗传学（如染色体数）或解剖学（如腰椎骨数）上的差异？带着好奇与疑问，我一路追寻着矮马的踪迹。终于在百色地区的参观行程里，有一个矮马养殖场的备选景点，机不可失啊！我兴致勃勃地与几位委员进入这个小小的养殖场，见到的东西不多，但几匹小巧的马匹足以令我眼前一亮：那一匹匹身高不足一米的矮马，站直的高度仅及我的腰带，名副其实的中国矮马——果下马，我终于见到你了！于是，我美滋滋地与矮马合影，这些矮马几乎个个温驯，不动声色，乖乖地配合，有服务人员建议可以骑乘，我看着它们那娇小的身材，哪忍心骑在人家身上啊！谢绝了工作人员的好意，带着博物学探究的充实感，完成了广西之旅。

德保矮马是一种珍贵的遗传资源，大名流传了几千年的"果下马"就是具有这种矮马基因的现实版，号称"马中大熊猫"。它们远在边陲，没有受到太多的基因杂合，娇小灵活，耐冷热，耐粗饲，抗疫病能力强，善于跋山涉水，吃苦耐劳，可挽、可驭、可骑乘。果下马最大的优势就是矮小，小有小的优势，正所谓尺有所短，寸有所长，也应了西方的那句谚语"以小为好，以俭为美"。

| **格言** | 人的确是禽兽之王，他的残暴胜于所有的动物。我们靠其他生灵的死而生活，我们都是坟墓。我在很小的时候就发誓再也不吃肉了。总有一天，人们将视杀生如同杀人。

——［意大利］达·芬奇

中国金鱼，悠游千载

很多人都养过金鱼，可知道金鱼是咱中国国粹的人并不多。一提起中国对世界的贡献，总说四大发明，其实，中国的发明还多着呢，金鱼就是咱中国人的杰作。金鱼，不仅有金色的，还有红、黑、白、黄、蓝、紫等多种颜色，真是五颜六色啊！金鱼的祖先是野生的红鲫鱼，但金鱼的诞生却是人类文明的产物。

佛教传入中国后，寺院中多有放生池，供信众投放那些解救于刀俎之下的鱼虾。信众们多对红鱼怜惜有加，特别是自然变异出现的红鲫鱼，出于彰显功德的意图，寺庙也偏爱保留红鲫鱼饲养，于是，对红鲫鱼的驯化就此开始了。作为中国第一座佛寺的河南白马寺就有放生池。大约在 1500 年前，南北朝时期，梁武帝大同三年（537 年）的《丛林记拾》中有这样的记载："赤鲋，庐山西林寺秀池中，世界罕有……""南朝四百八十寺，多少楼台烟雨中"，从南北朝到唐朝，佛寺日兴，红鲫鱼也随着放生池的推广而不断在人为条件下得以增殖，直至转养于自家的庭院。唐时，日本遣唐使来华曾记述了民间饲养金鱼的盛况。到了明代，明孝宗弘治十五年（1502 年），金鱼已被引种到了日本。

南宋时，宋高宗赵构在杭州德寿宫专门修建鱼池养殖供玩赏的金鱼——金鲫鱼，甚至出现了专人从事养金鱼的行当——鱼儿活。宫廷养，达官贵人也养，从上流社会到寻常百姓，纷纷效仿。元朝，入主中原的游牧民族不太欣赏金鱼。到了明代，社会相对稳定，金鱼的饲养也从池塘转而为鱼缸，从植物性的食物为主变为投喂浮游生物和饲料养殖。水体环境的变化，加剧了鱼的基因突变的概率，各种畸形鱼出现，这为人们提供了特殊性的好恶选择。明代后期，中国金鱼在眼、鳍以及鱼鳞的色泽上都发生了变化，产生了多达 30 种的金鱼。这时，出现了中国最早的金鱼著述《朱砂鱼谱》（1596 年张丑著）。清初，作为游牧民族的统治者对金鱼兴趣不大，金鱼养殖有所衰落，直至道光年间才有所复兴，甚至出现了龙睛、狮子头、虎头、绒球等品种。民国时期，尽管饲养金鱼的气氛还不甚理想，但遗传学的发展在金鱼的养育上得到发

白骨顶吃红鱼

挥，金鱼品种一度大幅增长，仅上海就有 70 种。可惜好景不长，抗日战争爆发后，中国的金鱼养育陷入低潮，仅余 40 种。直到 1949 年中华人民共和国成立后才逐渐恢复，1958 年达到 154 种。

金鱼为亚热带、温带淡水硬骨鱼类，在分类上属于鲤形目鲤科鲫属，包括草族（金鲫类，草金鱼）、文种和蛋种三大类。现有的金鱼品种约 300 种，但距离历史上曾经记录的 500 个种类尚有差距。野生鲫鱼，从佛寺的池子，到宫廷豪门，直至寻常百姓家，成为摇头摆尾、千姿百态的金鱼，其故乡就在中国，并最终走向了全世界。金鱼是人类驯化史的一个奇迹，更是中国人怡情养性的杰作和睿智风雅的象征，历经千载，品种数百，兴于盛世，堪称国鱼。

从儿时上学旧庙，有感建筑与鸟

中国古人崇尚天人合一，不仅体现在口头上，而且体现在生活方式中。古人设计的房屋，往往其本身就是一个与动物、植物共生的环境——很多老房子的房檐下都是鸟类，特别是雨燕、蝙蝠等动物理想的栖息之所。我儿时的学校宣武区白纸坊小学，本身曾是一座寺庙——崇效寺，教室就在大庙里，上课时就能感受到屋顶的勃勃生机，鸟兽滋育，还有蛇和瓦松……可以说，我们是在先人的睿智和好生之德的荫护下读书、解惑的。先人还留有"燕子不住愁房""此蝠与福同"等民谚。

遗憾的是，最近我们政协考察团在考察列入世界文化遗产的古建筑时发现，许多名胜景区，打着保护古建的名义，把这些老建筑的房檐都用钢丝网给罩住了，理由是鸟屎会破坏建筑物。难道古代的鸟儿就不拉屎？千百年来鸟儿都没有破坏这些建筑，如今的鸟倒变得厉害起来，使建筑物遭破坏了？当时得到的回答却是："我们首要任务是保护古建，谁还管鸟！"看出我的不悦后，相关领导给了我一个两全的答复："古建的网子还是要封的，考虑鸟的筑巢，我们可以另建有挑檐的建筑让鸟搭窝。"妙！只不知是真举措，还是应付我。

一些鸟类爱好者认为风车会影响飞鸟而反对风力发电，可是，据一本名为《高地新闻》（High Country News）的杂志披露的数据："美国每年导致鸟类意外死亡的原因包括：风车 28500 起，房屋 5.5 亿起，电线 1.3 亿起，猫 1 亿起，汽车 8000 万起，杀虫剂 6700 万起。"这一系列的数字中，只有猫和鸟是动物和动物之间的 PK，如何处理？猫是驯化动物、引入种，鸟是野生动物、自然种，应保护的当然是后者了，但如何对付前者？有一个成功的结论就是"引入了狼，保护了鸟"。因为狼制约了猫的数量。这就是生态法则，生态囊括万物，不仅仅是鸟类……

生态（英文 ecological，简写为 ECO）一词的本质是"家""居所"的意思，处理好人与动物的关系，关键是如何在营建我们的家园、我们的环境的同时，不要妨碍动物的生存，甚至达到人与动物和谐共生。2012 年 6 月出版的英国科学家布兰德著的《地球的法则：21 世纪地球宣言》一书中有这样一段描述，与各位共赏：

> 重建野生环境是所有绿色行动中最有效的，小到窗台上的花盆，大到整个生物群落，无不如此。得克萨斯州奥斯汀市的国会大道桥成为了 150 万蝙蝠的家园，归功于桥梁工程的无意之举。每到夏夜，在数以千计的游人与市民的注目下，蝙蝠飞入夜幕，吞噬掉 12 吨的蚊蝇和各种飞蛾等农业害虫，每年为这座城市创造的价值达 800 万美元，该地的保护组织正在总结这些好经验，以指导人们如何建造更多的"吸引图腾式动物——蝙蝠"的桥梁，它恰暗合了中国的一句古话："此蝠与福同。"

| 诗歌 |　　　　吉祥三宝之笼中野鸟

阿妈，人类为啥把我关进笼子？

喜欢吧？

怕咱以后无法吃到虫子。

崩溃！

昆虫成灾他们有啥办法？

喷洒农药。

农药有毒伤害万物，还有全家。

——［中国］郭耕

湿地——不应仅是儿时梦

2011 年的 2 月 2 日是个好日子——这一天不仅是农历春节的除夕，还是国际上的一个重要纪念日——世界湿地日。那年世界湿地日的主题为"湿地与森林"。在城市，在北京，湿地与森林，跟我们的身边环境似乎是渐行渐远，举目四望，除了高楼、人群，就是马路堵车。此情可待成追忆，仅仅在几十年前，作为北京人的我，还有去护城河捞蝌蚪、莲花池钓小鱼，到白纸坊小树林捕蝉、夏夜听取蛙声一片的美好记忆，如今京城的湿地就只剩下城市公园的有限水面和散布京郊如汉石桥、翠湖、野鸭湖、南海子麋鹿苑等寥若晨星的一些湿地了。事实上，北京这座千年古城也曾经是一座有多处湿地的城市。

我曾在德国的一家动物园参观，园长指着自由流淌、河道蜿蜒、穿园而过的小河，自豪地说：这是一条天然河。当时我还觉得这有什么新鲜的，可是如今，再看我们城市的河流，哪还找得到那种水自天成、清流奔涌的感觉啊！

伤心桥下春波绿，曾是惊鸿照影来。

盘点北京的湿地，可真不少！可惜有些已是有名无实，或干涸，或污染，或人工化。北京分布有大小河流 200 余条，分属海河流域的大清河水系、永定河水系、北运河水系、潮白河水系和蓟运河水系。北京有大中小型水库 84 座，大型输水干渠两条，大中型水闸 58 座，橡胶坝 50 座，大小湖泊 30 余个。北京市主要湿地类型有两种，即水库湿地和永久性河流。水库湿地类型有白河堡水库、官厅水库、珠窝水库、斋堂水库、崇青水库、怀柔水库、十三陵水库、沙河水库、密云水库、遥桥峪水库、唐指山水库、西峪水库、海子水库等；河流湿地有永定河、白河、潮河、安达木河、潮白河、汤河、怀沙河、怀九河、拒马河、大石河、温榆河、北运河、凉水河等。

2010 年 10 月 28 日去世的全国政协原常委、民间环保组织"自然之友"创始人及原会长梁从诫曾经考证过北京的湿地，为了保护大自然，为了北京的环境，包括河湖湿地保护，他多年不懈，奔走呼号。大家都知道首钢集团是在他的力推下迁出京城的，殊不知，当年汉石桥湿地险些被开发成高尔夫

湿地游禽——黑天鹅

球场，能够得以保留，也与他的努力分不开。他认为，北京自古便不乏湿地。据《水经注》记载，北京城西北曾有大片水面，其源为古永定河（又名灅水或卢沟），从石景山北麓注入京西北山前的平原。北京地形西北高，东南低，因此，源于京西北诸水自然流注东南。三国时刘靖镇守蓟州，曾引灅水灌蓟北、东、东南。《水经·鲍丘水注》有："自蓟西北径昌平，东尽渔阳潞县，凡所润含四五百里，所灌田万有余顷。"《册府元龟》载，唐永徽年间（7世纪中叶）"幽州都督引卢沟水（永定河）广开稻田数千顷，百姓赖以丰给"。

北京南海子麋鹿苑有个湿地文化长廊，上面有这样的记载："昔日有海子，水聚而曰淀。"历史上京西泉水汇集，形成所谓巴沟（现在的地铁10号线有一站名为巴沟），涵养了海淀湿地。"海淀"之名，明末刘侗等著《帝京景物略》已有记载。据《日下旧闻考》记载："淀，泊属，浅泉也。今京师有南（海）淀、北（海）淀，近畿则有方淀、三角淀、大淀、小淀……凡九十九淀。"北京及近郊以"淀"为名的水面曾经如此众多，亦可见当年湿地范围之广。海淀下游为高粱河，至今白石桥一带。元代经人工疏引，分两股：一股

湿地神兽——麋鹿

南下，入今市区，形成所谓"三海大河"，南出左安门，入永定河；另一股向东，沿今北护城河，经德胜门注入坝河，至今通州区入温榆河（古名"潞水"）。当时引水一是为了漕运，二是为兴建皇室宫殿，从京西山区运石、木建材。

故园亦有如烟树，鸿雁不来风雨多。笔者工作在南海子，顾名思义，这里就曾是一个湿地。这个昔日的皇家猎苑，浸润于湿地生态中的"南海子"，是明代留下的名字，清代才改称"南苑"。南苑及其水体对北京城市生态系统一直有着重要影响，当年占地 200 多平方千米，如今主要在大兴区和丰台区部分的南苑曾经有着广阔的湿地，事实上成了北京城南的"绿肺"。南苑的主要功能是皇家猎苑，这就决定了它的建筑布局极为疏朗，除少许行宫建筑用地外，绝大部分为猎场、牧场、花圃、瓜园、农田，草木丰茂，绿草茵茵。南苑内有 5 个海子、苇塘泡子（今大泡子）、眼镜泡子、卡伦圈、鸭闸泡子、团河宫后泡子、南宫后泡子、饮鹿池、打鱼处等水面约 6000 余亩。明代大学士李东阳曾留下《南囿秋风》一诗："别路临城辇路开，天风昨夜起宫槐……落雁远惊云外浦，飞鹰欲下水边台……"号称清代第一词人的纳兰性德也留下过诗作《南海子》："分弓列戟四门开，游豫长陪万乘来。七十二桥天汉上，彩虹飞下晾鹰台。"不难想象当年这里的湿地盛况。

湿地，尤其是城市湿地越来越少，主要是受城市扩大化、城镇扩大化的影响所致。20 世纪初至今，城市人口增长了近 10 倍，城市人口比例从 14% 增加到 50%。快速城市化不仅使湿地面积减少，生境破碎化情况加剧，也导致了城市湿地生境的丧失。如，北京从 20 世纪 60 年代初期到 70 年代中期，有 8 个湖泊共 33.4 公顷的湿地被填。具有 500 年历史的护城河也遭同样厄运，1953 年护城河面积为 41.19 平方千米，现在剩下的总长度还不到原来的一半。科学发展观不仅要求人与人的和谐，还强调人与自然的和谐，而人与自然的和谐，本质上也是人与人的和谐，即当代人与后代人之间的代际和谐，毕竟"保护自然就是保护未来"。作为包括湿地恢复生态举措的北京城市总体规划，涉及了东边的顺义汉石桥，西边的海淀、永定河，北边的官厅水库、野鸭湖，南边的大兴南海子等多处湿地，其中南海子湿地的一、二期工程均已先后竣工，即将再现燕京十景之一的"南囿秋风"，成为北京最大的湿地主题的郊野公园。

湖北武汉被称为"百湖之城"，半个世纪以来湿地面积也减少了近一半。为了留住城市湿地，作为我国最大的"城中湖"——武汉东湖，已正式获得国家林业局批准，建设国家级湿地公园。东湖湖面总面积33平方千米，是我国最大的"城中湖"。其湿地生态系统极具典型性和代表性，对武汉市的水生态、水环境和区域气候调节具有举足轻重的影响。武汉市林业局表示，随着东湖湿地公园的建设，武汉市内目前已有两座国家级湿地公园。按《武汉市湿地保护总体规划》，2030年前武汉还将斥资7亿元，兴建10处湿地保护区和8个湿地公园，将武汉中心城区包围起来，形成国内第一个"城市湿地自然生态保护圈"。解铃还须系铃人，湿地退化是城市发展所致，而科学发展观指导下的城市化，为了城市更宜居、更安居，我们又开始恢复湿地，重温儿时之梦。

英文中有句话"Wetland is waste land"，即所谓"湿地就是废地"，可见对湿地的轻视与破坏，是人类工业化、城市化以来的通病。美国农业部门的研究表明，历次城市化的结果都在鲸吞蚕食着湿地，美国已丧失了58%的湿地。欧洲的易北河流经当年的东西德国，当时西德因有钱改造，河岸人工化严重；东德无钱改造，河岸呈自然状态，90%的欧洲白鹳选择到东德栖息繁衍，呈现了生物的多样性——孰是孰非，鸟兽能否存留，便成为生态质量好坏的一种标志。

城市湿地受城市扩大化的影响，形成了湿地在城区中面积较小、分布不均匀、孤岛式生境的斑块，斑块之间的连接度降低，湿地内部生境的破碎化较为严重等诸多问题。城市湿地作为城市的重要生态基础设施，具有众多服务功能，包括：为城市居民、城市提供必需的水源；为城市提供完善的防洪排涝体系；调节区域气候，降低城市热岛效应，提高城市环境质量；为动植物提供独特的生境栖息地，形成物种多样性；为城市居民提供休闲娱乐场所，丰富市民的业余生活。休闲和娱乐是城市湿地的功能之一，但是由此产生的商业开发导致对湿地的鲸吞、居民生活对湿地的蚕食，如倾倒污物和垃圾等，都会对湿地生态产生不良影响。保护城市湿地生境，提高城市环境质量，是城市管理者和广大市民共同的利益，维护城市湿地的健康必须依靠城市人的共同努力。

湿地专家强调，城市湿地生态系统是城市重要的生态基础设施，具有多种生态服务功能和社会历史文化价值。滞后的湿地恢复计划难以弥补由于自然湿地丧失所损失的湿地功能。在对湿地功能和结构的要求上，城市湿地与"自然湿地"有所不同。例如，一些工业区中的湿地具有控制污染的作用；一些城市公共绿地中的湿地可为鸟类提供栖息地和避难所，可开展国际风行、大陆新兴的观鸟运动，成为市民就近赏鸟的绝佳场所。因此，对于这些城市湿地来说，它们的环境功能和社会功能非常重要，再现"两个黄鹂鸣翠柳，一行白鹭上青天。窗含西岭千秋雪，门泊东吴万里船"的唐诗意境，何其乐哉！

　　"低碳"正在成为现代人追求的新的生活方式，低碳的实质乃是稳固"碳汇"，减少"碳源"。我曾参加过一个名为"湖北'慧'更好"的低碳高端论坛，在会上发言时，我感叹，武汉因其湿地遍布而成为一座名副其实的低碳城市。那么，低碳与湿地是什么关系呢？2010年2月2日世界湿地日的口号是"携手保护湿地，应对气候变化"。我们常说一个词"鱼米之乡"，这是对湿地功能的最为大众化的解释。湿地的价值是多方位的，湿地可供饮水，可观光游憩，有舟楫之便，可供柴薪建材，有药材粮果、禽肉鱼虾各种水产品的出产，即资源价值。湿地还有调蓄洪涝、净化水源、维持国土生态安全、缓解气候负面变化的生态服务作用，而且这个生态服务功能恰恰与我们近来普遍关注的气候变化、减少温室气体排放相关，具体说，就是湿地的碳汇作用，即减少大气中的二氧化碳，将碳汇集于湿地自身。

　　那么，湿地是如何发挥减碳功效的呢？湿地是一种比较活跃的生态系统类型，它是地球三大生态系统（海洋、森林、湿地）中唯一的四圈共存之地：大气圈、岩石圈、生物圈、水圈。湿地中有机质的不完全分解导致湿地中碳和营养物质的积累，湿地植物从大气中获取大量的二氧化碳，成为巨大的碳库，在全球碳循环中发挥着重要作用。

　　今天人类已经意识到，保护自然湿地，就能发挥湿地减少碳排放、把碳留住即宝贵的"碳汇"作用；反之，破坏湿地，就像打开了潘多拉魔盒一般，大量碳被源源不断地排出，向大气圈释放二氧化碳和甲烷等温室气体，产生恶劣的"碳源"效果。全球的自然湿地约占全球陆地面积的6.4%，但其碳汇功能竟与占全球面积七成的海洋相当。显然，自然湿地单位面积的生态调节能力优于森林和海洋，所以，湿地弥足珍贵，尤其是我们身边的湿地，被誉为城市减排的"推手"和"助手"，低碳城市，湿地为贵，减碳俭约，生态智慧。

古往今来，人类始终伴水而居，逐水草而居，无数的诗歌辞赋产生于湿地，湿地曾赋予先人无尽的美感和灵感，每当吟咏古人对湿地讴歌的辞赋，似乎还能触摸到古代贤达之士对鸟兽、对自然、对湿地的人文观照和关爱情怀。斗转星移，时空变幻，当代的生态文明同样呼唤我们对自然、对湿地、对鸟兽要高抬贵手。毕竟，人类曾从草地、从湿地、从森林走来……曾几何时，人类陷入"要钱不要命"的工业思维之中，但又何曾放弃过、停止过对儿时河水潺潺、梦里水乡的回望？

"关关雎鸠，在河之洲……""蒹葭苍苍，白露为霜……"让我们怀着这湿漉漉的诗情和画意、梦想与渴望，走上恢复和再现湿地生态的保护之路！湿地，不应仅是儿时梦。

| 格言 | 上帝所创造的，即使是最低等的动物，皆是生命合唱团的一员，我不喜欢只针对人类需要而不顾及猫、狗等动物的任何宗教。

——［美国］林肯

听夏勒演讲：穿越大羌塘

作为北京麋鹿苑的自然保护教育工作者，我很崇敬一位一个半世纪以前来华考察，先在北京发现麋鹿，后又在四川发现熊猫等动物的博物学家戴维神甫。如今，一位同样伟大的生物学家就在我的面前，他就是乔治·夏勒博士。

2007 年 6 月 22 日晚，中科院动物研究所的报告厅座无虚席，各路动物保护人士聚集一堂，来聆听 WCS（国际野生生物保护学会）首席科学家乔治·夏勒做的关于"穿越西藏羌塘国家自然保护区"的演讲。其实，那天下午我在动物研究所的办公室就见到了夏勒。当天上海外滩画报社的记者李琴先采访他，然后又采访了我，我很想告诉夏勒博士，我拜读过他的著作《最后的熊猫》，并和他在 20 世纪 90 年代中合作救助过一只叫斯蒂文的雪豹，只是他在拉萨联系西藏林业厅，我则在北京濒危动物中心接收雪豹，与他未曾谋面。见他与 WCS 的解焱正忙于晚上演讲的准备工作，不便贸然打扰。

晚 7 点，在 WCS 中国项目主任解焱博士的主持和翻译下，演讲开始了，体态瘦长、面容清癯的夏勒博士健步登上讲坛，在一幅幅精彩的照片演示中，夏勒博士带领大家"穿越羌塘"：

"我从 1984 年开始来这里工作，这里的风景、动物、人都很美，而且大部分都已经作为保护区了，目前是世界第二大的自然保护区，70 平方千米，覆盖了西藏北部中部、青海西部和新疆南部，面积超过一个德国，或者两个英国。去年 10 月 25 日至 12 月 18 日，我们的考察队驾驶两辆满载汽油、食品、设备的大卡车和越野车从拉萨出发，沿西藏之西东行至青藏铁路，最为奇异的是，在羌塘北部 1500 千米的旅程中，竟然没有遇见过一个人，地球上还有这样一个无人而多动物的地方，真是令人兴奋。"

"10 人组成的探险队，包括西藏、青海及北大的学者，其中还有 3 位女性，卓玛是老朋友了，扎多还是野牦牛队原成员。整个穿越活动是在严冬进行的，每天前进几个小时，夜间温度在 -25℃ ~-30℃，多为海拔 5000 米的无人区，寒风凛冽，冰天雪地，艰险程度可想而知。其实，早在 1896 年，曾有一

乔治·夏勒在中科院动物研究所演讲　　　　　　笔者与乔治·夏勒

个英国军人组成的探险队穿越过羌塘，那是夏天，还骑着马，应该更有意思，我们基本上也是沿着这条路线行进的。"

　　为什么要做这样的穿越呢？夏勒用最简洁的话语道出了此行的目的：获得野生动物的信息，获得当地生境和牧民的信息，以便进行保护并求得动物、草原与社区之间的和谐。在宽阔的莽原放眼望去，几千米以外的动物随处可见，能不叫人心旷神怡？

　　通过投影展现在我们面前的是一匹狼，夏勒说，它大模大样地在营地附近转悠，毫无惧意，也许这是一只一生都没见过人类的狼，所以，不同于其他地方的野生动物，遥见人类便逃之夭夭。

　　接着，一种更为著名的动物出现了，就是近年来蜚声中外的藏羚羊。众所周知，藏羚羊是 2008 年北京奥运会的吉祥物之一，可是，野生藏羚羊到底还有多少？都在什么地方？夏勒自问自答，藏羚羊貌似非洲羚羊，实际更接近山羊和绵羊，也许是从中进化而来。在地图上可见，藏羚羊的分布绝大多数是在中国境内，仅有一小块在印度的拉达克，所以中国的保护责任重大。以前，我们以为藏羚羊都是南北迁徙，这次发现还有部分东西迁徙的，甚至有根本不迁徙的种群。从最西边到最东边，跨度之大，铺天盖地，难以尽收眼底，亟待跨省合作的有效保护。6 月初，雌性藏羚羊踏上群迁产崽的旅程，雄性却待在原地等待母子的归来。在布满冰雪的青藏高原，它们成千上万，年复一年，动辄到 300 千米以外去产崽，而且产崽地点的自然条件十分严酷、贫瘠，简直匪夷所思。动物学家们为藏羚羊戴上了无线电项圈，确认它们产崽之后还要翻山越岭携崽返回故里，简直是生命世界的奇迹。

由于藏羚羊的绒毛在动物毛中几乎是最细的，便不幸被人类看上了，用中国的一句老话说：就是，不成名无以晓利，不晓利无以施害。尽管藏羚羊躲在环境严酷的不毛之地，还是难逃人类贪婪的枪口。诚然，夏勒说：当地藏民也就地取材使用牦牛、藏羚羊、狐狸等动物产品用于制衣御寒，但这是生理需要且用量极小。而开车进入青藏高原的偷猎者则动不动杀死数百只藏羚羊，将它们的绒毛粗加工后装入袜子，运往克什米尔，待贩卖到欧洲，身价陡升。夏勒为我们放映了一张拍自伦敦的藏羚羊绒沙图什披肩，当年标价 11305 英镑，需要猎杀至少 5 只藏羚羊。在场的听众，无不为之愤懑。

对着一张摄于索南达杰墓碑前的照片，夏勒说："从当年一个藏族英雄保护藏羚羊的个人意愿，到今天的国家行动，国际关注，难能可贵呀！"好在，中国政府在遏制偷猎方面，以及国际组织在阻止贸易方面都做出了卓有成效的业绩，近年，偷猎强度已经大大降低。后来从中央电视台得到消息，目前，藏羚羊数量正在恢复，从 1 万 ~2 万只上升为约 6 万只。我想，这也与夏勒博士多年的努力分不开，这些年他在青藏高原的考察和保护项目，将许多鲜为人知的情况公之于世，既促成了羌塘自然保护区的建立，也揭示了藏羚羊被屠杀与沙图什贸易的内情。一个外国人，不远万里，来到中国，这是什么精神？这是国际主义精神，这是共产主义精神！功德无量啊！

"在这儿我们还干过一件愚蠢的事，我们在雪原上行驶，竟然把车开进了湖里，使尽手段，也无法拉出，只好放弃。"夏勒以忏悔的口吻对着演示图片中这个车陷冰湖的情景说，"在如此美丽的地方，扔下一辆卡车，太不合适了。"

有张图片是一头满口带血的狼，"这头狼刚刚杀死一只藏羚羊，这个大开杀戒的家伙，毫不在乎我们正在 50 米开外瞧它"。一张张鲜活生动的动物照片，把大家带入奇妙的藏北羌塘，雪豹、猞猁、高原兔、藏狐、藏原羚，还有野牦牛……野牦牛的问题，一是因肉而遭猎杀，二是因为家畜过多，雄性野牦牛易入家牦牛群，打败其雄性，占有其雌性，结果，牧民不喜欢，生物学家也不喜欢，因为它破坏了遗传的纯洁性。

从西部不毛之地到东部绿色原野，一个月后终于到达青藏公路，并得到了青海方面保护人士的接应。与公路平行的就是青藏铁路，铁路的建设对动物影响如何是大家十分关切的问题。从夏勒，一个外国专家的口中得知，铁路为动

鸟兽和谐

物的迁徙留下的许多通道，确实发挥了作用，但川流不息的公路车辆也成了野生动物过往的极大障碍。

另外，黄河源头过多的放牧行为，及牧民生活习俗与文化的改变，都给保护带来新的问题，需要采取相应对策。1991 年他认识的一户牧民，这回再次相遇，生活方式已经大变，从帐篷住进房屋，从骑马变成骑摩托，从游牧改为定居，而且，分草场到户，家家设围栏，目的当然是为防止邻家牲口进入，却阻碍了许多野生动物的迁移。多年来大规模地投饵毒杀高原鼠兔，得不偿失，鼠兔对维持草原健康作用非凡，更何况鼠兔养活了许多食肉动物，其挖洞行为对高原植被生长有利，因其将一些矿物质带到了地面，鼠兔洞穴可供昆虫等动物栖息，昆虫的存在有助于花粉传播……这真是一项复杂的保护工程，各个方面都是其中的因子，自然、动物与畜牧业，政府、专家与当地人，要团结合作保护家园，以图长期共存。

夏勒感慨地说："我们每次外出都以为了解了许多信息，却又发现了新的问题，这使我一次次地又返回羌塘、返回青藏。在雪原上一千米、一千米地前进，见到动物就下车观察，举起望远镜，数个数，辨雄雌……每每乐此不疲。"我从夏勒日记中得知：在本次穿越活动中，共观察到 8104 只藏羚羊、800 只藏野驴、1097 只野牦牛及 22 只狼，动物数量之多，简直出乎意料。我在为夏勒博士和康蔼黎博士等一行十人穿越大羌塘的壮举而惊叹、为中国动物物种之丰富而自豪的同时，也为自然保护的未来而忧虑。因为我听旁边的一个听众嘟囔着，人类要保证自身发展，动物怎能不节节败退？所以，我还是那句话：保护的关键，不是把动物关起来，而是把人类管起来。

一同参加本次部分穿越的野生动物摄影家奚志农走上讲坛，为大家放映了他的精彩作品，但最使我记忆深刻的是他对大家说的一席话："你们猜夏勒博士多大岁数？74 岁，作为一个老人，还上青藏高原探险，每年几乎 8 个月都跋涉于山水间，致力于自然保护，怎不令人钦佩？在他面前，我们无论怎么努力都不为过，在此，我对夏勒博士深表敬意。"他的话，也道出了我的心声。

俯仰无愧天地

一对疣鼻天鹅游弋于碧波，恩恩爱爱，形影不离，俯仰举止，亦步亦趋。原来，这对高贵端庄的大鸟正在热恋中，步调一致是天鹅发情期的典型表现。摄影师在拍摄疣鼻天鹅时，抢拍了这个相对而视的画面，两鸟身子相挨时，美丽修长的脖颈微微后倾，恰好构成一幅浑然天成的爱心图案。

在各种天鹅图片中，我对这张情有独钟，于是将其放在我的演讲幻灯演示稿中，每每展现于众，便每每收到惊叹之声，我相信，自然是能打动人、教化人的，但除了一次评委会。那天，在我展示这张照片时，一名科技馆的馆长竟武断地说："嗨，没什么，是电脑制作的。"我愕然了，为天鹅鸣不平，明明是动物与生俱来的自然之美，加上摄影师及时将其定格为一幅曼妙的摄影作品，此公却妄下定论。不过，究其身份，我理解了，他代表工业思维和技术视角，认为美的、奇的必是出自人类的手笔，岂不知，大自然同样不乏神来之笔、惊骇之作，同样能造就这般和谐之美、对称之美、天籁之美，所谓鬼斧神工、佳偶天成、妙笔生花、清水芙蓉无不是大自然的杰作。"尽日无人看微雨，鸳鸯相对浴红衣"——这诗意栖居源自诗人和鸳鸯心灵的神交；"故园亦有如烟树，鸿雁不来风雨多"——这缱绻情绪乃旅人与大雁灵性的契合。在麋鹿苑上空，不时有七八只鸿雁凌空而飞，我的目光每每追逐着它们欢快的身影，我和雁都有一种莫名的酣畅，雁舒展了翅膀，我放飞了心情，美不胜收啊。

我不否认工程师的高超、工业设计的美妙，如汽车、楼宇、电器……但同样信服天造地设之美。近两个世纪以来，人类以工具理性、技术理性为价值核心，过分强调了人的作为，忽略了生态之美的"诗意栖居"，几乎沦落到自以为是、孤芳自赏的地步。"天地有大美而不言"，其实，那恋爱中的天鹅才不在乎你是否在夺人所爱、掠人之美呢！依然我行我素地游弋于碧波之上、于天地之间，两情相悦，无怨无悔，安闲自在，无忧无愧。

俯仰无愧天地，褒贬自有春秋。

述评：嫦娥卫星与秦巴老虎

2007 年年底，中国发生了两件举国皆知的大事：一是"嫦娥一号"探月卫星发射成功，二是陕西南部秦巴山区一位农民向世人宣称他拍摄到了华南虎。前者无疑是国家强盛、科技昌明的体现，显示了我们人类强大的科学技术水平；而后者，一"虎"激起千层浪，人们对华南虎照的质疑之声不绝于耳，甚至因为感觉遭到"忽悠"，大有口诛笔伐声讨那位农民的势态，大家由此还对媒体的公信度、政府主管部门的应对力产生了质疑。

其实，冷静思索一下，如此的"谈虎色变"不是坏事，这么强烈的反响，正说明我们社会对自然、对生态、对野生动物的关注程度在提高，传统文化中的"厚德载物"思维在回归，生态文明之势渐成气候。人们已从以往只关心一己的生存，转向关注人以外的其他生灵了，这不就是一种博爱精神、一种利他情怀、一种生态伦理初露端倪吗？"小荷才露尖尖角，早有蜻蜓立上头。"我看，有关部门应好好地利用这个时机把保护濒危动物的理念普及一下，把整个社会的生态道德提高一下。

在这个事件中，一些人唇枪舌剑，争执不休，似乎觉得把照片的真假虚实弄清楚就算探求，甚至捍卫了真理，而对人与自然、人与其他物种如此紧张的关系仍视而不见，甚至声称对老虎的命运，对动物的灭绝毫不关心，实为争小理而失大道，谋小利而忘大义。事实上，大自然的事情也不是总能一争就明、一证就清的，乾隆皇帝曾误认为天下之鹿均为夏季脱角，不料，竟发现麋鹿乃是冬季脱角，于是感叹"天下之理不易穷，而物不易格者，有如是乎"。

不谋全局不足以谋一隅，不谋万世不足以谋一时。曾几何时，人猿相揖别，刚刚直立行走的人类，有被老虎追得落荒而逃的经历，所以早期人类对老虎、对自然敬畏有加，或因虎在深山而不敢乱砍滥伐。随着人类生产力的发展、自身力量的增强，人变得不再敬畏老虎，不再尊重自然，甚欲征服自然，再造自然，肆意杀伐，随意污染，导致我们生存质量的江河日下和生存空间的愈益局促。道家云："哀莫大于心死，祸莫大于无敌。"看来，山中的老虎

笔者拍摄的东北虎

并不可怕，可怕的是我们潜意识中的自以为是和独霸地球、独步天下、巧取豪夺、肆无忌惮的贪欲之虎。

我们常说老虎吃人，可是，对比一下两个物种的数量就知道究竟谁吃了谁。自然界老虎的数量从一个世纪前的几万只，已经减少到如今的几千只，而全球人口则超过了 65 亿，我们不仅摆脱了洪水猛兽的威胁，而且无视生态规律的约束，以自我为中心，以忽略环境破坏之代价，疯狂地发展，在损害众生权利的同时，也戕害了自己和子孙的利益。人类真的强大到能够摆脱自然、独自进化而不顾其他的地步吗？回答当然是否定的！生物的多样性是决定人类未来福祉的自然基础。野生老虎等大型动物的存在则是地球上依稀尚存的生态恢复的希望。老虎，与其说是一个法律上的保护对象，不如说是一种生态标志、一种生命符号、一种活的自然文化遗产。

"灭绝意味着永远，濒危则还有时间。"20 世纪里，地球上的老虎，有 4 个亚种已灭绝：巴厘虎、爪哇虎、里海虎、新疆虎，它们中的一些是在人们

最后的巴厘虎

的倒计数中眼睁睁地消逝的，所以，这些名字只能留在人们的记忆或书本中，有些连一张图片都没能留下。中国是世界上拥有老虎种类最多的国家，包括东北虎（即西伯利亚虎）、孟加拉虎（即印度虎）、东南亚虎（即云南虎）和华南虎，尽管全部的野生数量加起来不足百头，但至少我们还有行动的机会。出手拯救这个星球上与我们共生的老虎，乃是人类生态道德的体现和遵循大地伦理的崇高要求。

华南虎是一种仅仅分布于我国的虎种，所以西方人称其为中国虎，英文名为 Chinese Tiger，堪称"能与大熊猫相提并论"的国兽。既然它们在中国大地上还有一线希望，无论那张镇坪照片真伪与否，我们也应"死马当作活马医"，采取拯救措施，在可能有虎的地方建立保护区，至少是县级自然保护区，其意义在于一种觉醒、一种救赎，甚至是一种教育，亡羊补牢，未为晚也。中国老虎面临的主要问题，不仅仅是个体数量太少，而且还有栖息地太小，由此才会发生某基金会送老虎去南非野化的颇有讽刺意味的保护行为。中国之大，竟没有老虎的驰骋空间、自由栖息之地吗？难道我们人类非要染指所有山林吗？

欣闻"嫦娥一号"成功拍到了月球表面的照片，所以我们还是回到航天飞行的话题上。人类的探月行动不仅是一种技术的飞跃、触角的延伸，更是一次视野的拓展、思维的升华。假如你从太空看地球，在无数的星体中，弥足珍贵的是，只有地球是有生命的，地球上的芸芸众生，数以百万计的物种，大体包括在动物界、植物界和微生物界中，而人和老虎都是动物界的成员，都是在地球母体孕育的、共同进化了几百万年的生命形式。有人视航天的成果为科技上的万能，甚至以为因此能寻到新的生存星球而可无视地球家园了，我认为，这纯属对科学的误解，是痴人说梦，自欺欺人。孙悟空飞得再高，最后还是没离开如来佛的掌心；人类飞得再远，最终还得回到地球上。

还是让我讲一个有关太空之旅的故事吧，但愿能给读者一点人与自然伦理关系的启迪。在一次多国宇航员联合航天飞行的第一天，飞船距离地球较近，各国宇航员从飞船中分别寻找着自己的国家说："美国是我的家。""法国是我的家。""日本是我的家。"第二天，稍远一些，大家分别寻找着自己所属的洲："美洲是我的家。""欧洲是我的家。""亚洲是我的家。"第三天，飞船距地球更远了，地球显得很小，大家指着依稀可辨的地球，异口同声地说："地球是我的家，我们的家，咱们共同的家。"试想，如果一只老虎也在飞船上，它也完全有权利这样说："地球，是咱们共同的家园！"

我理解的大地伦理

我从事自然保护，特别是动物保护工作已逾 30 年，在与动物为伍，以自然为师的日日夜夜，未曾懈怠的就是阅读，与书为伴，与自然类的图书为伴，毕竟，读万卷书，行万里路。初期所读之书多为生物学、动物学、分类学、地理学等知识类的书籍，如今则偏爱文史哲类的读物，每当进入书店便流连于哲学、人文书架之间，寻觅着有关自然的人文书籍，是演讲的需要、撰稿的需要，也是灵魂深处对绿色文化、生态文明的热衷与求索，一言难尽。

在东方哲人中，我偏爱引经据典于中国的老子和印度的甘地；西方哲人中，则常把被誉为"西方的道家"的约翰·缪尔和"大地伦理观"的创建者利奥波德挂在嘴边。"人法地，地法天，天法道，道法自然""人类的伟大与其说是善于改造自然，不如说是善于改造自己""人类的爱、希望与恐惧与动物没什么两样，它们就像阳光出于同源，落于同地"……都是滋润我心田的哲思雨露。而"大地伦理"更是我选择生活方式、价值取向的思想基础，是我从事科教实践和科普创意的理论基础。

"大地伦理"是要把人类在地球生命共同体中征服者的面目，转变为平等公民的角色，它暗含着对每个地球公民的尊敬，也包括对这个共同体——大地本身的尊敬。大地伦理不仅把道德对象扩大到动物，而且涉及整个生态，将原来只限于人与人的道德范畴扩展到大自然，人类不应有特权。出于对地球的敬畏，1970 年美国哈佛大学法学院 25 岁的大学生丹尼斯·海斯在校园发起和组织地球日活动，因此被誉为"地球日之父"。

大地伦理的首要原则是："一件事，只有当它有助于保持生物共同体的完整性、稳定性、完美性时，才是正确的，否则就是错误的。"联合国《世界自然宪章》中写道："应信服，生命的每种形式都是独特的，不管它对人类的价值如何，都应受到尊重，为了使生命的每种形式都得到尊重，人类的行为必须受到道德准则的支配。"这种道德准则就是生态或环境道德。

环境道德是一种什么样的道德呢？是一种保护环境和保护地球的道德，是一种世界性的、关于人类可持续生存的道德。不谋全局不足以谋一隅，不谋万世不足以谋一时。环境道德的核心是：关心他人、关爱生命、尊重自然。反之，就是不道德。公正是环境道德的主要原则。

为什么要恪守环境道德？

第一，资源有价值，且又是有限的，自然消纳废物能力也是有限的，无度索取和排放，只会损害环境，即我们的生存基础。

第二，地球长期进化形成的完美与平衡，人类无权打破。

笔者与"地球日之父"丹尼斯·海斯的合影

第三，任何巨大力量，如无道德约束，就会被滥用，如科技巨大的改变环境的力量，需要受到道德约束。

环境道德的目标，包括两个方面：一是保护人类可持续发展，益于人类生存和改善生活质量；二是维护地球基本生态过程，益于生态平衡，保护生物的多样性。环保，既是利己，也是利他，所以说，环保是崇高事业、积德事业。

在处理人与自然关系问题上，我们可以恪守以下三项基本原则：

第一，根本需要原则：在人与自然的利益次序上，生存需要 > 基本需要，基本需要 > 非基本需要；

第二，亲近原则：当发生利害冲突时，亲近者利益优先的原则；

第三，整体利益高于局部利益原则：物种利益 > 个体利益，生态利益 > 物种利益。

环境道德的境界一般用四分法来体现：人类中心境界（底线伦理），动物福利境界（美德维度），生物平等境界（好生之德），生态整体境界（最高的环境道德境界）。

基于上述理念，这些年，我撰写了一些相关的自然科普图书，并在北京麋鹿苑设计了世界灭绝动物公墓等生态道德教育科普设施，北京麋鹿苑已被授予"全国生态道德教育基地"。

从麋鹿到熊猫——一个法国神甫的在华传奇

麋鹿、熊猫，名自戴维神甫

众所周知，熊猫，亦名猫熊，英文为 Panda。为什么叫 Panda？有不同的解释，其中最经典、最奇巧的解释就是：作为熊猫的科学发现者戴维神甫把自己的名字拆开，赋予了熊猫。戴维神甫的全名 Pere Armand David，缩写便成了 Panda。西方人认为，把所发现的动物冠以自己的名字，乃是一种莫大的荣誉，按照常理，戴维本应给熊猫直接起名叫"戴维熊"，为什么结果不是这样呢？原来，戴维于 1869 年在四川发现熊猫之前，先在 1865 年在北京南郊的皇家猎苑发现了麋鹿，然后，一股脑地用戴维的名字为这种神奇的鹿起名为"戴维神甫鹿"（英文俗名和拉丁种名均用了"戴维"）。殊荣在先，怎好重复？为熊猫起名只得隐晦一些。当然，把自己的名字与所发现动物永远地联系在一起，对过去的我们来说，似乎难以接受，甚至认为是辱没人，但在西方人看来，这既是光宗耀祖的事情，也是对其科考成果和探险经历的一种永久纪念。

实际上经过考证，这只是戏说。戏说归戏说，事实上在戴维见到大熊猫的半个世纪前，就有动物学家在尼泊尔发现了小熊猫这种动物，小熊猫的尼泊尔语是 Panda，即"红色的猫"之意。

2003 年 10 月 2 日，我在北京麋鹿苑接待了一位奇特的旅行者：法国艾斯布来特市的市长戴海杜先生，他的行程是先访问北京，然后访问四川。一位法国市长为什么要不远万里来到中国，先到北京南海子麋鹿老家，然后到四川宝兴县邓池沟熊猫的老家？一个法国人，跟中国的麋鹿、中国的熊猫，能有什么瓜葛呢？这事还得从清朝同治年间讲起。

1865 年，即清同治四年，一位叫阿芒·戴维的法国人以传教士的身份来到中国，主要目的是做动植物考察。他在北京南郊神秘的皇家猎苑，见到了被称为"四不像"的、连西方动物学家都闻所未闻的麋鹿。1869 年，戴维在位于四川宝兴的邛崃山中发现了令西方人不可思议的动物——熊猫；后来，麋鹿和熊猫都作为科学上的新物种，被戴维介绍到了西方，戴维也因此而名扬世界。

戴维神甫，或被译为阿芒（爱蒙）·大卫、大为、潭卫道、潭微道，是近代法国来华进行生物收集、自然探察人士中的佼佼者，作为在科学史上功勋卓著的动植物发现者，其家乡就在艾斯布来特市，所以才有了后来法国市长到北京麋鹿苑，到四川邓池沟"重走戴维路"的一幕。

中国地域广阔而复杂，自然物种多种多样，驯化历史悠久辉煌，被西方博物学家称为标本收集的"福地"、绿色财富的宝库、生物考察的"天堂"。从16世纪起，西方的生物收集者只要来中国，总会有意想不到的收获。无数奇花异草，数不尽的珍禽异兽，使西方探险家、搜集者、引种者每每满载而归，为博物学、生物学、分类学的完善和丰富增添了无可忽略的业绩、弥补了不可或缺的记录，而麋鹿和熊猫，就是其中浓墨重彩的一笔。这个充满传奇的故事，便要从这位法国神甫的在华经历说起。

区别于一些西方探险家来华考察的政治意图和军事目的，戴维的经历具备更强烈的博物学特征。戴维神甫是一名学识渊博、具有狂热献身精神的法国人，与其说他是一个虔诚的神职人员，不如说他是一名执着的博物学家。一个本应潜心为上帝服务的神甫，为什么会对自然考察如此感兴趣呢？因为，在西方"自然神学"昌盛的19世纪，博物学家和传教士都认为，自然是上帝"包罗万象的公开手稿"，故而通过研究自然去领承天启，了解上帝，便大受年轻牧师的喜爱，毕竟，投身田野工作比研习枯燥教义要有趣得多，戴维便是其中的一位。寓神学于科学之中，戴维始终乐此不疲，他认为，科考也是对上帝的贡献和莫大荣誉，于是，他抱着"探索真理就是认知上帝"的神圣信条，来到了中国。

凭借散布在中国各地的传教点，戴维的足迹，从内蒙古阿拉善到北京南海子，从四川宝兴到福建挂墩。其中最为可圈可点的当是在京南皇家猎苑目睹"四不像"，在西南丛林遇见大鲵、珙桐、金丝猴、绿尾虹雉……特别是在川藏山地，与魅力四射、憨态可掬的大熊猫的不期而遇。戴维在中国西南腹地的考察，揭示了中国是世界木本植物分布中心、多种农业作物发源中心，特别是栽培植物起源中心的结论，强调了中国生物区系的古老性和丰富性。

当然，在他富有成效的博物学成果背后，在科学发现与学术贡献的同时，也为西方贪婪的猎手、商人接踵而来索取熊猫、羚牛、金丝猴等物种提供了依据，使中国的自然资源很早就白白流失到或被贩卖到西方的动物园和贵族花园。鸦片战争后，清廷羸弱，国门洞开，西方人蜂拥而至，采集了成千上万动植物标本，无一例外地在国外的刊物上发表成果和争相以他们的名字命名，包括戴维本人在内的一些命名者，很少关注风土民情而狂热专注于标本的获取，在条件不太充分的情况下争相定名新种，甚至出现了张冠李戴、同物异名的现象。

难能可贵的是，戴维的生物收集与考察，始终与学术界保持着密切的联系。当他第一次来华，从内蒙古考察返回后，曾给巴黎自然博物馆馆长米勒·爱德华写信："如果环境许可，我将继续为法国努力工作，因为，我不愿让英国人独占在远东搜集之优势。"

更令戴维始料不及的是，因为他的引荐，麋鹿作为硕果仅存，被引种到了英国的乌邦寺庄园，从而免于全部灭绝。1896 年永定河洪水泛滥，南海子的麋鹿仅余 20~30 只。1900 年，八国联军攻入北京，洪水战乱，雪上加霜，南苑遭劫，覆巢之下安有完卵！瑟瑟秋风中，侵略军长驱直入，闯进了昔日的禁地：南苑。苟延残喘的麋鹿种群在战火中遭受灭顶之灾，从此，作为麋鹿故乡的中国，彻底没有了麋鹿（作为残存者的最后一只麋鹿 1920 年死于西郊万牲园）。不幸中的万幸，如果不是戴维的引荐，麋鹿不会在英国乌邦寺一息尚存，杜鹃等珍稀品种不会在爱丁堡得以残存，姑且算是西方人对劫掠中国生物资源的一种赎罪和补救吧！

戴维虽然没有潜心传教，不算称职的神甫，但他对科学考察的奉献，特别是对人类自然保护的贡献，包括他相当有前瞻性的保护思想，如今，重温他曾经说过的这些经典话语，仍觉很有意义：

"凡是有眼睛的人都能看到宇宙的奇妙，却因以自我为中心的物欲，变得视而不见、单调无聊。上苍造就了成千上万的与我们共生的动植物，它们也有生存权利，我们却在残酷地剥夺着它们。难道造物主造就了这么多千姿百态的生命体，仅仅就是为了让她的杰作之一——人类，将其永远地毁掉吗？"

戴维其人，出师告捷

戴维 1826 年 9 月 7 日生于法国西南比利牛斯附近的艾斯布来特市，父亲是医生，对博物学饶有兴趣，从而影响着少年戴维。他先在初级神学学校（Larresorre）就读 6 年，20 岁，入高级神学院（Bayonne）就读两年（1846—1848），成为神甫（Priest）后进入教会。1850 年，作为天主教神甫的戴维被教会派到意大利的萨沃纳学校讲授博物学，在此期间，戴维常把能到地中海沿岸和附近山区进行动植物标本采集视为乐事。

戴维在 35 岁左右的时候，认识了一个他生命中的贵人：法国科学院的汉学家儒莲先生。儒莲不仅向他介绍了古老而神秘、富于刺激的东方国度——中国，还为他引见了一些学术界的名流：动物学家米勒·爱德华、植物学家布朗夏尔等。此后，戴维便把能够到中国进行传教，作为求之不得的事。1862 年，他终于得到派遣，到中国天主教（Chinese Catholicism）进行传教工作。

来到中国不久，36 岁的戴维就发现，让具有悠久文化的中国人改变信仰去信奉上帝很是牵强、很有难度。这使得他对向中国人灌输教义的兴趣，反而不如在中国进行生物考察和标本收集的兴趣大。1862 年夏，戴维刚刚来到北京，就在海淀、西山、百花山、潭柘寺甚至周边的张家口等地四处转悠，收集标本。1863 年 5—11 月，戴维出长城古北口到达承德，因为这里作为大清皇帝的专区，从东陵到围场，均为禁猎区，所以物种保护得很好。1863 年，戴维出师告捷，所得标本甚丰，在京西得到了褐马鸡；在八大处、静宜园得到养殖的马鹿、梅花鹿；在承德收集到猫科动物，还有狗獾、麝、鼬、鱼类等动物及槐、桃、梅、李、菊、樱桃、玫瑰等大量植物，均作为戴维在华收获的首批标本被送至巴黎；另外，在东陵得到猕猴（世界灵长类分布北限，应是如今已经绝迹了的直隶猕猴，或名冀东猕猴），也许这使他成为最早知晓东陵这么高纬度的地区还有猴子分布的西方人。戴维这么快就收获了如此大量而珍贵的标本，令法国人眼界大开，在学术界引起了轰动。

1865 年，39 岁的戴维撰文发表《华北自然产物和气候及地质情况观察》，记述自己的考察成果，初试身手，戴维便通过中国的动植物而一举成名。殊不知，这只是戴维在中国的热身之举，"老鼠拖木锨，大头在后边"啊！

逐鹿中原

戴维三次在华之旅之一

由于麋鹿回归故里已经超过 20 个春秋，中国人知道麋鹿故事的，不在少数，但大多数人也许并不太知道，其实，最早目击麋鹿的外国人，不是戴维神甫，而是另一个叫张诚的法国人。早在戴维来到中国之前的 1687 年，作为最早在华传教的法国耶稣会五教士之一的张诚，就到过南苑，窥视过这种皇家猎苑中的动物，只是时值隆冬，观察得不真切。有别于其他鹿种，在冬尽春来之际，麋鹿的角完全脱落了，张诚便草率地把这些"四不像"记录成了"野骡"，但是，就是这个记录，为富于探究精神的戴维，提供了一丝可贵的线索。178 年之后，1865 年，戴维作为另一个法国人，便是带着张诚的模棱两可的记载，来到北京南海子的。同是这个大清猎苑，皇家禁地，面积是北京城的 4 倍，仍然是壁垒森严，根本不允许外人进入，更不能从中拿走什么东西，如果发现谁从猎苑弄出什么，将以死罪论处。戴维从高高苑墙的墙头张望，发现共有麋鹿约 120 只，看清麋鹿乃是非凡之物，却一直无法获得，出于一个博物学家的执着，或者说是一个觊觎者的贪婪，反正，戴维是惦记上这个他叫不上名字的、以为是驯鹿的某个类别的"四不像"动物了。当然，这里还生存着一些带点儿的鹿、白色的鹿，到底是哪种鹿，已经不重要，因为，最要紧的是搞到"四不像"。

1866年年初，在一个月黑风高之夜，他终于靠贿赂守卫猎苑的大清军士，以20两纹银的代价，得到了两套完整的麋鹿头、骨、角的标本。据说，后来，在法国公使馆的帮助下，还得到3只活的麋鹿，一并送往法国，经过巴黎自然博物馆米勒·爱德华馆长的鉴定，获得令人吃惊的结论：戴维带来的动物标本为新属新种的鹿科动物。体形如此之大的哺乳动物被戴维发现，从而载入世界动物学史册，戴维由此而获得与麋鹿同名的殊荣。当然，不是戴维神甫改名叫了麋鹿，而是麋鹿的外文名称叫作"戴维神甫鹿"（Pere David Deer）。

因麋鹿等园囿动物的收集而获誉的戴维神甫并未浅尝辄止，而是一鼓作气地踏上了他"而今迈步从头越"的考察征程。1866年3月，戴维与另一名法国传教士谢福音结伴北上，前往内蒙古采集标本。

早春三月，大雁北归，草长莺飞。戴维一行北上出沙河，至南口，目击大到天鹅，小到云雀的很多鸟类，正逢观察鸟类的良辰，更兼植物兴旺的美景，戴维收集到一些蕨类、黄花瑞香、接骨木，记载的作物不计其数，有小麦、谷子、燕麦、马铃薯、荞麦等。尽管作物种类如此丰富，戴维却目睹了贫民磨榆树皮为粉充饥的不和谐场面，真是"四海无闲田，农夫犹饿死"。

经怀来至沙城、鸡鸣驿，再到宣化，一路上收获连连，不乏令戴维眼前一亮的鸟兽，兽类有岩松鼠、跳鼠、水獭、黄羊、狼、狐、獾、貂，甚至虎、豹；鸟类有豆雁、石雀、肉垂麦鸡、花脸鸭、白鹮。出宣化西行，在张家口崇礼发现了一种植物，取名"崇礼翠雀"。所以我说，早在一个半世纪以前，一位博物学家就通过一种动物、一种植物将北京和张家口两地用一条博物学红线串联起来。2022年冬奥会将再续前缘。

到达归绥，即今天的呼和浩特，在内蒙古草原中，也有传教士的据点可投奔，戴维在当地传教士的帮助下，发动教民寻猎到了大青山的盘羊，发现了锦鸡和黄刺玫、刺蔷薇、延胡索、卷丹等沙生植物。

1866年5月，戴维到达土默特右旗，获得了斑羚、鹧鸪、黄胸鹀等动物，收集到鸢尾、瑞香、槭、文冠果、野牡丹等植物。在其经过的包头、木纳山、鄂尔多斯、阿拉善、打虎口等地，收集到的鸟类有：蓝背鹨、兀鹫、草原鹰、白枕鹤、白鹳、丘鹬，甚至朱鹮；兽类有：鼹鼠、跳鼠、沙鼠、青羊、黄羊。这些动植物标本经法国领事馆，全部被送回法国巴黎，收藏于巴

笔者怀抱幼年熊猫

黎自然博物馆。同年，勤奋的戴维，将他 1866—1868 年在中国的初次考察，撰写成文，发表了他的第一本考察著述：《蒙古旅行记》（*Journal of a Travel in Mongolia & China*）。

戴维三次在华之旅之二

鉴于戴维卓有成效的考察成果，动物学家米勒·爱德华向他建议，中国西南，大有作为。

1868 年，正值壮年（42 岁）的戴维从天津乘船到上海，抵达镇江，采集小型兽类标本若干、鸟类 30 种、鱼类及两栖爬行动物 60 种、昆虫标本 630 只。在镇江至九江沿线，还采集一些草药及百合等标本。

1868 年 7 月和 9 月，戴维两上庐山，在溪流中发现犬吠蛙，在山脚下采得水鸡，在九江收集到丰富的植物标本——鹅耳枥、乌头、木通、猕猴桃、泽兰、香青、黄瑞木、黄海棠等；戴维从九江寄送到巴黎的鸟类有 30 种、兽类 10 种、爬行动物及鱼类 60 种、植物 194 种和昆虫 634 只。在九江，他从传教士的口中得到有关虎、熊、野猪的信息，也都一一忠实地记录了下来。

1868 年 11 月，戴维经汉口、沙市、宜昌，进入四川，12 月到达重庆。在重庆，在法国外方传教会传教士范若瑟家中，戴维得到一个喜出望外的消息：穆坪有个法国传教点且生物物种极其丰富。一过完元旦，戴维就迫不及待地溯岷江而上，经璧山、隆昌、资中、简阳至成都，在成都的传教点华西坝天主教

堂稍事休息，在成都西北的彭县做了短期的标本采集。1869 年 2 月出发，起程前往穆坪，即今天的雅安市宝兴县，这个令戴维成就丰功伟业的地方。

如今，成都到雅安，沿高速公路仅需一个小时，而当年，山高水险，交通不便，戴维度过了 6 天的漫长旅程。但沿途可见的奇特的动植物物种，令他兴奋不已，尤其是大如乔木的杜鹃给戴维留下深刻的印象。

邛崃山脚下的穆坪，那时是一个汉、藏、彝族杂居之地，偏僻的村落、松散的管理，很利于西方传教士的传教活动，特别是以办学、行医的名义立足下来。

戴维在穆坪受到当地土司和早已到达这里的法国传教士的热情接待，雄伟的、中西合璧建筑风格的天主教堂，高高矗立于穆坪的邓池沟半山腰。教会为戴维提供了完备的食宿条件、标本库房，雇用了猎手，还发动了群众，主要是动员教会的学员到周围山地采集标本。戴维如入宝山，跃跃欲试，见大家纷纷带回奇花异草，他也按捺不住内心的狂喜，亲自爬上高山，动手采集标本。结果，在一次考察中他险些因迷路而丧命，此后，便不敢贸然涉险。

到穆坪不久，收获渐丰，白尾鸲、茶隼、灰雀、星鸦、戴胜……1869 年 3 月 11 日，戴维受邀到一个李姓地主家喝茶、吃甜食，不经意间，见到他家墙上挂着一张黑白相间的类似熊的动物皮，他眼前一亮。凭直觉，戴维生出一种异样的冲动："兴许这是科学史上有趣的新种！"热情好客的猎手许诺，如果喜欢这种动物，明天就出发，10 天后，保证带回一个来。果然，戴维在他 3 月 23 日的日记中写道："消失了十天的猎手回来了，还带回一只幼年的黑白熊即熊猫的皮，本来逮到的是一只活的，为了携带方便，就杀死了。就这样，也是价格不菲地卖给了我。不久，一只成年熊猫又被带到我面前。"在既无国法约束，自然资源又极其丰富的当时，猎手们猎杀几只珍禽异兽，简直如探囊取物。在穆坪这个天高皇帝远的小山村，猎物源源不断地被送到戴维面前，红胸啄木鸟、红胁绣眼鸟、角鸮、绿尾虹雉、雉鹑、野猪、灰松鼠、山猫、云豹、黄麂、鬣羚……

刚到穆坪 3 个月，戴维就得到了 23 种动物，其中前人未曾描述过、未曾报道过的动物新种包括：短尾鼩、蹼麝鼩、长尾鼩鼱、鼩鼱、长嘴鼹、藏酋猴，特别是作为仰鼻猴一种的川金丝猴，这是猎手在穆坪以东，花 6 个星期猎获的，仅川金丝猴就弄回洋洋洒洒 6 个标本。还有扭角羚、毛冠鹿、小熊猫及各种淡水鱼、两栖动物、爬行动物、昆虫等大量标本。在巴黎自然博物馆，很多标本的标签上都留有戴维的采集信息，如"红腹角雉——1869 年 4 月 16 日戴维采于穆坪"。据说，直到现在，每年还有来自世界各地的戴维的"粉丝"，慕名前往宝兴，做生物考察"梦"。

在植物搜集上，戴维也是硕果累累。作为分类地位上绝无仅有的中国单型科植物珙桐（鸽子树），也是戴维首先在穆坪采得的，被西方园艺界称为"北半球最漂亮的树木"，珙桐由此得到拉丁学名 *Davidia involucrata*，其中属名即来自戴维的名字。在穆坪采集的植物还有榛、漆、冷杉、木兰、豆梨、贝母、大黄、栓皮栎、厚朴、红豆杉、白杉、侧杉，各种报春及数十种杜鹃……

1869 年 8 月，戴维带着大批动植物标本离开穆坪，返回成都，当地的传教士帮助他将成箱成箱的标本走水路经重庆到达上海，然后运回巴黎。遗憾的是，这期间正赶上英法战争，使一些植物标本在邮寄的途中丢失了。据戴维自己估计，他一共采集了 3000 号标本，实际运抵巴黎的不足 2000 号。也许是工作量过于巨大，积劳成疾，这时，戴维在成都病倒了，10 月，他又回到穆坪，11 月离开那里，结束了他人生最为辉煌的、以熊猫为代表的、史无前例的生物采集之旅。

于成都休整时，戴维听一个叫梅里的传教士说，在川北的龙安，动物很多，包括梅花鹿。于是，12 月底，戴维出成都赴龙安，其间采集到蓝马鸡等。1870 年 4 月，戴维神甫离开成都，然后顺长江而下，6 月中旬抵达上海，从上海乘船回到法国，结束了他的第二次来华之旅。

戴维的归来，可以说，为法国生物学界带来一阵骚动，巴黎自然博物馆的《博物杂志》于 1871 年 8 月报道了他穆坪之行的成果。戴维此次在中国西南考察和收集的生物标本，使法国人对中国的生物研究产生了新的飞跃，大大超过了英国和沙俄。如此的丰功伟绩，理当获得崇高的"十字勋章"，但教会的规定使他无法接受这个荣誉，因而，法国学术界决定授予戴维金质奖章。1872 年，戴维还被法国科学院选为通讯院士，这时，年富力强的戴维 46 岁，便又开始筹划他的第三次赴华之旅。

戴维三次在华之旅之三

1872 年，已小有名气的戴维再次离法赴华。3 月抵达上海，随后到宁波，在那里，他认识了英国著名生物学家斯温侯，即北京雨燕的命名者。1872 年 6 月到北京，10 月南下，经保定、正定、邢台、安阳、卫辉，再从怀庆（今河南沁阳）过黄河至洛阳。之后西行，11 月到西安，在一位传教士家中休整一周，继续西行南行，到达秦岭。先在秦岭的峪谷、石井村、殷家堡活动，收集到血雉、勺鸡等标本。在殷家堡落脚约 2 个月，之后经周至，上太白山，再西行至四元山，从阎家村前往汉中。

戴维到陕南，先住在汉中的褒城，即西周周幽王宠妃褒姒的家乡，又西至沔县、王家湾，走一路，采一路标本，成果累累。1873 年，戴维沿汉水至城固，乘船去汉口，没想到竟然发生翻船事故，丢失了一些标本。5 月，从汉口去九江，雇人上庐山，南至南昌、抚州、建昌。8 月，病倒于旅途中的一个名叫七都的地方，9 月扶病离开七都，前往福建。

10 月，戴维抵达闽赣交界的王毛寨，之后进入武夷山区，来到崇安即现在的武夷山市。在海拔 1800 米的挂墩传教点住下后，他很快便被漫山遍野独特的动植物所吸引并发现了很多新物种：猪尾鼠、大足鼠、红胸线鼠……挂墩鸦雀、棕噪鹛、白眶雀鹛、褐雀鹛、灰头鸦雀……而且，大都作为模式种定了名。

挂墩，经戴维神甫的介绍而名扬海外，在这之后，各国生物学家纷至沓来，被国际生物学界誉为模式标本之圣地。但此时的戴维已完全体力不支，病入膏肓，甚至为他做临终祈祷的神甫都被请来了。在挂墩，不得不放弃奔波之劳的戴维，奇迹般地活了过来，于是，回到上海疗病。1874 年 3 月，48 岁的戴维离开上海，5 月回到法国马赛。1875 年，49 岁的戴维发表了他的传记：《第三次在华考察记》（*Journal of My Third Exploration Travel in the Chinese Empire*）。此后，戴维神甫就再未来华。

戴维在华硕果累累的生物采集

从 1862 年到 1875 年，戴维在中国共逗留了 13 年，这是一个人生命中最年富力强的阶段，也是戴维神甫最为辉煌的阶段（从 36 岁到 49 岁）。他所写的作为中国近代第一本鸟类学专著的《中国之鸟类》，记述了中国境内的 772 种鸟，包括他在中国见到或采集到的 470 种，其中 58 种为首次报道的新种。他根据斯温侯与普尔热瓦尔斯基的资料，进行汇总，认为中国共有鸟类 807 种（事实上中国的鸟类超过 1300 种），尽管有相当大的出入，但在当时，已算很全面了。1884 年经植物学家弗朗谢整理、编写的《戴维植物志》一书出版，共涉及 1175 种植物，其中 84 个为新种。像很多生物学家那样，青壮年时以跑野外为主，老年则以著书立说为主，戴维回到法国后，通过回顾他在中国的考察成果，1877 年撰写出版了《中国之鸟类》、1888 年出版了《中国之动物区系》，还有《中国雉类生境笔记》等，可以说是勤勉著述，笔耕不辍。

1900 年 11 月 10 日，戴维神甫在巴黎过世，享年 74 岁。无巧不成书的是，以他名字命名的麋鹿，也在这一年于中国本土灭绝，灭绝地就在当年因戴维考察麋鹿而成为麋鹿模式种产地的北京南海子。似乎戴维与戴维鹿，在冥冥之中有着某种联系，不然，怎么随着发现者的仙逝，他的伟大的发现物，也在原产地消失了呢？

戴维的中国之行，硕果累累，他带回大量标本，包括：地质采样及化石 379 号，植物标本 3419 号（共 1577 种），昆虫标本 9564 号（共 100 种），鸟类标本 1322 号（共 470 种，其中新种 58 种），爬行动物标本 208 号，两栖动物标本 135 号，哺乳动物标本 585 号（共 200 种，其中新种 63 种）。

在戴维采集的大量标本中，尽管有些毁损，有些丢失，也有些重复，但经动物学家和植物学家的鉴定，与其他人相比，他的成果质高而量大，简直史无前例。戴维在 1874 年离华之前，在法国外交人员的协助下，陆续将活的麋鹿运至欧洲的一些动物园，既丰富了这些动物园的展览内容，更为麋鹿的劫后余生、种群延续起到不可或缺的作用。他还将 80 多种植物引种到巴黎植物园，后来又被引至欧美许多国家，极大地激发了西方人对中国博物学研究的兴趣，对生物学的发展产生了巨大而深远的影响。他在北京南海子采集的麋鹿，被命名为"戴维鹿"（David Deer）；他在四川宝兴采集的珙桐，被命名为"戴维树"（David Tree），在中法交流史上，堪称独树一帜，在生物学考察史上，可谓殊荣无上。

从奇兽麋鹿的洋名字说起

4 月的北京，春风习习。位于北京南郊的千亩麋鹿苑，芳草萋萋，一派生机，二月兰姹紫嫣红，绿头鸭暖水逐波，野兔子扑朔迷离，小麋鹿也开始陆陆续续地降生，到处洋溢着春之信息、生命的消息。"五一"将是麋鹿降生的高峰期，刚刚得到的好消息：一位热心公益事业的企业人士将适时通过地铁传媒为我们的麋鹿做免费宣传，北京电视台将为我们的麋鹿做一期专题节目。我们在保护动物方面有什么可圈可点的？怎么没有！北京在麋鹿这种失而复得的物种的拯救上，举世瞩目，不仅实现从国外到国内的回归，更实现了从人工到自然的回归，堪为中国乃至国际保护动物的成功范例，而且这种动物背后所包含的国际性、科学史和博物学内涵也相当的丰富。然而麋鹿为什么又叫"戴维神甫鹿"呢？说来话长啊。

麋鹿又名戴维鹿、大卫鹿，俗称"四不像"（拉丁学名 *Elaphurus davidianus*），是一种极富传奇色彩和物种研究价值的哺乳纲偶蹄目鹿科动物。1865 年，即清同治四年，法国神甫阿芒·戴维在北京南部考察动植物。走到清兵把守的皇家猎苑——"南苑"外，戴维隔墙远望，发现这里生活着一种奇异的鹿，角似鹿非鹿，蹄似牛非牛，脸似马非马，尾似驴非驴，这勾起了作为博物学家的戴维的强烈探奇欲望。他买通了大清皇家猎苑的官员，于 1866 年年初，在一个月黑风高之夜，终于靠贿赂守卫猎苑的大清军士，以 20 两纹银的代价，得到了两套完整的麋鹿头、骨、角的标本。并于当年从海路运到法国巴黎自然历史博物馆。经过巴黎自然历史博物馆米勒·爱德华馆长的鉴定，得出令人吃惊的结论：戴维带来的动物标本竟然是分类学上的新属、新种。体形如此之大的哺乳动物被戴维发现，从此载入世界动物学史册，戴维由此而获得与麋鹿同名的殊荣。当然，不是戴维神甫改名叫了麋鹿，而是麋鹿的外文名称被称为"戴维神甫鹿"（Pere David Deer）。为纪念第一个发现者，精确地说应是科学发现者，便将麋鹿的洋名称作了"戴维神甫鹿"。据说，在法国公使馆的帮助下，戴维还得到 3 只活的麋鹿，一并送往法国。

麋鹿即戴维鹿的风采，雄性的角斗　　　　　　　　　麋鹿即戴维鹿的风采，雌性的拳击

119

　　全世界有 4000 余种哺乳动物，能集多项"世界之最"于一身的恐怕不会太多，而麋鹿以其奇异形态、习性及坎坷的经历引人注目，它身上有许许多多的奇、特、最。

　　麋鹿是中国特有的动物种类，在分类上为单独的一个属（麋鹿属）。该属共有 5 种，已灭绝 4 种——双叉麋鹿、晋南麋鹿、蓝田麋鹿、台湾麋鹿，现仅存达氏麋鹿，即大卫鹿。在 40 多种鹿科动物中，麋鹿是地球历史上进化最晚，即最年轻的一种鹿，其进化年代约 200 万年，与人类相近。在鹿科动物中，麋鹿的尾巴最长，达 50~60 厘米，其拉丁学名属名 Elaphurus，即长尾之意。它的长尾巴善于拂动，能左右画圈以驱赶蚊蝇。麋鹿是各种鹿中妊娠期最长的种类，孕期 285~300 天，而梅花鹿仅有 230 天。

　　多数生活在山林的鹿，长有纤纤细蹄且善于奔跑。而麋鹿蹄宽似牛，善于在泥沼中行走，它的蹄部可承受较大的压强，为典型的湿地鹿类。

　　麋鹿还是最出色的游泳能手，既不畏洪水淹没，也不受江河阻拦，横渡长江易如反掌。麋鹿是人工圈养时间最长的鹿种，从周代开始就有统治者圈养麋鹿，直至元、明、清。麋鹿因长期栖于园囿和湿地，因此是最温顺的一种鹿，在任何情况下都不主动攻击人，采取敌进我退、敬而远之的回避策略。

　　麋鹿的食性在鹿科动物中最为特殊，因栖于湿地，所以既采食草本植物，又采食禾本植物，有青草时则不去吃"精料"，不像其他鹿科动物那样贪嘴。由于麋鹿能利用多数草食动物不能吃到的水草，所以其能量转化水平也高于其他草食动物。人们多知道梅花鹿、马鹿的鹿茸有补阳功效，却不知麋鹿之茸有滋阴补肾的功能。麋鹿的角在鹿类中更为特别，一般"鹿喜山而属阳，夏至解角，麋喜沼而属阴，冬至解角"。

麋鹿在中国文化中可谓源远流长：周朝灭纣，姜子牙的坐骑是麋鹿；楚大夫屈原有"麋何食兮庭中，蛟何为兮水裔"之辞；周朝的青铜器，汉代的瓦当……麋鹿的形象栩栩如生，各朝各代有关麋的记载、描述不绝于书，《全唐诗》中可以找到关于麋鹿的诗句近百；清乾隆皇帝更有"麋鹿解说"之文刻于麋角，甚至中国道教的道观中还能见到麋鹿之像。

麋鹿的兴衰又与国家的命运紧密相连。野生的麋鹿在明清时已消失，其原因尚无准确考证。1894 年，永定河水泛滥，冲垮了皇家猎苑的围墙，当时圈养的 120 头麋鹿被冲散，有不少被难民猎杀食肉。

一个世纪前到了欧洲的麋鹿，被放在动物园中圈养，但由于没有湿地环境，范围又很小，所以非但没有繁殖，反而一头一头地死去。此时英国乌邦寺的主人贝福特公爵将世界上仅存的 18 头麋鹿收集到自己的庄园里，庄园很大，麋鹿处于半野生状态，与原来的栖息环境相宜，濒于绝迹的麋鹿又奇迹般地逐渐繁衍起来，一战时期达 88 头，二战时期达 255 头。二战时乌邦寺的主人认为把所有的鸡蛋放在一个篮子里更危险，为了保护麋鹿，他们又将麋鹿疏散到世界上很多地方。

中华人民共和国成立后，1956 年英国伦敦动物园曾将两对麋鹿作为礼物赠送给北京动物园。与欧洲动物园一样，这两对友好使者也未能繁育后代。

1979 年，我国动物学家谭邦杰先生等呼吁将流落海外的麋鹿引回中国，这一倡议得到英国方面的积极响应。1984 年 11 月，英国乌邦寺当时的主人塔维斯托克侯爵决定，将 22 头麋鹿无偿赠送给中国。

麋鹿还乡，落户何方？中国各方面专家经过多方论证认为，无论是从历史文化的角度，还是从自然生态条件考虑，北京南郊的皇家猎苑旧址南海子都是麋鹿回引的最理想地点。对此，塔维斯托克侯爵也非常认同，他说："能与中国合作让麋鹿重返故里，的确是一件极令人振奋的事情。"

南海子位于北京市大兴区北部，与通州区、朝阳区、丰台区相邻，作为先前皇家园囿的"海子"（即水洼），大部分已被改作养鱼池，只有三海子中

麋鹿即戴维鹿的风采，鸟兽和谐

部隶属南郊农场的 900 余亩湿地还保留着原始自然的风貌，垂柳依依、荻花瑟瑟、薮泽罗布、水汽氤氲，只欠"呦呦鹿鸣"了。1985 年 5 月，北京市政府便在这里建成了麋鹿苑。

　　1985 年 8 月 24 日，22 头麋鹿满载着中英两国人民的友谊，乘坐专机从乌邦寺飞抵北京，回到了老家南海子麋鹿苑。由此，流落他乡近一个世纪、历尽劫难的麋鹿终于踏上了故土。国际动物保护人士评论道："将一个物种如此准确地引回它们原来栖息的地方，这在世界的'重引入'项目中堪称是独一无二的。"1987 年从乌邦寺又运来 18 头麋鹿；此后，我国又在湖北石首和江苏大丰分别建立了麋鹿自然保护区。30 多年过去了，重归故里的麋鹿野化成功，发展迅速，全国麋鹿已逾 7000 头，再无绝种之虞。麋鹿的野化、繁殖是中外携手拯救濒危物种的成功范例，是中国生态文明的一扇窗。

鸠占鹊巢的另类

前些年某天，北京观鸟会前往河北衡水湖观鸟，在一片树林中，见到了这样特别的一幕：在一个灰喜鹊的巢中，不仅有一只小喜鹊，还有一只浑身羽色斑驳的小鸟——杜鹃的雏鸟。成年喜鹊时不时飞来投喂，小小的杜鹃便张开大大的嘴巴乞食，但母喜鹊总是把虫子喂给小喜鹊，在我们观察的半个小时里，一次也没见到杜鹃雏鸟得到饲喂，这就引起了我们的疑问和遐想。

"鸠占鹊巢"这个成语以及其中的典故几乎众所周知。成语比喻的是抢占别人的房屋；但故事描述的是杜鹃这类鸟，总爱把自己的蛋下到别的鸟的巢中，让人家给孵化，杜鹃雏鸟出壳后，还会把人家巢中的小鸟挤出去，自己独占母爱，待母鸟糊里糊涂地将别人的雏鸟——杜鹃喂大后，杜鹃便一走了之。

多少年来，我们一代一代就是听着这样的故事长大的，而且还夹杂着谴责成分——说杜鹃是不劳而获的坏鸟，占人家便宜，甚至道德败坏。我经常反问，你说杜鹃不好，可它寄生的鸟因此消失了吗？没有，照常繁衍，世代延续。我们倒是以文明自诩，却使众多生灵惨遭涂炭，甚至一一走向灭绝，人类与杜鹃，在对待生命的态度上，到底孰是孰非呀？更何况，被杜鹃在巢中下了蛋的鸟类，也不是完全的糊里糊涂，我们看到的这一幕，就似乎另有隐情。母鸟在不速之客——杜鹃来到自己家里的时候，照常投喂自己的孩子，寄生者——小杜鹃倒成了嗷嗷待哺的可怜的角色。

我们分析，鸠占鹊巢可能确有其事，但绝非一种模式，这位鸠——杜鹃往鹊巢下蛋的时间有早有晚，在喜鹊刚下蛋后，杜鹃及时把自己的蛋下到人家巢中，可能会出现成语故事里的现象。如果喜鹊的蛋都快孵出来了，杜鹃刚来下蛋，人家的雏鸟比你杜鹃的雏鸟先降生，任你杜鹃多么霸道，又怎能轻易将身大力不亏的喜鹊雏鸟挤出鹊巢呢？我们见到的这一幕也许就是这般情景。最后僵持在一起，一切都有赖于喜鹊的母爱了，它愿意顺便喂喂这只杜鹃雏鸟，小家伙就能活；不愿意的话，就只有死路一条了，反正你亲生的杜鹃妈妈是不再管你了。我们所见的这一幕，便是这另类的鸠占鹊巢。

花身子的杜鹃

站在电线上的杜鹃

这里，我还要澄清三个事实：

一是故事里常说杜鹃偷偷将蛋下到人家巢中，非也，它们都是明目张胆、大声呼叫着强行把蛋下到人家窝里。大声地呼叫，乃是在做巢址侦察，孵化中的鸟一发出抗议之声，杜鹃就算找到产卵目标了。

二是杜鹃不是仅仅指一种鸟，大家常常听到"布谷、布谷"声音的，那是二声杜鹃；发出"光棍好苦"叫声的，那是四声杜鹃；还有五声杜鹃、八声杜鹃……

三是所谓的鸠占鹊巢，"鸠"指杜鹃无疑，但"鹊"绝非仅指喜鹊，还包括柳莺、鹨类等许多鸟类，它们都是杜鹃寄生、产卵的目标。杜鹃的习性就是如此，说不上道德不道德。

万物相形以生，众生互惠而成，千百万年来动物们就是这样协同进化的，相得益彰，无可厚非。而大自然的千变万化、妙趣横生，倒是可以使我们学无止境。

我们观鸟者常说一句话：若鸟与书有异，舍书而就鸟。因为在自然界观鸟的过程中，常常会发现一些与书本描述不尽相同的地方，是书错了，还是鸟错了？当然是书错了，因为书是人类对自然规律认识的一种体现，而我们对自然的认识终究是有局限性的，需要不断完善、补充、提高。面对自然现象，乾隆皇帝就曾这样感叹："天下之理不易穷，而物不易格者，有如是乎！"

以生命呵护生命

联合国在其《千年生态系统评估报告》中指出："人类在过去 50 年里比有史以来任何时期都更快速和更严重地打乱了生态系统。"自然资源在超量开发，从 1945 年至今，人类开垦种植的土地比 18 世纪和 19 世纪加起来还要多，导致的生物多样性丧失、物种灭绝更是史无前例，地球历史上正在迎来第六次的物种大灭绝，即生物多样性丧失。据野生救援组织主席史蒂夫介绍，全球每年有近 2.7 万个野生物种灭绝，确切地说，是每天灭绝 74 种，每小时灭绝 3 种……

皮之不存，毛将焉附？这是生存的警示，这是危险的信号！

生态系统环环相扣，动植物物种唇齿相依。在过去的几百年中，人类乱砍滥伐、过度渔猎，近年来又在过度地开发使用化石能源，换来的结果就是大量的温室气体排放，而全球变暖导致的冰川融化，与砍伐热带雨林造成了类似的恶果，失去了生命维持系统就不会再有物种的多样性。因此，保护是前提，可持续利用是关键。

据统计，20 世纪 80 年代前，地球生态系统能为人类提供的产品和资源，与人类的消耗量尚能基本平衡。但 1985 年以后，随着人类的无度发展、疯狂发展，这个平衡已被打破，现在，人类每年消耗的资源量是生态系统所能提供的资源量的 120%，相当于每年有 20% 的"本金"被消耗掉，吃老本导致生态系统整体状况每况愈下，而我们对此似乎浑然不知，消耗力度还在攀升。如果自然被改造得面目全非，如果我们自身发展超越了自然的承载力，那么我们自己也将失去生存的根基。

为什么要下这么大的力气保护地球生物的多样性呢？

因为其价值。那为什么多样性就有价值呢？欧盟官员对此做过一个生动绝妙的比喻：如果一座图书馆，只有一种书，或几种书，尽管数量巨大，但失去

"地球日"前一天，笔者来到小学为孩子们做讲座、签书

了多样性，你还会觉得这个图书馆有价值吗？

恩泽鸟兽，荫及子孙，这就是保护生物多样性的理由。生物多样性是人类社会赖以生存和发展的基础。保护现存的，就是保护未来。生物多样性的维持，保存的是珍稀濒危物种，呵护的是子孙后代的利益。因为，任何一个物种一旦灭绝，便再难复生，一个物种犹如一封精美的家书，家书尚在，你还可以复印，供大家传阅分享，家书（本底资源）若是遗失，纵有再高级的复印机，也无能为力。

我们需要找出一种更为明智的针对自然世界的管理方法，这不但能够极大地增加我们的财富，而且可以改善人类在 21 世纪的健康状况。正如联合国《千年生态系统评估报告》所指出的那样，人类和地球上其他物种的健康和福祉，就取决于地球上所拥有的多样性生态系统的产品和服务。万物相形以生，众生互惠而成，让我们以生命呵护生命，以众生惠及众生。

引以为戒的达尔文雀

在太平洋的加拉帕戈斯群岛和附近的可可岛上，生活着 14 种在分类上归属于地雀亚科的鸟类。1835 年，达尔文造访加拉帕戈斯群岛，不同岛上各具特色的地雀，给达尔文以启迪，才使他摆脱《圣经》的创世说，转而以科学视角来看待自然现象，从而提出了进化论。后来，达尔文在回忆这段经历时说："加拉帕戈斯群岛的生物，决定了我的全部观点。"由于和达尔文进化论的这段独特的"因缘"，这些地雀也被称作"达尔文雀"。

20 世纪 70 年代初，美国普林斯顿大学的生物学家格兰特夫妇来到加拉帕戈斯群岛，在其中的达芙尼岛上，格兰特夫妇和他们的学生对达尔文雀进行了长期细致的观察，以期对自然选择的效果加以量化。达芙尼岛上分布着两种地雀，分别是中喙地雀和仙人掌地雀（又叫食掌雀），后者喜欢食用仙人掌的果实，并能为仙人掌授粉。

食掌雀飞到仙人掌花上，有时会把花蕊的柱头碰断。柱头一旦折断，花儿便丧失了繁殖能力，花粉的雄性细胞无法进入雌性细胞，仙人掌花就会凋谢，无法结果。食掌雀靠仙人掌生活，没有仙人掌的花粉、花蜜、果实及种子，它们就会挨饿，因此可以说，鸟的命运与仙人掌的命运息息相关。

然而，令人意想不到的是，在仙人掌花盛开的季节，一部分食掌雀会有意把花的柱头碰坏一些，使之结不了果，长不了种子。一天，格兰特夫妇轮流观察 17 朵花，每 2 小时换一次班。在这个过程中，他们发现一些食掌雀为了吃到花蕊里的花粉，便会落到花上，用脚把柱头拨到一旁。这样，它们就可以抢在其他同类之前，把尚未开放的花瓣扯去，再用喙把柱头扯断，撇在一旁。整个岛上的食掌雀里，竟有十几只遵循着这种"急功近利"的生存之道。

食掌雀扯断花的柱头，相当于农民吃掉种子，透支了未来的收益。这些折断柱头的雀鸟，只是吃了一点其他雀鸟吃不到的花粉，多尝了一点其他雀鸟尝不到的花蜜。不仅如此，这些"干坏事"的鸟并没有因这种蹂躏行为而付出代价，反而还获得了更多的生存机会。况且，这些花卉蹂躏者很聪明，并不蹂躏

吸蜜之鸟

自己"地盘"里的花，只蹂躏"公有地盘"；自然演化也把它们视为"适者生存"规律下的"成功者"，予以"褒奖"。

然而，这些个体的胜利，实际上却要以群体的毁灭为代价。如果第二年岛上大旱，那么，食掌雀（一定区域内的）就会身陷绝境。这是因为，十几个"坏家伙"把大部分花卉的柱头折断了，这足以令岛上的食掌雀没有食物，从而"全军覆没"。

事实上，21世纪初，在加拉帕戈斯群岛一个无人居住的地方，食掌雀确实灭绝了。少数沉迷于一时利益的食掌雀，以一种简单、迅捷、快速的方式，毁灭了自己和同类。

这里还有一则无视环境承载力而无度发展的案例。事件起于1944年，美国海岸巡逻队将29头驯鹿带到白令海中332平方千米的圣马太岛，作为驻守人员的食物补给。二战结束后，人员撤离了，驯鹿留了下来。1957年，当生物学家戴维·克莱因登岛时，见到岛上驯鹿种群一派兴旺，数量发展到1350头，在岛上4英寸厚（约10厘米）的地衣的供养下，生机勃勃。1963年再到这里，驯鹿数量竟达6300头，植被显得难以为继。3年后，当生物学家再次

黑喉红臀鹎来采蜜

登岛，完全被眼前的景象惊呆了，岛上鹿骨累累，地衣所剩无几，残存的42头驯鹿中，41头为雌性，只有1头雄性，且为亚成年的羸弱个体。1980年，该岛上的驯鹿全部死光。

　　分析症结，乃因驯鹿发展失控，而岛上的生态承载力有限所致。回过头来我们说，人类之于地球，又何异于雀鸟、驯鹿之于海岛啊！

　　有人说，你说的案例都是动物，动物毕竟没有智慧，也许人类不会这样短视吧？真的不会吗？作为前车之鉴，就让我给大家讲一个发生在复活节岛上的人类故事吧！复活节岛被称为"世界的肚脐"，是位于东太平洋的一个163平方千米的三角形岛屿，岛上屹立着440个3~20米高的被称为"艾摩"的巨石人像，见证着波利尼西亚人曾经的辉煌和文明。尽管与世隔绝，该岛一度繁荣，人口达到8000左右，物质文明达到鼎盛。但在荷兰航海家洛加文于1722年复活节之日抵达该岛时，看到岛上只有简陋的木划子，植被矮小，生境荒芜。岛民如此贫困，生产力如此低下，又是谁留下的巨人像呢？很多人就猜想一定是外星人所为。后来，科学家揭晓了答案，复活节岛的垃圾中海豚骨头的含量很高，占1/3，而海豚只能在深海中出没，说明古代的拉帕努伊人（波利尼西亚人的一支），公元 400 年左右抵达这里，曾建造了大船去捕捉海豚。但曾经的辉煌是建立在森林砍伐、土地滥用、过度渔猎的基础上的，欲壑难填终于导致环境承载力的丧失。15 世纪后，岛上的大棕榈树灭绝了，森林的消失导致水土流失，土壤贫瘠，饥饿、瘟疫与战乱交织，文明走向了终结。这个关于文明与生态关系的案例，再次验证了那句话：人类的文明从砍第一棵树开始，到砍最后一棵树结束。

现代工业社会以破坏性的高速度开发着自然，以致"文明所到之处，身后留下一片沙砾和垃圾"。尽管当代一些国家的经济得到了长足发展，一部分人获得富足的物质享受，并被整个社会公认为是先进和成功的"楷模"。但在他们之外，其他人民和生灵的境遇又如何呢？我们后代的利益又是否得到了关注呢？是没有考虑，还是不予考虑呢？

以鸟为师，以史为鉴，可正行止，可知兴替。

遵循生态权利下的狩猎

多年来，随着动物保护意识的提高，大多数公众意识到破坏生物多样性、猎杀野生动物是贪婪愚昧的违法行为，滥杀生灵是无知可耻的缺德行径。

保护动物，从尊重每个个体的角度理解，强调的是生命权利，从生态平衡的角度理解，强调的就是遵循生态权利了。为此，有必要从（严格管理下的）狩猎的生态控制作用来分析，以期得到公众的理解。

古人狩猎是为了满足衣食之需，一方面，生产力低下，猎获有限；另一方面，传统文化也提倡适可而止、网开一面，所以，够吃够用就行，一般不会过捕。但随着人口增加，特别是火器发明后，狩猎的效率极大提高，人类可以随心所欲地猎杀各种动物了，从而导致大量的野生动物迅速走向灭绝。当年欧洲殖民者在把枪支带到美洲，并卖给美洲土著的同时，由于猎杀强度剧增，人类的猎获量超过动物的增殖量，也就断送了土著们的生路。从大的时空角度看，人类社会的永续发展必须建立在自然生态永续发展的基础上，那么，土著人有限度的狩猎就是一种与自然和谐的永续利用，就是可持续发展。但人类进入工业化的几个世纪里，一直在杀鸡取卵，1860 年，渡渡鸟灭绝。1830 年，斑驴灭绝。1900 年，旅鸽灭绝。1916 年，新疆虎灭绝。1948年，袋狼灭绝……有些猎杀行为到了令人发指的程度。白令海牛，从人们发现这个物种（1741 年普鲁士学者斯太勒发现）到其灭绝（1767 年），仅仅经历了 26 年的时间。旅鸽，在一个世纪内便从数十亿只，到 1914 年最后一只灭绝了。

随着人类对自然的肆意干预和过度攫取，一些动物提前走向灭绝或濒危，一些动物则因天敌的消失或人为的引种、繁育而种群相对扩大，甚至达到过量的程度。例如，在澳大利亚，原本不存在的兔子一度泛滥成灾，本土的袋鼠则因天敌袋狼的消失而失控。通过狩猎，对这些可再生的资源进行种群控制，同时，将狩猎作为一项户外运动来经营，既维护生态，又经济实惠，达到了可持续发展的目的，何乐而不为呢？

从理论上讲，只有在野生动物的种群数量超出环境容纳量的一半时，才允许狩猎，但事实上，多数野生动物都低于这个数量，甚至已到濒危程度。所以，开展狩猎，要从以下几方面严格控制：

狩猎量：对于某一种动物的猎取量不得超过其种群的繁殖量。

狩猎期：避开动物繁殖期和幼崽生长期。如，北方的野猪狩猎期为 9 月到次年 2 月，狍子的狩猎期为 10 月到次年 1 月，黄羊的狩猎期为 10—12 月，雁鸭的狩猎期为 9—12 月，雉类的狩猎期为 9—11 月。

狩猎地域：严格限于猎场和指定范围内。

狩猎个体：过剩的个体，或不影响种群繁衍的个体。

在一定空间范围内，环境和食物条件所能维持的动物的最大饱和度称"环境容纳量"。超过容纳量时可以狩猎，不足时不宜狩猎。国际上有这样的数据：狩猎量要小于种群增长量的 30%，一般在 20% 为宜。

因此，作为一种生产活动和体育运动，狩猎活动必须受到严格管理，从国际惯例看，要签发狩猎证、制定狩猎期、限制狩猎量、收取税金和资源补偿费。对狩猎者要进行考核，培训后成为登记猎人，无证狩猎的均视为非法盗猎。国家林业局称，只有获得批准才能开展狩猎项目，接待狩猎爱好者。狩猎爱好者要事先向有关部门提出申请，包括狩猎路线、捕杀名称、狩猎头数、猎枪种类及随员名单，经批准后才可以进入猎场地区。某种野生动物每年的狩猎数量有限额，狩猎枪支要在公安部门备案，狩猎现场要有动物保护部门的监督，擅自捕杀者将被追究刑事责任。

有趣的是，我所在的北京麋鹿苑就是原来的大清皇家猎苑——南苑的核心地。当年，皇帝和王公贵族就曾在这里猎兔、猎鹿、猎狼、猎天鹅……当然，这是皇家苑囿，仅仅是供皇室贵族开弓放箭的狩猎场。从人类文化史分析，狩猎本来是伴随人类文明发展的一种传统活动。如今的那种国际通行的既满足娱乐运动，又可减轻种群压力，维持生态平衡的狩猎活动，自然是无可非议的，甚至可以说是不得已而为之。只是现实中可供狩猎的对象不是太多，可以狩猎的区域也不是太广，而在狩猎中，人的角色其实就像在生态链中不可或缺，如今却几乎丧失殆尽的狼。既然狩猎者的角色是狼，就不必强调生命权利，但却要恪守生态权利，因为狼就是这样。狩猎，是一种小恶（违背生命伦理），但如果能换来种群维持下去的大善（遵循生态权利），我认为，就不必太感情用事。麋鹿苑不时有流浪猫狗闯入，它们吃松鼠、吃野鸡、吃雏雁、吃孔雀，甚至威胁小鹿，我们只好将其驱赶。小恶不除，大善难存。

133

| 格言 | 动物体会喜悦和疼痛的方式，与我们人类颇为相似。它们也有面貌和家庭。请怀着这份同情之心，享受一个快乐健康的人生吧！并将此知识与你所爱的每个人分享。请对自己与其他人诚实，并诚挚地向众生允诺："绝不再杀生了！"

—— 乔治亚·克魁提（国籍不详）

生物多样性的保护——从普京虎的造访谈起

2014 年 5 月，俄罗斯总统普京亲自放生了 3 只亚成年老虎，吸引了全世界的眼球。随后的故事充满了戏剧性，其中两虎先后跨过黑龙江来到中国。2014 年 10 月初，一只名为库贾的老虎游过滔滔黑龙江，进入黑龙江省萝北县，在太平沟自然保护区逗留两个月后返俄。11 月 2 日，一只名叫乌斯京的老虎，到达黑龙江抚远市的黑瞎子岛，在我国境内转悠了很长一段时间。人们不禁会问，俄罗斯的生态环境那么好，老虎为何不约而同，纷纷来到中国呢？我分析主要原因有二：一是俄罗斯境内虎的数量增长过快，密度过高，俗话"一山不容二虎"，而中国境内恰好虎的数量很少，新放的老虎也许在别人的领地难以安身，于是选择了渡江来华；二是我国近年禁伐禁猎，生态环境保护日见成效，食物链形成，适宜老虎生存了。

无论怎样，虎的活动范围非常广阔，动辄上百平方千米，它们眼中没有国界，只有领域地盘，所以，在国境线两边来来去去，都是正常现象。几只虎，由于与普京的野放相关，其行踪不仅受到科学家和保护者的专业追踪，更受到媒体和公众的高度关注，包括它们来到中国期间数次与人打过照面，但毫发无损，同样受到了严格保护，令人欣慰。毕竟，我最担心的是即便无人射杀，如果老虎撞进盗猎者遗忘在山野的钢丝套上，怎么得了？这也是近几年保护人士不遗余力地开展"清套行动"的重要原因。拯救动物，已是现代社会的文明共识，生态文明也已上升为了国家意志。那么，保护，或曰保育，意义何在呢？

从原理上说，自然保护的理论根据是"地球的生物多样性"必须保持其和谐与长久，从而达到各种生灵包括人类自身的延续，"只有多样性，才有稳定性"。生物多样性包括地球上所有的植物、动物、微生物和它们拥有的基因以及由这些生物和环境构成的生态系统。保护生物多样性就是在生态系统、物种和基因 3 个水平上采取保护战略和保护措施。生物多样性是地球上 40 亿年生物进化留下来的宝贵财富，是人类社会赖以生存和发展的基础。经济的可持续发展必须以良好的生态环境和可持续利用的生物多样性为基础。生物多样性给我们提供了食品、医药、衣服和住房等，它不仅是农、林、牧、副、渔业经营的主要对象，还是重要的工业原料。除此之外，生物多样性在保护土壤、涵养水源、调节气候、维持生态系统的稳定性等方面也具有重要的作用。

生物多样性强调，地球本身存在着多种多样的生物类型，它们互相依赖又互相制约，使自然生态和食物链保持动态平衡和稳定，各种生物得以在不断变化的环境中生存和发展。生物多样性是地球上各种生物赖以长期存在、繁衍、昌盛的基础和社会财富的源泉。中国的生物多样性举世瞩目，居全世界第八位、北半球第一位。我国地域差异显著，因而孕育了既丰富多彩又独具特色的生物种群和生态系统。由于我国古大陆受第四纪冰期的影响较小，因而保存下许多古老孑遗种和特有种（或属），这也是18、19世纪西方博物学家趋之若鹜前来我国考察或盗取种源的重要原因。由于乱伐滥猎、过度渔牧、森林和草原的破坏，使物种濒危在加剧，约233种脊椎动物面临灭绝，约44%的野生动物数量呈下降趋势。近百年来，我国有10余种野生动物绝迹，如高鼻羚羊、白臀叶猴、新疆虎、白暨豚等。目前，华南虎、东北虎、雪豹、江豚等20余种珍稀野生动物也面临着灭绝的危险。另外，由于种群数量减少或灭绝，我国种质资源因缩小或消失丧失了许多遗传基因。

我国生物多样性的严重损失早已引起政府的高度重视。自20世纪50年代起，我国就制定了有关的方针政策和一系列保护措施，使生物多样性的保护初见成效。我国的《国家重点保护野生动物名录》于1988年公布。保护生物多样性主要措施有三：就地保护、迁地保护、建立基因库。其中，就地保护是最为有效的一项措施。就地保护是指以各种类型的自然保护区（包括风景名胜区、森林公园）的形式，将有价值的自然生态系统和野生生物生境保护起来，以便保护其中各种生物的繁衍与进化。我国于1956年在广东省肇庆市的鼎湖山，建立了第一个自然保护区——鼎湖山自然保护区。目前已建成的自然保护区2669个，面积达150万平方千米，约占国土面积的15%，超过世界12%的水平。

根据联合国《千年生态系统评估报告》：自然有着生命的支撑价值，人类和地球上其他物种的健康和福祉取决于地球上拥有的多样化的生态系统产品和服务。生物多样性是提供生态系统服务以维持地球生命所需条件的基础。对于

笔者于华沙动物园拍摄的世界上现存体型最小的虎——苏门答腊虎

华沙动物园的苏门答腊虎

人类来讲，提供食物和其他农产品的物资供应服务是最重要的生态系统服务之一。水资源循环（提供雨水和灌溉用水）等其他生态系统服务对农业生产也极其重要。直接农业景观和相邻景观都能提供上述服务。除了生命支撑价值外，自然界还有：经济价值、消遣价值、野生生物的旅游价值、科学价值、审美价值、宗教象征价值、文化历史价值、性格塑造价值。

其实，提出"为什么保护"这个问题，本身就有些问题，就像要问"为什么要保护妇女儿童"一样。如果其权益没有受到侵犯，当然不用保护。动物保护也是同理，本来谁用谁来保护呀，大家都是自然之子，在地球母亲的怀抱中生生息息，即使是相生相克，优胜劣汰，也属自然规律。可是，地球上偏偏出现了一些缺乏生态道德的"恐怖分子"，为了一己私利，过度攫取地球资源，包括属于子孙的资源和其他生命形式的栖息地，肆意对生境污染破坏；为了满足贪欲，滥杀无辜，谋财害命，伤天而害理。由此，"替天行道"、维护自然规律、维护后代和众生的生存权利的"保护生物多样性"理念才应运而生。保护生物多样性，是人类生态文明的觉醒，是道德伦理的提升。只有和谐，才能平衡，提倡保护生物多样性，旨在唤起人类与万物和谐共生的崇高天性和树立一种科学的、可持续的发展观。

党中央曾明确指出：要加大对自然生态系统和环境的保护力度。扩大森林、湖泊、湿地面积，保护生物多样性。此番"普京虎"的巡游，就是以自然保护区为生存依托，从而来去从容。综观全球虎的濒危、消失和灭绝，不仅是世界上 14 个虎的分布国的悲哀，也是全人类的悲哀。这种集凶猛、神秘、威严、美丽于一身的大型猫科动物，不仅是自然界生态平衡的"控制器"，令人敬畏的森林之王，自古有虎之地，人们就不敢贸然进山砍伐，也是深山幽谷中一道无可替代的风景；而虎的生存更依赖自然、依赖山林，林木茂盛，人们也就获得了安康。虎不仅是积淀于历史文化长河中神灵的化身，更是一种刚强不屈的民族精神的象征。当最后一只老虎在人工林中徒劳地寻求配偶，当动人心魄的虎啸在大自然中消失，留给人类的遗憾将是多么深重而悠长。

识"珍"18年，古道尔博士

2016 年 11 月 6 日，像每年的深秋一样，世界上拥有极高声誉的动物学家珍·古道尔博士来到我们身边。几乎每年此时，她都会开展环境保护教育项目"根与芽"，在世界各地巡讲。转到中国的时刻，她所到之处就如同过节一般，人头攒动，拥趸者如潮。2016 年的巡讲活动在景山学校远洋分校举办，虽然远在京城西部的石景山，照例是座无虚席，场面隆重而热烈。有别于往年的是，办公室工作人员贴心地把我作为珍·古道尔博士的嘉宾粉丝团成员之一，给我安排了跟珍·古道尔博士单独会谈与合影的环节，真是莫大的殊荣。而与多数人不同的是，我与珍·古道尔博士每次见面，都会施一下西式的拥抱礼，可惜没什么人给我们抓拍张好照片！这次幸亏带夫人来了，擅长摄影的她及时拍下了我和珍·古道尔博士相互拥抱的难得瞬间。

真是令人惊异，掐指一算，自 1998 年在北京麋鹿苑认识珍·古道尔博士，我们已经相识了十几个年头了。可以说，这些年我从事业到生活，都不乏受她的影响，而且受益匪浅。我们的相识，首先缘于黑猩猩，但她是在野外研究、保护黑猩猩，我只是饲养笼中的黑猩猩，在她面前，我简直是小巫见大巫，可是，还得感谢黑猩猩。珍·古道尔博士每次演讲，总要以黑猩猩的叫声开场，而我在科普活动中总要戴着黑猩猩的面具，来讲述人与动物关系的故事。如今，我们都是环保教育者，为了共同的绿色未来，她在全球各国，我在全国各地，奔走呼号。

为了保护自然，如此高龄之人，一年到头如同空中飞人般满世界地巡讲，讲座中每每抑扬顿挫、娓娓道来。作为黑猩猩等野生动物的代言人，作为一位82 岁的老人，她的这种"精、气、神"，从智力到体力，简直令人不可思议！

记得那是 1998 年，我刚从北京濒危动物中心调到北京麋鹿苑工作的那年秋末，珍·古道尔博士来到中国，在国家环保局宣教中心贾峰副主任带领下，到了麋鹿苑。我之前也是与黑猩猩相伴，现在做环境教育。因类似的经历，珍·古道尔博士给了我很多保护思想与科普技巧方面的指导。我初到麋鹿苑，科普设施几乎空白，如何开展立意深远的自然教育，几乎还无从下手，她曾极其耐心地指导我做了一个箱子，门上写着"这里有一种最可怕的动物"，打开门，可以看到里面是一面能照见自己的镜子，我立刻心领神会。当晚，我将做好的小样带到她演讲的环保宣教中心，受到了她的赞赏。

珍·古道尔博士与黑猩猩

过了两年，她又来北京演讲，那天，大礼堂座无虚席，我来晚了，只好站在礼堂的最后，她竟然在台上看到了，并招呼我到前面就座。当时，我十分惊异于她的记忆力，但转念一想，她对丛林中不同的黑猩猩个体都能如数家珍，个个有名有姓的，何况人乎？此后我才确信，我不但认识她，她

与老朋友珍·古道尔博士的亲切会面

也认识我，这才能叫作相识啊！以后，她每有新书出版，也总是记着签上名赠给我，实在令人百感交集。

这些年，每年她来中国，我都作为追随者，去聆听她的演讲，其实我发现她也在不断完善和调整自己。记得初次听她说过一句格言："唯有理解，才能关心；唯有关心，才能帮助；唯有帮助，它们才能得到拯救（They will be saved）。"后来这句话的末尾被改成"唯有帮助，我们才能都被拯救（Shall all be saved）"。这句话的原文是：

Only if we can understand, Can we care; Only if we care, Will we help; Only if we help, Shall all be saved.

Jane Goodall

看到 Jane Goodall 这个落款，我又想起一个插曲。一次，珍·古道尔博士给一群京郊的小学生演讲后签名，她给一个男孩一挥而就地签完名，那个男孩竟不解地问："您干吗给我写个 600 呀？"原来，孩子看不懂英文，把 Goodall 字母的前几个看成是数字 600 了，当我把孩子的误解翻译给珍·古道尔博士时，她也忍俊不禁，抚了抚那孩子的头，那份爱怜的目光，仿佛是在看一只顽皮的小黑猩猩。

珍·古道尔博士始终以其博爱的情怀，待人待事待万物。她有很多至理名言，我尤其偏爱她说的这句话："就像黑人不是为了白人、男人不是为了女人而存在一样，每种动物也不仅仅是为了人类而生存。每种生命并无高低贵贱之分，都同样完美、卓尔不凡、各具魅力，都是这个星球上独具内在价值和天赋的、具有平等生存权利的创造物……"

尽管珍·古道尔博士说话的语气，从来都是和风细雨般的，其魅力却令人叹服。所以，成龙作为一名实力派演员、一个大牌影星，竟曾对珍·古道尔博士说出这样的话："只要你说，我就去做。"

的确，我也是这样。10 多年前，得知她是素食者，当时她告诉我，素食是保护地球的一种生活方式，我便接受下来，并从当初的不解，到现在的坚定，实现了从说到做、知难行易的全过程。珍·古道尔博士关于素食的思想，还常常被我拿来用在科普演讲中："对我来说，餐盘里的肉象征着恐惧、痛苦与死亡。一个偏重肉食的社会必然会对环境以及动物带来负面影响；而一种浪费无度的消费观念，则让资源短缺且已千疮百孔的地球形同雪上加霜。人类与食物之间的关系如此微妙，吃的本身就决定了这个世界。所以，请慎选你的食物！"

这就是珍·古道尔博士，以其润物细无声的环保正能量，影响着这个世界，也影响了我和我们这一代人的事业与生活方式。

书中自有鸟兽语

·

世界读书日：宁可食无肉，不可居无书

在民间，大家通常把文人或重视学问的人称为读书人，读书之举往往是人类公认的高尚、文明或文雅行为的代名词。世界上还为读书专门设立了一个纪念日：世界读书日。读书日的正式名称叫"世界图书和版权日"（World book and copyright day），在中国台湾地区则更雅气一些，称为"世界书香日"。

我作为北京麋鹿苑的一名自然保护科普工作者，本与出版界没有太大的关系，但事实上我们每个人都还是与这一天有关系的，就是大家起码都应是读书之人呀！有着几千年农业文明的中国，"耕读为本"历来为传统文化所倡导和看重，读书正是我郭耕一生的嗜好，而且还应名副其实，笔耕不辍。

更何况，4月23日这一天，是世界大文豪莎士比亚的生日和忌日（1564年4月23日—1616年4月23日）。众所周知，莎士比亚是举世闻名的文学大家，但他还有鲜为人知的一面——他是个素食者，当然，我也是了！所以我有一句口号："宁可食无肉，不可居无书。"我还把相关内容的文章《我行我素——一个环保者的素食理由》收入了我在北京出版社出版的文集《鸟兽物语》中。

真是无巧不成书，"世界读书日"的前一天——4月22日，是另一个重要的纪念日——世界地球日。任何纪念日的确立都有一定的提醒、教化意义，"世界地球日"旨在提醒公众保护环境。从可持续发展的角度看，素食有利于人与人的公平、人与自然的和谐；从对生态减负、环境减污、身心清洁角度来说，摒弃过度肉食习惯乃是我们每个个体呵护地球母亲最易做到的，也是最力所能及的一种善举。两个节一块儿过，把"读书日"和"地球日"联系起来过，就更加意义非凡了。

除了莎士比亚，世界上的素食名人其实灿若群星，西方有毕达哥拉斯、达·芬奇、萧伯纳、雪莱、伏尔泰、卢梭、爱因斯坦……东方有释迦牟尼、老子、泰戈尔、甘地、孙中山、蔡元培……

说到素食与读书之联系，我想起英国经济学家舒马赫曾经说过的一席话：

"人的欲望永无穷尽，但这种无穷追求只能在精神王国里实现，在物质的王国中，势必欲壑难填。"的确，由于地球资源的有限性，我们的物欲不可无限满足，但在文学、教育、社交、诗歌、音乐、绘画、雕塑、科学、思想，包括读书、写作等精神领域的追求，永无止境，谁也不能说自己已经达到了登峰造极的水平。因此，可以食无肉，但不可居无书！特别是在当今这个"技术至上、科学万能"的盲目乐观的时代，我认为，"没有文化的技术是危险的技术，没有精神的文明是野蛮的文明"。书山有路，学海无涯，阅读和写作便是供你在文化和精神的山山水水徜徉、跋涉的广阔天地、无极境界的最佳载体和媒介。

中国古人对书的评价可谓俯拾皆是："读万卷书，行万里路""读书破万卷，下笔如有神""耕读为本，诗礼传家""耕读传家久，诗书继世长"……还有"腹有诗书气自华"，而没说"腹有酒肉气自华"。我还附会了几句："节俭其行——食素，高尚其志——读书""宁可食无肉，不可居无书"。我现在的状态是"有讲不完的课，开不完的会，做不完的节目，更有读不完的书"。古人有"书中自有黄金屋，书中自有颜如玉"之说，我则加上一句"书中自有鸟兽语"。

近年来，我的科普著作已逾 10 本，其中获奖的代表作《鸟兽物语》更是这样一部代动物说话、追求人与自然和谐、探寻环境伦理、实践生态文化的书，秀外慧中，从封面到内容都有绿色的内涵。作为一个绿色科普人士，其职责就是：颂生命之大美，扬天地之大善，崇自然之大德，求众生之大同……

读书日，为父亲致哀

今天，我们怀着十分沉痛的心情，悼念我们的亲人郭洪泰。郭洪泰系中共党员，宣武区环保局原局长，因病于 2011 年 4 月 23 日 "世界地球日"之夜，在北京与世长辞，享年 77 岁。郭洪泰 1934 年 10 月 17 日生于黑龙江省勃利县，中学毕业后考入佳木斯师范学校。自 1953 年来京，先后在学校任教和街道党委工作。郭洪泰正直高尚，忠厚节俭，敬妻爱子，秉公处事，不嗜烟酒，唯好读书。20 世纪 80 年代初进入环保系统，任宣武区环保办主任、环保局局长。作为首任宣武环保局局长，直到退休之后，环保也始终是他孜孜以求的人生目标，在职时曾被国家环保局评为"全国环保宣教先进个人"，并多次获得"优秀共产党员"称号。1994 年退休后，他对环保的信念愈加执着，被区科协聘为科普宣讲员，被市委组织部和老干部局授予离退休先进个人，被北京市劳动保护研究所聘为客座研究员……郭洪泰退而不休，勤勉学习，平易近人，殚精竭虑，虽患白血病等顽疾，仍以"革命人永远是年轻"的乐观主义态度，倡导并组建绿色志愿者协会，作为第一任会长，荣获北京市十大志愿者的提名。无论上下进退，他都对党无限忠诚，对环保事业认真负责，任劳任怨，执着公益，生命不息，奉献不止！

> 郭外青山楼外楼，
>
> 洪水滔滔警寰球，
>
> 泰山不倒麋鹿兴，
>
> 千古人生千古愁！
>
> 安息吧，郭洪泰千古！
>
> 环保之树常青！

一切鸟语皆情语

20 多年与动物相伴，很多人都以为，你是苦行僧，孜孜坚守，如何如何的不易，其实我更多的感受是快乐和幸福，乐在自然，乐在科普。一个人，当他的个人信仰、爱好与其职业、饭碗合而为一、意趣相投时，这就是幸运的人生。但是，我要强调，幸福把握在自己手里，幸福并不完全取决于外在条件，甚至可以说幸福由心造。有人以占有欲的满足为幸福，有人以名利双收为幸福，我则寄情于自然和人文，并以保护生态和环境教育为己任，这是一个既有意思，又有意义的工作和人生。自 1998 年我从北京濒危动物中心调到北京麋鹿苑以来，在这个近千亩的科普教育基地，创意建设了许多科普设施，从灭绝动物公墓到濒危动物诺亚方舟，从动物行为模仿秀到换位思考的动物之家，从万国欢迎石到麋鹿文化桥、文化墙，从绿色迷宫到科普厕所，从鸟类迁徙地球仪到观鸟台，从东方护生诗画到生物多样性座椅，从麋鹿回归文化园到湿地文化长廊……既有他山之石，更有自主创新，我经常自豪地对人们说，请来麋鹿苑看看吧！如果去年您来过，今年又有新内容。在这千人一面，动辄雷同的社会文化现状下，这些寓教于乐的、具有另类构思的科普设施，意味深长的象征韵味及东西方文化交融的视觉效果，因为我们的劳动、贡献和智慧而出类拔萃，麋鹿苑已成为国内外科普领域一道独特亮丽的风景线，这就是我人生的乐事与幸事。

我以见到某种鸟兽而欢欣并拍摄美片，撰写小文，所以在所出版的科普随笔中，多有这类对自然和对动物的感性的、率性的流露，进而形成我所谓"博爱即自爱，护生即护心"的理念。

其实很多人理解或同情我们户外和野外工作的艰辛，那只是身的磨砺，但心的欢愉则是常人所难以理解的。有副对联上联是"鸟在笼中叹关羽不能张飞"，下联"人处世上须八戒更要悟空"也意味深长。心中充满物欲就难以容纳灵魂。正是因为爱自然，又爱人文，所以二者融合形成了我独特的科普风格。甚至在身边，在单位附近，在街上，在住所的窗前都可以领略自然的魅力。所谓"结庐在人境，而无车马喧。问君何能尔，心远地自偏"。

事在人为，我个人认为，有知识、有思想、有理念、有信仰，才会有创新，才能以文字感动读者。比如观鸟是我的爱好，唐诗也是我的爱好，把两个爱好合并便形成了一本科普图书《鸟语唐诗300首》。做科普，既需要基础知识，又要富有人文情怀甚至儿女情长，我在《鸟语唐诗300首》评注中的真情流露，相信也能引起读者共鸣，发人之未发，言人之欲言，感天动地。例如下面这首诗歌和评介：

东邻女

[唐]鲍溶

双飞鹧鸪春影斜，

美人盘金衣上花。

身为父母几时客，

一生知向何人家。

（评介：一对鹧鸪，比翼双飞，闺中小女，早晚出嫁。当出落得亭亭玉立之日，也就是与生身父母别离之时。珍惜当下吧！人生苦短，别离却多。）

节俭其行，高尚其志——一种以俭为荣，以奢为耻的生态荣辱观

党中央曾强调，要引导广大干部群众树立社会主义荣辱观，坚持"以热爱祖国为荣、以危害祖国为耻，以服务人民为荣、以背离人民为耻，以崇尚科学为荣、以愚昧无知为耻，以辛勤劳动为荣、以好逸恶劳为耻，以团结互助为荣、以损人利己为耻，以诚实守信为荣、以见利忘义为耻，以遵纪守法为荣、以违法乱纪为耻，以艰苦奋斗为荣、以骄奢淫逸为耻"。我对其中最后一句"以艰苦奋斗为荣、以骄奢淫逸为耻"最有感触，它与党中央强调的建立一种资源节约型社会的理念，其内涵有相通之处。我就以我选择俭约生活的实践，阐述我的荣辱观。

曾有一位著名的全国劳模，前半生以善于伐树而著称，后半生则以勤于种树而闻名。他一生的经历和轨迹，值得我们每个人反思。这里，既有对个人价值观，也有对人类生存观的思考。生物本能之荣辱必须与生态承载之荣辱相协调。每个生命体，一来到这个世界上，就像一根点燃了的蜡烛，开始了生命的历程，无论你干什么或不干什么，有作为或没有作为，生命的烛火都在燃烧，毕竟时间面前，人人平等。但如何高质量、高效率、有意思、有意义地度过有限的生命，使生命既健康、幸福，又不以伤害其他生命为代价呢？我认为在外在条件相似的情况下，就主要靠自己内心调整，选择一种平常、平和、平凡的生存状态，把生活节奏缓和下来，把额外支出节省下来，把人际交往简化下来，选择一种外在恬淡、内心充实的活法。当今世界物欲横流，正陷入一种越奢华越体面、越节俭越难堪的误区。如果缺乏主见，随波逐流，就会陷入一种盲目从众的浑然状态，所谓"天下熙熙，皆为利来，天下攘攘，皆为利往"。追求对物质的占有和享用，欲壑难填，力图过上一种看起来体面的奢华生活，忙碌一生，蝇营狗苟，却不知为什么而忙，白白消耗了生命不说，还因资源耗竭、环境污染、生态失衡，给子孙带来隐患，给众生造成祸害，留下孽债。勤者，生动之气，俭者，收敛之气，执此二字，家业、事业断无不兴之理，同时，勤俭也是保持身心健康的真谛。我相信天网恢恢、世事公道。要想（时间

简单而生动的科教活动

上）多存在，就得（物质上）少占有，正如马克思所说："奢侈与贫困对我们来说是同样沉重的包袱，因此，我们的目标是多存在，少占有。"用句老话说就是："勤俭持家久，诗书继世长。"遗憾的是，"为什么人们把毁掉人造之物，如建筑，称为破坏，把毁掉神造之物，如森林，称为建设呢？"（圣雄甘地语）。

所以，面对地球生态危机，我说，当今人类最紧要的事，不是开源，而是节流，不是扩大开发力度，而是降低消费强度！选择一种"节俭其行，高尚其志"的生存方式，以精神资源、心灵世界的开发，代替对自然物产的滥用；以审美愉悦，代替口腹私欲、物质挥霍的感官刺激；以艺术消费、文化消费，代替奢侈的商品消费、财富聚敛和无休止的 GDP 竞争。通过对自身心态的调整，减轻对衣食父母——地球生态的外在压力，既要自强不息，又要厚德载物。惜物、惜福，始终为东方传统文化所强调，"低物耗，高层次"的生存，诗意地栖居，多一分浪漫，少一些浪费，乃是人类可能选择的最科学、最环保、最优越的生活方式。"原天地之美而达万物之理"，"厚德载物""物我同舟"、敬天惜物才是人与物、人与自然应有的境界。

感知美，也是一种能力

　　为什么同样的生活、同一个天地，有人整天闷闷不乐、郁郁寡欢，有人则活力四射、快乐达观，内心充盈着美好的幸福感？早年我去少林寺，记得有位僧人送我一首诗，其中有两句："应观法界性，一切唯心造。"虽然不明其深意，却也有所感悟，作为一名科普工作者，要有对真善美发自内心的追求，既育人，又化己。当你心系自然，格物致知；当你心系鸟兽，博爱万物；当你对美好事物敏感，并及时记录和传播时，将独乐乐转化成众乐乐，实现了"科学追求真、道德追求善、艺术追求美"的意境，那时你的内心岂不乐哉、善哉、美哉？

　　我在对孩子们进行科普时，经常强调感知的重要性，培养感知在先，获取知识在后，学会在大千世界中感知其生、感知其美。比如，在令人愉悦的一项活动——观鸟中，我总结要达到三个境界：一是能看到鸟，二是能认得鸟，三是能拍下鸟。这是感受、知识、技术乃至艺术的递进。能否看到鸟，需要练习，人鸟相知，日臻完善。能否认得鸟，需要学习，不断积累专业知识，尽而成为"鸟人"。能否拍到鸟，既要有称手的设备，又要有随心所欲驾驭设备的能力，经常有人看了我展示的鸟的照片，马上会问"什么相机拍的"，似乎在说，"相机一定很高级吧"。其实我的相机只是价值约三千元的低档设备，但功能选择十分必要，就是必须选用高倍的、远摄能力强的相机，以求达到拍鸟不扰鸟的目的。

　　感知力是一种心力，这个心不是指心脏这个器官，而是力所能及地调动与生俱来的视觉、听觉、触觉、嗅觉，甚至第六感官——预感或灵感。我曾读过一本书——《人有两套生命》，书中讲到，人的两套生命即生理生命和心理或精神生命，说的就是身、心关系。人是身心统一的动物，身体和心灵组成了人的整体。身体是心灵的载体，如电脑的硬件，心灵是身体的导向，如电脑的软件，如果导向系统出了问题，身体的各个器官就不能正常运行，因此强调身心都要健康。

一　动物与人关系之思

149

要健康就不能贪婪，否则，欲壑难填，只会徒增烦恼，自叹"心比天高，命比纸薄"。子曰："贤哉，回也！一箪食，一瓢饮，在陋巷，人不堪其忧，回也不改其乐。贤哉，回也！"其乐之妙谛在于健康，是随遇而安、身心安适的健康。影响健康的因素很多，我认为 15% 取决于遗传，17% 取决于环境，8% 取决于医疗，而 60% 取决于生活方式。选择什么样的生活方式，是个人的理智或心智做出的选择，心灵决定言行，言行要适应环境，包括社会环境与自然环境，适可而止，适者生存。"人类的伟大，与其说是善于改造自然，不如说是善于改造自己。"心态与生态、心境与环境具有一定的互动性。面对地球生态危机、环境污染，我们要主动调适，顺应自然，而非一味地让自然适应你。我认为，当今人类最紧要的事，不是开源，而是节流，不是扩大开发力度，而是降低消耗强度！选择一种"节俭其行，高尚其志""宁可食无肉，不可居无书"的绿色生活方式，以精神资源、心灵世界的开发，代替对自然物产的滥用；以审美的愉悦，代替物质挥霍的感官刺激；以艺术消费、文化消费，代替奢侈的商品消费、财富聚敛和无休止的 GDP 竞争。悬崖勒马，选择一种倾向回归生命本源的生态文明。通过对自身心态和行为的调整，减轻对衣食父母——地球生态的外在压力，既要"自强不息"，又要"厚德载物"。

"世间万事非吾事，只愧秋来未有诗。"心与身、身与境要相互调适、恰到好处，心系自然而非纠结于人间恩怨，如果整日蝇营狗苟，心机重重，满脑门子官司，又何乐之有呢？所谓"欲望太多，累身累脑；想得太多，平添烦恼；追求太多，疲于奔命；在乎太多，庸人自扰"。简单理解就是我们常说的：幼稚儿童欢乐多。

我经常在工作单位北京麋鹿苑观鸟拍鸟，有人看到我在微信朋友圈秀鸟照片后，也欣然赶来，却常常无果而归，还抱怨说我把鸟藏起来了。自然界的鸟，谁能管得了。要说北方观鸟，特别是冬季里，鸟况较差，找鸟每每都似大海里捞针，而发现鸟时，更需使出"定身大法"，如果张牙舞爪、大呼小叫的，早把鸟吓跑了。当鸟不把你当人的时候，也就是你快接近拍鸟成功的时候，这也是我总能拍到鸟的绝招。

作为中科院老科学家演讲团成员，我常到祖国各地巡讲，讲座之余便去观鸟。当我把在某某地方拍的鸟给当地人看时，他们通常会说："啊，我们这里

春末夏初，发情的成年公麋鹿把杂草挑在头上、身上以吸引异性

还有这种鸟？我们在这儿生活都没见过！"其实他们自以为是小地方，是穷乡僻壤，但自然状况比北京这座大都市要好得多，鸟也更多，开展观鸟观自然的教育，条件太优越了。可是他们却说，他们见不到，也不认识，更拍不着，关键是没有设备啊！其实，见不到，需要培养对博物的兴趣与爱好，不认识，需要学习相关知识，而设备也就几千元，是最容易实现的。很多学校都守着绿水青山而不以为富足，我都替他们惋惜。观鸟的关键在于对自然之美的感悟力和博物之美的识别力，"你若丰富，她便精彩"，感知美，是一种能力，它能点铁成金。

瘦桥湿地考察记

最近因为新冠肺炎疫情的影响，只能宅在家中，闲来整理图片，翻看曾到英国观鸟的图片。几乎是整整 7 年前的此时，我与老朋友胡京仁、邱英杰，由马力组团前往英国考察，先到慕名已久的麋鹿第二故乡，位于伦敦郊区的乌邦寺公爵庄园探望麋鹿，再到古老的伦敦动物园、著名的邱园植物园，以及与我们有合作的克里斯托动物园。

2013 年 2 月 26 日下午，我们一行来到瘦桥湿地，这是我们的麋鹿外国专家玛雅·博伊德精心为我们安排的考察项目。玛雅从 1984 年就作为英国贝福特公爵的代表来到中国、住在中国，被称为"麋鹿小姐"，直至 2018 年逝世，可以说，她几乎把毕生精力都奉献给了麋鹿返回中国的保护事业。当年我为她写了一副挽联："驾鹤西去只留芳名，情系中英三十载；与鹿共舞但忆玛雅，还家之麋百年梦。"当年，她特意安排的瘦桥湿地之旅，我之前还不明白，如今却深感受益。

英国是全球观鸟运动的发祥地，在英国观鸟，感觉很棒！虽然只是半天的走访，瘦桥湿地给我留下了非常深刻的印象。这里是一处自然保护和观鸟人的圣地。据我观察，这里鸟类中最多见的就是雁鸭类。不仅数量可观，种类更是数不胜数，有熟悉的斑头雁、加拿大雁、疣鼻天鹅、埃及雁、秋沙鸭、赤膀鸭、赤麻鸭、鹊鸭、翘鼻麻鸭、红头潜鸭、赤嘴潜鸭、红胸黑雁、林鸳鸯、绿头鸭、针尾鸭、白头硬尾鸭、番鸭、火烈鸟……也有不少我不认识的、非中国分布的雁鸭类，即便有鸟种说明牌，也是英文的，我也只是一知半解。瘦桥湿地的规划很适合观鸟，湿地、林地、草地及不同生境交汇带，游禽、涉禽、鸣禽、陆禽、攀禽、猛禽依次登场，还能遇上男男女女，带着望远镜、穿戴户外装备来观鸟或带娃观鸟。

考察中，我在湿地的险要位置见到一尊雕像，就与之合了个影，只觉得他是重要人物。回国后，遇上奚志农，他看了这张照片后，告诉我，这位竟是瘦桥的创建者、运动员、画家、军人，更是观鸟者和自然保护领袖，1974—1983

笔者与斯科特爵士雕像

年任伯明翰大学校长、1962—1984 年任世界自然基金会（WWF）的国际理事会主席，大名鼎鼎的彼得·斯科特爵士，他著有《荒野大合唱》《世界猎鸟指南》《野鹅和爱斯基摩人》《非洲的动物》《一个生物学家的旅行日志》等书籍。

那座雕塑表现的是斯科特举着望远镜在观鸟的姿态。如果你还是不知道他是谁，一定听说过他父亲罗伯特·斯科特——著名的英国极地探险家、海军军官。在与挪威人阿蒙森竞争人类历史上首次抵达南极点的历程中，罗伯特的探险队不仅晚了 34 天，更是在返程途中遭遇事故，全员遇难。当时罗伯特不过 44 岁，彼得·斯科特是他唯一的孩子，那时才 3 岁。罗伯特还在遗书中叮嘱妻子一定要让孩子对自然感兴趣。

儿子果然不负父亲的期望，成为了一名鸟类学家，出于对雁鸭类的特别喜爱，于 1946 年在英国塞文河口的瘦桥这个地方创建了"野禽与湿地基金会（WWT）"。由于在这里发现了珍稀鸟类小白额雁，斯科特意识到这片湿地的重要性，后来干脆把家搬到这里。20 世纪 50 年代，他为英国广播公司（BBC）制作自然类节目，BBC 历史上第一个直播节目就是在瘦桥拍摄的，从此，他将自己对自然的热爱带入了千家万户，BBC 也由于他的带动成立了"自然历史部"。

虎父无犬子，斯科特的女儿因研究小天鹅，拿到剑桥大学的博士学位，而发现和观察小天鹅，就是父女俩在瘦桥湿地进行的。如今，我们观鸟人都知道了，小天鹅与大天鹅是两种不同的鸟，最大的区别就在喙部的色块，黄色不覆盖鼻孔的是小天鹅，黄色覆盖鼻孔的就是大天鹅。在我刚上大学那年斯科特爵士就到过中国，1979 年斯科特爵士以世界自然基金会主席的身份与中国时任国务院环保办副主任的曲格平签署协议，从此开启了国际自然保护合作的大门。

彼得·斯科特，我来到的瘦桥湿地，竟然就是你的家。

春苑水暖鸭先知

早春二月，南海子与麋鹿苑的水面基本上还封冻着，唯有苑中的饮鹿池因人工喷水而保有一泓活水，几十只野鸳鸯聚集于此，卿卿我我、"打情骂俏"，眼前俨然是一个鸳鸯湖。一只看似雌鸳鸯的鸭子——花脸鸭妹妹一直在这一带神出鬼没。隔着墙，我已拍照拍得手抽筋。其余的大部分水禽包括绿头鸭、斑嘴鸭及我们饲养的鸿雁、小天鹅、黑天鹅等。除了游禽，在这儿天天见的东方白鹳和灰鹤则属于涉禽，一对鸬鹚也是在我们这里过冬的常客。俗话说"林子大了什么鸟都有"，同理，水面大了，各色野鸭也纷纷登场。把我们麋鹿苑围在当中的南海子湿地就是以大见长的湿地公园，寒冬里，南海子二期的宽阔水面全部封冻，冰上除了能见到几只乌鸦外，空空荡荡。鹿苑之南的南海子一期水面则因再生水的不断注入，呈现半冻半化的状态，而野鸭的故事，随着春天脚步的临近便在这里发生了。

2月13日，我在围湖观鸟，在水中央，大群的野鸭多是绿头鸭、斑嘴鸭，但一个耀眼的小白点儿吸引了我的注意，肯定是某个以前没出现过的"异类"，是什么呢？我举起十倍微型望远镜仔细观察，那是一只黑眼斑的小白鸭，从色泽到个头综合判断，该是白秋沙鸭或曰斑头秋沙鸭，它还有一个很响亮的昵称"熊猫鸭"。尽管当时一只鸬鹚飞来又飞走，尽管一对秃鼻乌鸦立枝头，这天，也就是情人节的前夜。但都抵不过白秋沙鸭留给我的惊鸿一瞥印象深刻。

接下来的几日，白秋沙鸭早已杳无音信，我因听说南海子来了长耳鸮而来了三次，一无所获，却失之东隅，收之桑榆，在野鸭群中发现了普通秋沙鸭和白眼潜鸭，而且都是刚刚从天而降的。秋沙鸭带弯钩的喙部，白眼潜鸭深褐色的身影，令我在它们飞翔过程中就发现了它们的与众不同，目光追着空中滑动的光影落在水上，再认真判断出来的。由于到得太早，麋鹿苑的南门尚未打开，我只得顺西墙外的小河来回走动，谁知，却意外收获了雀鹰，手持拍鸟神器，远远地拉近，雀鹰金色的眼圈，清晰可见。

小天鹅看着罗纹鸭

2月19日又是双喜临门，先是栈道遇"大仙儿"，一只黄鼠狼叼着一条干鱼和我几乎撞个照面，幸亏我掏"枪"迅速，又拍又录，摄到这只肥嘟嘟的黄鼠狼，堪称佳作！水中沙洲，一位与众不同的水禽，貌似枯木，动作缓慢，一直也有耳闻的大麻鳽终于被亲眼见到并拍到！

2月20日是农历正月十六，一只苗条清秀的针尾鸭来到我们身边。

21日南海子湿地又像变戏法一样变出一只罗纹鸭，大自然太神奇了，它飘逸的尾羽、棕黑的头颈、浅灰的身体，在水汽微微升腾的碧水上浮动着，别提多惊艳了！

新的一天，观鸭渐入新境界，从麋鹿苑内的西侧栈道望去，一只嘴大过一般鸭子的鸟——琵嘴鸭，横空出世，这些都是我在深圳湾曾见到数量很多的水鸟，而在我们这里却形单影只，一个又一个，且多为雄性个体。几乎与琵嘴鸭同框了的一只小小的鸭子，长时间在埋头大睡，偶然动动，必须及时按快门。我在为一只雄绿翅鸭录视频时，恰有一只雌鸭入镜，令人始料未及，我还以为这里就是一个光棍绿翅鸭呢，人家也是红袖添香哟！

蜡梅，雪中绽放。麋鹿，铁马冰河。

苍鹭，筑巢引凤。牙獐，荒野奔突。

春天，真的铺天盖地般向我们扑来，"春江水暖鸭先知"，但身在江湖的我却正进入开会模式而无法守在真的江湖。25 日全天在市内开会，单位同事在微信上发布消息"麋鹿苑来了琵嘴鸭、绿翅鸭、鹊鸭、红头潜鸭……"，特别是"数十只花脸鸭被发现来到"……这简直是在拿鸭子撩我吗？于是眼看该下班了，我却逆车流而来，回到单位，健步隐入苑中。花脸鸭果然打破始终一雌的纪录，来了男男女女一大堆。美丽的花脸，名副其实。至此，我盘点了一下入春以来在南海子、麋鹿苑你方唱罢我登场的游禽：白秋沙鸭、普通秋沙鸭、白眼潜鸭、绿翅鸭、花脸鸭、针尾鸭、罗纹鸭、斑嘴鸭、绿头鸭、鸳鸯、鸿雁、小鸊鷉、琵嘴鸭、普通鸬鹚、疣鼻天鹅、小天鹅，据说还有鹊鸭、红头潜鸭、凤头鸊鷉和赤膀鸭，加上我们苑中养的，竟达 20 种！

南鸟北飞，春寒料峭，水禽迁徙，湿地歇脚。看来南海子可不是像有些人说的只是"可以遛弯儿的大公园"，而是一座富于博物学内涵的生物大课堂。

2019 年，眼瞧着进入 3 月了，作为中科院老科学家演讲团成员，马上，我就要奔南方开展科普巡讲了。3 月 2 日一早就忙，与大兴史志办的老刘谈动物。这时，单位同事又发鸟讯："南海子来了 20 多只疣鼻天鹅。"简直神兵天降，可我已经跟老母约好共进午餐，焉能不去，毕竟一走就是 20 天啊！于是中午只好放弃公餐，驱车南至榆垡，饭后又勒马北上，风驰电掣转战南海子。

遥见风波里，碧水上，几十只大白鸟，阵势恢宏！果然是疣鼻天鹅再次莅临南海子，而上一次即前年仅有一只疣鼻天鹅莅临，还是个戴环志的亚成鸟。这次可是 19 只疣鼻天鹅和 9 只小天鹅，我忙不迭地又拍又录，毕竟要出远门，赴佛山、珠海、韶关科普巡讲，无暇盯着这方湿地找水禽、拍照片了。如此大群的远方来客、大大小小 28 只天鹅的到来，竟为我的春天观鸟拍鸭之乐事，画上了一个大大的惊叹号！虽然天鹅作为旅鸟只是在此稍作停留，但如此数量众多的天鹅群聚也是南海子公园建园以来的大喜事，自媒体时代，真快意！微博、微信、抖音、头条……赶快发消息吧："南海子华丽变身天鹅湖。"

"鸟人" 捷克科普行

2019 年 5 月初，我来到捷克科普考察，作为一个"鸟人"，在这个城市成就了一段难得的异国他乡观鸟之旅。6 日凌晨抵达布满古城堡的中欧名城布拉格，先来到捷克母亲河伏尔塔瓦河，河上的桥塔雕塑鳞次栉比，河面上游弋着疣鼻天鹅、凤头潜鸭和鸥类等大小游禽，斑尾林鸽及乌鸦更是比比皆是。

布拉格占星时钟是一座中世纪天文钟，安装在老城广场的老城市政厅的南面墙上。我们不早不晚 10 点赶到，混入来自世界各地的人群，领略了天文钟鸣响时圣经人物的依次亮相和大公鸡的引吭啼鸣。

中午入住酒店，下午，步行至布拉格天文台，据说这是世界上最大的天文馆之一，可叫我看，跟北京天文馆比起来，简直一半都不到，那世界最大的之一，肯定就有北京的了。但捷克竟然是世界上人均拥有天文馆数量最多的国家，也许是因为人口少吧！绿林环绕，这个馆周边的生态环境肯定是超过北京天文馆的。

探访天文馆结束，大家回宾馆后，我便独自在天文馆周边探究鸟情，到底布拉格容易见到哪些鸟，才是我最关心的话题。初来乍到见林鸽，宾馆附近见松鸦，而此时在大公园里，见到最多的竟是我在北京没见过的栗腹䴓，大树干上，上下挪动，甚至头朝下移动，正巧还有跳上跳下的松鼠，一鸟一兽，相映成趣。松鼠就有红松鼠和黑毛白腹的魔王松鼠。

计算时差，此时又到了北京的午夜，是最令人困倦的时刻，赶快回府小憩，不料，倒头一睡就过了集合的时间，欸炊！赶快下楼与大家一起乘有轨电车出发，前往市中心，在捷克著名的肘子啤酒餐厅大快朵颐，我自然是以鱼代肉了。

5 月 7 日一早，按计划是 8 点半乘车前往火车站，但我 5 点半就醒了，倍儿精神，何不就近观鸟？一下楼，不远处，竟是鲜花簇拥的一个静谧去处——墓园。管他呢，进去兜一圈。隔壁则是昨天没逛尽兴的大公园，于是健步如飞走过有轨电车总站，走过天文馆，直奔公园腹地，忽然眼前一亮，烟波浩渺，

一　动物与人关系之思

疣鼻天鹅顾影自怜

158

云蒸霞蔚，一个仙境般的小湖，水汽蒸腾好似柔曼轻纱。湖上静静地浮着秋沙鸭、疣鼻天鹅、黑水鸡等大小水禽，有些我们平常觉得很怕人的鸟，在这儿，却目中无人一般，令我轻易就拍到了。我的相机以低平机位的拍摄方式将这仙境仙鸟一一摄入，过后才知，这里是布拉格的一个市立公园、保护小区：斯特罗摩芙加（Stromovka）公园。几天过去了，也才知道，此行的摄影佳作，今早的为最，一路上的所得都无出其右！这可都是自然状态下的野生鸟类，由此感叹：一个欧洲小国，国力不够强大、基础设施远逊于我们，生态却如此之美妙，人民幸福安逸，人与自然高度和谐。

我们的小火车在绿黄相间的原生态色调里穿行，绿色就是绿树，黄色则是大片的油菜花，不来不知道，原来油菜花景致，这里也毫不逊色。少见多怪的我们纷纷开窗拍摄，每过一个小站都别有韵味，都会有一位值班站长立正致意。中途换乘另一列火车后，中午抵达目的地——利贝雷茨，一座我从未听说过的小城，入住帝国酒店，据说还是总统来此下榻的地方。大堂音乐环绕，设

晨曦中的黑水鸡

金翅雀

停车牌上的鸲

施条件却貌不惊人。午餐时，路上竟发现天空中飞翔的一只黑鹳，我赶紧用随身携带的卡片机摄录下来，这时才知，黑鹳，中欧也有啊！

7日下午，访问此行重点科普场馆——伊科兰迪亚科学中心。科学中心负责接待我们的帅哥，作为东道主，不仅带我团一行考察科学馆，带我们上到全市制高点遥看市景，还把我们带到一处捷克乡土风味的木屋餐厅喝本地啤酒。

8日（周三）上午全面地参观考察伊科兰迪亚科学中心，而开始之前，我还以科学中心为背景，以鸟为前景，拍摄了一组美图，将拍鸟与科考地有机融合了。今天是二战胜利纪念日，到处都关门休假，我们好不容易才找到餐馆，饱餐一顿，坐上汽车，踏上转战另一城市的旅途。一路美景一路歌，傍晚抵达奥洛莫乌茨，一座人口仅十万的小城市，入住于城市警察局隔壁，更与一座公园相邻，岂不乐哉！

9日（周四）转眼考察的日程已经过半，从昨晚到今晨，细雨蒙蒙，乃是此行欧洲遇到的第一场雨，再想早起也没用，出去就会淋湿，只得在宾馆房间里凭窗观鸟。不料，竟发现对面树梢上，有一只小鸟对我欢叫，还不认识，赶忙拍下录下，回来一问才晓得，是红颊金翅雀。我的记录又增加了！

上午，举伞步至帕拉茨基大学科学中心，这是一座拥有200年历史的二层老房子，展览内容虽凌乱但有趣，特别是古装引起我们的好奇和参与诉求，角色扮演具有强烈的代入感。

下午的安排是孔子学院，如回家中，因为院长陈忠是一位地道的中国人，爽朗健谈，大家相谈甚洽。

火车夜返布拉格，完成捷克科普行。

独角剧剧本：对地球的贡献

黑猩猩主持：欢迎来自世界各地的动物代表，本次动物联合国大会的主题是"我对地球的贡献"。下面请各位动物代表上台发言。

大灰狼：我是一只来自北方的狼，在草原上奔波，在山谷中游荡。我一发现年老、体弱、有病的动物，便奋力捕杀，这样，既控制了草食动物的数量，又优胜劣汰地保障了它们的质量。这就是我——狼的贡献，对不？

大家：同意！

小鸟："春眠不觉晓，处处闻啼鸟。"我是小鸟，我的歌声为世界带来美妙，我的存在使虫害减少，这算不算贡献？

大家：算贡献！

猴子："我们我们猴子，爱吃爱吃桃子……"我们吃进去的是果子，拉出来的是种子。我们四处野跑，一不留神就为植物扩散做了贡献。

大家：算贡献！

蛇：我被称为长虫，其实我是爬行动物，我的主食是耗子，我存在一天，耗子就不会泛滥，这算不算贡献？

大家：算贡献！

青蛙：呱呱，"蛙满塘，谷满仓！"我一年食虫至少上万，保护了庄稼、帮助了人类，算不算贡献？

大家：算贡献！

猫头鹰：我被称为夜猫子，因为我是夜行鸟类，我专吃耗子不吃别的，算不算贡献我才不管。

大家：当然是贡献！

人类（傲慢状）：各位代表，我是人类，要算动物嘛，也得加上"高级"两个字，我们的贡献无与伦比，我们的影响空前绝后。我们每分钟能砍伐30公顷森林，每分钟能排泄85万吨污水臭水，每一天净增的人口达25万，我们能利用手中的先进技术把海中鲨鱼、金枪鱼捕捞得所剩无几……我们能让江河断流，我们能让高山低头，我们已经发明了成千上万的化学产品，我们还制造了成百上千颗核弹头，我们已灭绝了数以千计的野生物种，我们每年还在杀死上百亿头的野生动物……我们……

所有动物：无耻！残暴！谋财害命！

黑猩猩主持：镇静，大家镇静。一个一个说好吗？

鲨鱼：我先说，作为软体鱼类，我们鲨鱼在地球上进化了4亿年，虽是食肉动物，可我们被称为海中清道夫。可是人类为了喝鱼翅汤，便污蔑我们是最危险的动物，大肆捕杀，真是欲加之罪，何患无辞。

老虎：人类说什么老虎吃人，可如今地球上的老虎几乎快被人类给吃光了。

天鹅：人说癞蛤蟆想吃天鹅肉，可真正杀我们的不是癞蛤蟆，而是人类，只有人类才会枪杀我们，害得我们妻离子散、家破鹅亡。

狐狸：人说，狐狸再狡猾也斗不过好猎手，其实最狡猾的还是他们人类，只有人类才会设陷阱、下毒药，真是巧取豪夺，机关算尽啊！

麋鹿：人类管我叫麋鹿，我们当中的一些同伴因为误食塑料袋而死，人类还说我们傻，哼，他们自己不傻呀，污染了水还得喝水！污染了食物，还得吃饭！污染了空气，还得喘气……还管我们叫麋鹿，我看他们才是真正的迷路！

大熊猫：都知道我最爱吃什么吧？对，竹子。但知道我属于什么类动物吗？食肉目动物。咋吃起素来了？原来在演化进程中，由于可食之肉越来越少，也不能眼瞧着饿死啊！为了延续种群，我们祖先毅然决定，逐渐改以竹子为主食了。我大熊猫尚能改弦更张，人类为何不能迷途知返呢？

黑猩猩主持：好，好，今天先到这里，你们看人类已有悔改之意，而且已经提出了环境保护、生态文明、绿色发展。

人类：我们还提出过控制人口呢！

黑猩猩主持：对，还有控制人口，人类提出得很好，是真是假，让我们拭目以待，看他们的行动，怎样？

众动物：对，是真是假，就让我们拭目以待，看他们的行动吧！

二

巡讲不止
笔耕不辍

湘西遇寿带

2020 年 9 月 3 日，科技列车即将出发，开往湖南省怀化市。届时，来自全国各地的农业、林业、地质、气象、生态环保、防震减灾、医疗卫生、科普等方面的专家，以"科技抗疫创新驱动"为主题，重点在怀化各基层区县开展一系列科技服务和科学普及活动。

回想 2013 年，我也曾有幸参加了科技列车湘西行，"科技列车"是科技部多年来实现科技科普下乡的著名品牌，我参加了中科院的科普演讲团、参加了中国科协的"大手拉小手"巡回演讲，可就没有机会参加科技部的这个活动，此行是在科技部农村中心工作的一位民革党员的力邀下成行的，不料竟实现了"中科院""中国科协""科技部"三大"科"字头的大满贯。

2013 年 5 月 17 日，我们上百名来自各行各业的专家学者齐聚北京站，登上了北京至吉首的列车，两天后大家分别下乡。令我窃喜的是，给我安排住宿的地方虽很偏僻，是位于湖南省西部、湘西土家族苗族自治州东南部的泸溪，但这里山水毓秀、人杰地灵，是中国盘瓠文化的发祥地，是屈原流放期间的栖住地。我还慕名渡江登上橘颂塔。这里还是沈从文解读上古悬棺之谜的笔耕地，让我讲课完全驾轻就熟。最令我激动不已的还是观鸟，在沅江之畔的铁山河大桥附近，我们见到了著名的、却从未奢望见到的名鸟——寿带。

19 日午后，讲完课，我独自在沅江岸边观鸟，就像看一台完整的剧目，先是见到几种鹡鸰：白鹡鸰、山鹡鸰，几种鹎：白头鹎、红臀鹎，还有鹊鸲、伯劳、白鹭、乌鸫、大山雀等，特别是白眉姬鹟，下身鲜黄的颜色，令人眼前一亮。

我顺着沅江的堤岸一直向落日的方向走着，江边偶尔有些洗衣的、遛弯儿的、约会的，很是悠闲。而就在这看似无所事事的杨柳岸上，我见到一只相貌怪怪的、我完全不认识的鸟，她的体态如同白头鹎，棕色的羽毛，灰色的腹毛，略有冠毛，还是蓝眼圈。正在心里嘀咕是啥鸟时，其伴侣的出现使我豁然开朗，一只身体欣长、尾羽更长的鸟翩翩而至——啊，是寿带，在各种雀

翩翩而至的寿带鸟

鸟中，尾长能在身体三倍以上的鸟实在罕见，寿带正是因此而得名。我观鸟多年，对寿带早有耳闻，只是无缘见到，此次来到湘西泸溪，也未曾想到能见到这种如此稀罕、如此有名的鸟，就在这不经意中，我与寿带幸福地相遇了，但见那美妙绝伦的雄性寿带，飘逸地飞来飞去，时动时静，或

列车上的相聚，左一为科技部农村中心胡熳华

与雌性追逐嬉戏，或在树梢之间表演飞行技巧，蓦然，那看似尾大不掉的雄鸟捉住一只蜻蜓，叼在嘴上，还飞来飞去。我如醉如痴地欣赏着，不紧不慢地拍摄着，这对寿带似乎根本没把我放在眼里，既不回避，也不惊恐，为我上演了一幕黄昏鸟之恋。可惜我独自观鸟，身旁没有伙伴分享快乐，也无法跟路人显摆，否则人家会以为我是神经病，真应了柳永词所描述的"便纵有千种风情，更与何人说"。

波兰科普行日记

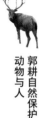

2019 年 5 月 10 日

即将离开捷克的早晨，在布拉格国际机场，出境以来首次购物，买下几只带有鼹鼠图案的搪瓷杯给家人，买下几个捷克著名的木偶道具给自己……为我的科普剧添置了狼、狐、鼠 3 种角色，说是给自己，实际上是为了我酷爱的科普事业。

一架螺旋桨飞机腾空而起，从捷克布拉格飞向邻国波兰首都华沙，中午就到了。一踏上波兰的国土，我情不自禁哼起了《华沙工人歌》，该不是又暴露年龄了吧！入住于华沙洲际酒店，选择了一个中餐馆，心满意足地读着熟悉的菜名，有一种宾至如归的感觉，其实只是到了另一个国家。

下午参观哥白尼科学中心，算是此行的最重要的科普单位之一，毕竟此行的受邀目的就是参加"哥白尼科学节"。

傍晚，哥白尼科学中心的工作人员塞扎里，一位"云髻高绾"的金发小伙子，带我们来到一个希腊风味的酒吧饭馆，参加 14 国代表的冷餐会，食物随意取，啤酒敞开喝。波兰东道主作为主持人介绍来自各国代表，简单致辞后，大伙便进入大快朵颐的节奏。这是个户内与室外自由串游的场合，端着酒杯随便走，我发现周边飞来飞去的紫翅椋鸟、家麻雀比比皆是。

2019 年 5 月 11 日

尽管今天是出国以来最重要的一天——正式推出展览！但习惯早起的我还是信步来到马路对面的小树林。紫翅椋鸟恰恰处于繁殖期，人工巢箱都被它们利用上了。我便轻易地拍到了这种椋鸟来回衔草的图片和视频。

8 点准时抵达位于华沙国家体育馆的"哥白尼科学节"举办地，不知是因为各国的体育馆都长得很像，还是曾是一个阵营的国度，在这里工作有些似曾相识的感觉，唯一异样的是，在我们展棚不远处，有两只狐狸钻出洞穴，我第一反应就是，快掏相机！可惜还没来得及拍摄，狐狸们就消失得无影无踪了。

是啊，我们的城市环境哪能轻易遇见野狐呢？

在这次哥白尼科学节上，我们麋鹿苑与北科院各有一个展棚，而多数国家是一国一个展棚，我发现对面展棚是以色列的，我们比邻相望，相处友好，他们所展示的是科技类的互动项目。

养兵千日，用在一时，我与麋鹿苑展览部的同事筹备了多时，经过充分考虑，选择既好带又有特色，且便于展示的展品、易拉宝展布（而非展板，且去掉了沉重的架子），还有一些折页、简介、手绢等纪念品，还有仿古画轴（体现麋鹿苑所在地历史的大清皇家鹿苑的古画）。

8点半，我在波兰同事Agata——一位清瘦的戴眼镜女孩的协助下，迅速完成布展，但直至上午10点才开始上人。我此行的团长刘副院长身怀绝技，亲笔手书"鹿"字的几种小篆，这样，十块展布、几幅古画、中英文双语折页、加上"鹿"字中文的演化故事，就构成了我们展览的主旋律。

俗话说："手里没有米，鸡都招不来。"面对纷至沓来的小朋友及家长，我将昨晚准备的一套魔术"毛巾变烤鸭"演示给波兰大小朋友们看，妙趣横生的戏法引起了人们的注意，麋鹿苑展棚前一时门庭若市。

而利用刘院长写的鹿字演化：我通过波兰文（都认识）—英文（都认识）—中文简体汉字（不认识）—繁体汉字（不认识）—古汉字（似乎认识）—更古老的甲骨文（象形文字，大家似乎都认识）展示了"鹿"字的演化，这时，奇迹发生，洋人竟然能认得中国古老文字——"鹿"了。

看展览、赏古画、起名字、变戏法……忙得不亦乐乎。最后带去的古画又作为特别高贵的礼品送给了科学节的首席执行官（CEO），一举两得。黄昏时分，展览临近结束，展布也送给了波兰科学中心的同事，丝毫没浪费，毫无违和感！

对我来说，这是首次境外办展，颇有感慨，事先的充分准备，十分必要！但提前想象的，未必都适用，临时发挥的，却可出奇制胜。从科普的角度小结一下，就是要因地制宜，发挥优势，中外跨界，老少皆宜，见机行事，入境随俗，扬长避短，深入浅出。

会师、会师、会师

"有缘千里来相会"，会师，自古以来就是我们生活中的一种绝佳境界，而一日之内感悟几种会师，则是一件足以令人喜出望外的事情。2010 年 6 月 12 日，我们大兴政协常委读书班千里迢迢来到位于四川省阿坝藏族羌族自治州松潘县川主寺镇的红军长征纪念碑前，体验红色之旅。

这是当年中国工农红军一、二、四方面军的长征会师之地，松潘是红军长征过草地的地方，也是红军长征期间驻留时间最长的地方。红军在长征中召开过 5 次政治局的重要会议，其中两次是在这里召开的，即沙窝会议和毛尔盖会议。这段绝处逢生、波澜壮阔的历史，在由邓小平同志题字"红军长征纪念碑"的川主寺碑文上有着翔实生动的描述：

郭耕自然保护随笔
动物与人

168

> 中华民族，上下五千年。千古江山，英雄辈出，惟万里长征，举世无双。中国工农红军，不畏远征艰险，受命于危难之际，转战于生死之间。遵义会议，转危为安。凌厉万里，逶迤千城，前仆后继，披肝沥胆。任雪山莽莽，任草地茫茫，跨万水千山，伴月冷星寒。汗飞三江水，血染九重山。纵横神州十一省，长驱两万五千里。胜利会师，铁流三万，悲壮历程，天惊地撼。中华威，民族魂，创一代天骄，垂万代风范。
>
> 历史播迁，春秋迭易。五十年后，中共中央决定，建碑于松潘。彪炳英烈，昭示后人。古松潘方圆千里，叠嶂重峦，玉嶂参天。三路红军，同征此间，爬雪山，过草地，战包座，打塔山，确立北上方针，奔赴抗日前线。在此建碑，旨意深远。……

无独有偶，就在当年三支红军队伍会师的地方，我们也遇到三支（至少三支）成都军区军演的车队在此交会。那战车隆隆、铁流滚滚的威仪扑面而来，山路弯弯、戎马倥偬，军车来来往往，兵器交相辉映，甚至我们的大轿车还时不时被混入标有"铁拳师"的迷彩军车队列之中，荷枪实弹、英姿勃发的军人就在眼前，开赴军演前线的各色战车包括勇士吉普、猛士战车、伙食车、医疗车、通信车、工程车、加农炮车、越野指挥车等，令大家目不暇接、眼界大开，令人想起 2009 年国庆节在天安门观看阅兵式的情景。黄昏，各路军马纷纷扎营，会师于当年红军会师的川主寺红军长征纪念塔之下。纪念塔矗立在古镇高处，塔顶是一位红军战士一手举枪一手举花的雕塑。

也许是命运的安排，非常凑巧的是，在此时此地，我竟与 20 年前的一个老朋友小苏久别重逢，在红军长征纪念塔下"会师"了。1993 年我在松潘的岷山雪宝顶一带进行野外考察。当时，中美合作主要考察的动物是一种叫绿尾虹雉的珍禽，刚刚从部队复员返乡的小苏是考察队的向导和伙夫，山高路险、风餐露宿，我们克服一个个艰难困苦，度过了一个个寒暑昼夜，虽然在两年间仅仅共同工作了数月，但这患难与共的历程使我们建立了深厚的感情。后来他曾来京谋生，世事艰难，历经多年坎坷，最终没能落脚，他还是明智地选择了还乡发展。这次看到他和妻子共同经营的店面，真为他的安居乐业而高兴。

记得那时三十出头、喜爱流行歌曲的我，最喜当时家喻户晓的李春波的《小芳》，恰在松潘的小河村即小苏的家乡，还真的有位叫小芳的姑娘，令人芳心萌动。每当我唱到"多少次我回回头看看走过的路，衷心祝福你善良的姑娘，多少次我回回头看看走过的路，你站在小河上"，原词应是"你站在小河旁"，我总是错唱成了"站在小河上"，小苏就笑话我："本事不小啊，成神仙了，还能站在小河上。"

更需要介绍给大家的是，松潘乃是一位著名诗人曾经生活过的地方，就是唐代的女诗人薛涛。但凡某地的文化历史跟某个有作为、有名望、有才华的人物相联系，便使该地的人文蕴含厚重了许多，容易使人产生别样的联想，甚至这里的"一草一木都关情、一鸟一兽皆知音"。本次重来此地，我对声声入耳的风声、雨声甚至鸟声，无不感到亲切。相思肠断的人儿，渴望会师的人们，无论是"朋自远方来"还是"他乡遇故知"，会师乃是一种美好的境界，古今皆然，就让我以薛涛在松潘创作的这首《春望》作为本文的结语吧：

> 花开不同赏，花落不同悲。
> 若问相思处，花开花落时。

奥运城市大众行，观鸟、险渡崇明岛

2008 年是奥运之年，我有幸作为一名环境教育工作者，随环境保护部宣传教育中心与大众汽车集团合作开展的"畅想绿色未来奥运城市之旅"活动，偕同奥运冠军陈静、杨凌、楼云等，还有奥运火炬手、奥运技术官和奥运礼仪官员等众专家及媒体朋友组团，在北京、天津、秦皇岛、沈阳、上海、青岛、香港 7 个奥运城市，依托当地绿色学校的平台，进行奥运巡讲活动。从 3 月份到"五一"，几乎在一个半月里就跑这么多的地方，差不多每周飞一个城市，可算是我有生以来外出最频繁的一段时间了，紧张而精彩，充实而愉快。

在相继走过了北京、天津、沈阳等奥运项目举办城市之后，2008 年 4 月 7 日，我们来到了作为奥运会足球分赛场的上海。由环境保护部宣教中心焦志延主任、大众汽车集团（中国）公关及传播部总监杨美虹女士、两届奥运会射击冠军杨凌、奥运礼仪专家李柠女士、环境科普教育专家周又红及我组成的巡讲团，将把环保和奥运理念带给上海育才中学及上海崇明岛三烈中学的师生们。

4 月 7 日晨，巡讲团一行从北京飞往上海，再从虹桥机场驱车前往育才中学。演讲之后，与杨凌、李柠合影道别，又马不停蹄地离开上海市区，前往码头换乘快船，下午，劈波斩浪过长江，约一个小时登上了难得一到的崇明岛。一天的旅途，用环保局焦主任的话说就是"海陆空，全领教"。

第二天一早 6 点多，我习惯性地起来，走出宾馆，沿马路随意观光，更兼观鸟。尽管是在岛上，可县城街道布局与内陆无异。倒是见到了几种我在北京不太容易见到的鸟：八哥、白头鹎、黑头蜡嘴雀，还有白鹡鸰、树麻雀、金翅雀、珠颈斑鸠。尤其是白头鹎，普通得像我们的麻雀一样，随处可见，随耳可听。

我一个人"暴走族"般地在崇明县城大街上疾步而行，经崇明水务局、环保局、寒山寺、生态餐厅、生态岛、明清书院、瀛洲公园，最后，穿过公园，眼前一亮，竟到达了长江入海口的防洪大堤。天光水影，一望无际，可我实在说不上这里是海还是江，说是海，水是浊的，说是江，又看不到对岸。沿堤的

绿色演讲崇明岛，奥运东风促环保

风能与太阳能结合的灯杆，令人感受到这里无处不在的生态思维，我称誉这种路灯设施为"风光无线"。沿堤坝而行，遇到崇明岛标志性的巨石，便在书有"崇明岛"3个字的巨石前留了个影。

其间，除了寥寥几位晨练的长者，到处都很寂静，盈耳皆鸟语。所以，我在三烈中学讲课时说，崇明岛有"春眠不觉晓，处处闻啼鸟"的浓浓诗意。上午，前往三烈中学的路上，崇明县环保局汤局长携崇明岛地图向焦主任做介绍，汽车在东西长约76千米的崇明岛上奔驰，一马平川，油菜金黄，根本没有身处海岛的感觉。

在上海崇明岛的三烈中学上观鸟课，我十分开心，不仅有意义，而且有意思。特别是在以生态定位、有东滩湿地鸟类保护区的崇明岛，尽占"天时、地利、人和"之便。按照大众为媒体预备的新闻通稿所说，上海拥有世界最大的原生态湿地——崇明岛东滩湿地，面积约为20平方千米，作为大众汽车"畅想绿色未来奥运城市之旅"的重要巡讲内容，如何保护湿地、保护鸟类将成为上海之行的最大亮点。的确，我讲完课，与《竞报》记者顾静在校园里参观，仅一棵树上就见到三种鸟，不愧是国家级的绿色学校啊！无疑，此行讲座的特色就在于观鸟。

回想近日，在天津，我带领六纬路小学的孩子们做了"农药富集"环保游戏，次日在校长论坛讲"生态文明"。当然，所住的百年老店"利顺德大酒店"也颇令人难忘。在沈阳，为大东区205小学表演环保独角剧，次日在校长论坛上依旧讲生态文明和表演独角剧，并产生轰动效果。我还忙里偷闲地参观了沈阳故宫，这真是意外收获啊！

上海之行的独到之处在于崇明岛，而崇明岛最令人难忘之处，其实并非在于观鸟，而是乘船。按照计划，午餐之后我们一行即应返航，可是，从码头传来消息，水面风浪太大，快船禁发，16元一张的渡船船票也停售了。我们无奈地在酒店等候，忐忑不安。下午2点钟忽得放行的消息，风大雨急，浊浪滔滔，我们在大众的公

↑笔者在刻有"崇明岛"的巨石前留影
↓笔者与奥运冠军杨凌合影

关经理红梅的率领下，逃亡般地奔向码头，唯恐被滞留于天涯孤岛。待大家一头湿发、一身雨水地坐进返沪的轮船中，宽大的渡船缓缓启动了，后来听说，傍晚就刮起了8级大风，难说几天才再放行，真是有惊无险呀！

不经历风雨，怎能见彩虹！此时的巡讲团各位，似乎成了劫后余生的难兄难弟，纷纷拍照，将惊险的一刻、动人心魄的瞬间记录下来。

奥林匹克所要彰显的就是一种团队精神和凝聚力量，大家互相鼓舞，协作渡过难关，在奥运巡讲的旅途中，有幸与数名奥运冠军零距离接触，体味奥运真谛，克服鞍马劳顿，切身体验了"我参与、我奉献、我快乐"的精神内涵。

郭耕自然保护随笔
动物与人

德国慕尼黑考察鹿项目

2008 年的 11 月下旬，虽已入冬，北京的气候还是很温暖，北京麋鹿苑的"鹿类博物馆考察团"因"5·12"地震及北京奥运会等特殊情况一再延迟，到此时终于成行了。考察团由北京科技研究院、北京麋鹿苑博物馆的专业人员及一直帮助双方牵头和翻译的原住德国多年的李先生等人组成。李先生在慕尼黑工作了 9 年，德语十分娴熟，堪称德国通，他的加盟使我们此行感觉非常踏实。

2008 年 11 月 23 日中午，一行 5 人登上民航 CA961 客机，一路西飞，飞越乌兰巴托、伊尔库茨克、莫斯科……我感觉其中主要的航程是在俄罗斯的上空，凭窗鸟瞰大地，莽原、河流、雪山、湿地，尽收眼底。每次乘飞机我最喜靠窗而坐，既可观景，还能拍照，尤其是这次在黄昏向西飞更为有趣，几乎是追着太阳走，在北京时间晚上 9、10 点钟的时候，飞过乌拉尔山，进入东欧平原，但见大片湿地，也许这就是当年苏联卫国战争中德军陷入过的泥沼之地，之后是皑皑白雪，继而，灯火点点，接近本次航行的终点慕尼黑时已是北京的半夜，德国时间却是下午 6 点。验关入境，迎面一位高大挺拔的老人，也是我们此行要拜见的——奥斯瓦尔（Christian Oswald）先生前来迎候我们了。

踏上德国的土地，气温在 0℃以下，空气清冷且周遭安静，全然没有北京的那种人声鼎沸。30 分钟后抵达宾馆，德国时间 8 点多钟即睡下，因为已是北京的后半夜了。当地时间凌晨 2 点就醒了，外面还很黑，却辗转无眠，毕竟北京时间已是上午 9 点。给国内打电话，人家在开会，可我们不得不咬咬牙继续睡觉，否则，德国人民不答应。

慕尼黑，位于德国南部的巴伐利亚州，面积占全国的 1/5，人口约 1000 万，占全国的 1/8，国内生产总值占全国的 1/6，比中国一年的总量稍微少一点，一些高科技产业、新兴电子产业、汽车工业等如宝马、奔驰的总部均在此地。我们在慕尼黑奥运场馆留影，不远处就是宝马的总部大厦。

到达德国的头一天上午，踏雪前往慕尼黑郊外的恩格盟，拜会奥斯瓦尔先生。他家的木质大宅子像个大牛圈或草料库，简约质朴。我们先在墙上布满动物头角的会客厅交谈，之后便迫不及待地参观他的私人收藏。打开一层的一个车库，迎面一副高约 3 米的巨大鹿角令我眼前一亮，爱尔兰巨角鹿是已知的世界最大的鹿。巨角鹿下方为一个兔子大小的标本——鼷鹿，为世界现存最小的鹿。藏品中"鳞次栉比"的狍子角，各种各式的畸形角，令人大开眼界。两张黑白老照片吸引了我们，奥斯瓦尔为我们讲述了发生于百年之前的一个猎人的故事：一个猎人误杀了公爵领地上的一头马鹿，公爵本可处决他，猎人向公爵写了一封忏悔书承认了错误，于是公爵宽恕了他并接纳他成为了自己的属下。

↑ 参观鹿类博物馆
↓ 在慕尼黑奥斯瓦尔的鹿类博物馆考察宿氏鹿等藏品

　　上到二楼，大型鹿角比比皆是，驼鹿、马鹿、白唇鹿、坡鹿、驯鹿、梅花鹿，甚至灭绝了的宿氏鹿也被收藏其中，一件件藏品，一个个故事，这位年近八旬的老人把我们带入一个猎人时代，作为一个毕生热衷收藏和猎取鹿类等动物的猎人和收藏家，他已经把自己的衣食住行都融入了与鹿共舞的境界中。通过对各地鹿角的对比，如，同是马鹿，北美、北亚、北欧各地的都颇有差别，他阐述着自己对鹿类动物的进化与分类上的独到观点，特别是对中国鹿类的偏爱之情，溢于言表，甚至能把一些诸如"麋鹿""马鹿""狍子""白唇鹿"的名称用中文表述出来，当你说出一句"麋鹿"，奥斯瓦尔会孩子般地接上说"麋鹿，麋鹿"。在美、俄、中三国竞购的情况下，他选择把这批藏品优先卖给我们中国，也是因为他强调，中国是世界鹿类的起源中心之一，而拿这批数以千计的鹿类藏品与麋鹿苑合作建设世界鹿类博物馆，则是因为麋鹿苑的主题鲜明，空间开阔，而

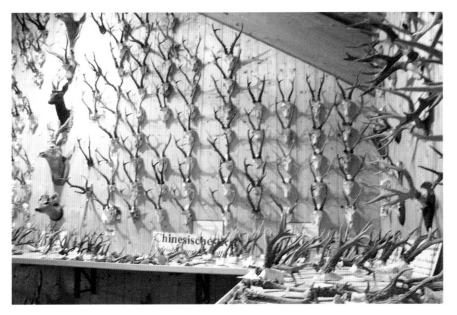

鹿类博物馆的鹿角藏品

且我们与奥斯瓦尔有同样的爱鹿情结。漫步慕尼黑及附近的名胜古迹，在很多建筑上，都能见到与鹿相关的艺术形象。

北京麋鹿苑是昔日皇家猎苑的核心地带，奥斯瓦尔的家乡巴伐利亚也是森林密布，马鹿、狍子出没，是允许有序猎取，而非乱捕滥猎的地区，我想，奥斯瓦尔之所以有如此深厚的鹿情结，是与当地浓重的鹿文化分不开的。出人意料的是，还有比"鹿"文化更深远的根源，奥斯瓦尔赠送给我们考察团一件特别的礼物：一柄微型鹿角。这是 1600 万年前产于巴伐利亚的"兔马鹿"的角，这种微型鹿就分布在慕尼黑方圆 60 千米的范围内，比现存的世界最小的鹿——鼷鹿还要小得多。

在奥斯瓦尔 2000 多件的鹿类私人收藏品中，绝大多数是各种鹿角，也不乏与鹿相关的民俗、宗教、艺术、器具藏品。他家楼下的鹿骨、楼上的鹿皮无不令人眼界大开，可以说，这些藏品的丰富程度和珍贵程度是世界上独一无二的……由此，他一开价就上百万美元，可谓价值不菲。

为了迎接我们的到来，奥斯瓦尔提前在他家的道口竖立起两面旗帜：一面是巴伐利亚州旗，一面就是我们中华人民共和国国旗。在异国他乡看到鲜艳的五星红旗迎风飘扬，包括有一天见到德国的一家中餐馆墙壁上挂着五星红旗，我们都情不自禁地去留影。在奥斯瓦尔竖立国旗的旁边，有一座教堂，这是我平生第一次见到以鹿为主题的教堂。使我百思不得其解的是：作为一名猎人的奥斯瓦尔，是如何看待杀戮与保护的？他为什么在狩猎生涯中还致力于野生动物的保护？如野马放归蒙古就有他的努力和付出，他与中国野生动物保护的许多学者、专员都有紧密联系，在1985年曾赠送给中国5匹野马并包付了5万马克（当时1马克约合人民币10.79元）的运费。最令他伤怀的一位中国人英年早逝，他的忘年交——郭方正先生，郭先生曾在德国留学，又屡次陪同奥斯瓦尔出生入死，是出没于中国西部崇山峻岭的专业工作者。

从20世纪70年代，奥斯瓦尔就屡屡到中国，参加广交会、从事畜产品贸易及奔赴西藏、新疆、内蒙古、宁夏、青海、黑龙江等地开展狩猎活动。如今，年事已高的他，几乎不能再去野外，甚至不宜长途旅行了，包括此次我们到达德国，他正处于住院治疗阶段，保健医生一直跟随左右，晚上又回医院，甚至午餐后因过于疲劳，还得小憩片刻。可老人高大的身影一出现，便是一副步履坚定、谈笑风生的样子，特别是当我们提出，想看看他的枪时，他慨然应允，带我们下到位于地下室的枪库，打开枪柜，把双管的、单管的、小口径的……各式猎枪一一展示给我们，并摆出射击姿势让我们拍照，那"老夫聊发少年狂"的可爱姿态，使我感觉这位戎马一生、闯荡江湖的老人，虽还志在千里，也已是伏枥老骥了。他是外国人，却是一位颇为古典的、具有骑士遗风的人，奥斯瓦尔的骑射生涯，不禁令我想到唐代诗人令狐楚的名作《少年行》：少小边州惯放狂，骣骑蕃马射黄羊。如今年老无筋力，犹倚营门数雁行。

虽然谈论双方合作的事已经一年有余，但到了德国，到了奥斯瓦尔家，实地考察后，我们才深切体会到未来的这个鹿类博物馆的别样风格与特殊内涵，需要引进的不仅有大量藏品等硬件之物品，连带而来的，更应包括这些藏品背后的故事、传说及知识等软件的信息。在双方签署的意向书中，我们也都表示，将尽最大诚意推进合作进程，甚至设想，应在这个鹿类博物馆中，设置一个古朴的猎人小屋。

在德5天的其他行程包括慕尼黑—奥运场馆—纽芬堡—新天鹅堡；斯图加

特—自然博物馆—海德堡，法兰克福—自然博物馆—市政厅—圣诞商铺—美因河大桥），到机场，返京。

虽然出现全球范围的经济大萧条，虽然距圣诞节还有好几周，但这里的圣诞气氛已然十分浓烈。熟悉德国事务的李先生一再感叹，尽管经济受到影响，甚至宝马、奔驰都将停产一个月，可这"节"还得过啊！他不仅一路指导我们观光考察，还介绍了很多有关德国的风土人情。

从巴黎赶来的导游兼司机小李就更神了，他并未到过我们此行的所去之地，却娴熟自若地驾车一一抵达，何以不会迷路？全凭车上的一架电子导航设备，出发前设定出发地和目的地，显示屏就进行自动导航了。临离慕尼黑，他开车路过安联球场，即德国著名球队拜仁慕尼黑队的主场，这是一座膜结构的建筑，外墙可以发光变色，凭窗望去，好似一个巨大的橡皮艇，非常壮观。记得在德的最后一天，他问我，知道马克思的故乡在哪儿吗？我只知是德国，实在说不详细，一问才知，是在德国的特里尔，据说这是中国游客大批光顾的地方，且已成为拉动当地经济增长的重要因素。

中国崛起，这个现象肯定是马克思始料未及的，在他逝世 125 年之后的 2008 年，以美国为首的西方世界爆发的金融危机，几乎蔓延到整个资本主义社会，而这似乎又全在马克思的意料之中，因为马克思曾预言，以疯狂赚钱为目的的资本主义迟早会陷入周期性的经济危机。因此，经过一个多世纪的沉寂，《资本论》开始畅销，2008 年，《资本论》在德国的销量是 1990 年的 100 倍，很多人成为马克思的粉丝，还有人要为之拍电影。目前，德国许多大学开设了《资本论》精选课，甚至有人把这部鸿篇巨制作为圣诞礼物送人……这些都是我听说的。

一天晚上，当我们在慕尼黑的一家中餐馆吃饭时，窗外白雪皑皑，有德国小孩玩闹时不断向店窗投雪球。据说，他们是看见这时中国人开的餐馆还有生意，还能下馆子吃饭，生气呀！我想，这算什么呀！如今，在国内，俺们普通老百姓下馆子吃顿饭简直是稀松平常，小意思了。有时我思忖，出国展示中国风采也应算是爱国主义教育的一种啊！

天鹅洲：陆上麋鹿水中豚

2008 年 7 月 8 日下午，湖北石首麋鹿自然保护区的越野车来到洪湖，将我和徐大鹏老师及《湖北日报》的记者小杨、省环保宣教中心干部小陈接到石首的新厂镇宾馆住下。我们工作心切，希望能马上见麋鹿，于是，大家马不停蹄地到达保护区。我是第二次来湖北石首麋鹿自然保护区，因为这里的麋鹿都是来自我们北京麋鹿苑，所以，每次来这里都有一种探亲的感觉，见到保护区温华军主任等工作人员也感到特别亲切。没隔几年，保护区发生了显而易见的变化，博物馆开放了，土地权属问题解决了，隶属关系理顺了，资金得到进一步落实，温主任还被评选为"感动石首 2007 年度十大人物"。看来，这些年，各级政府对自然保护事业的支持力度在不断加强，保护区的同志们工作也非常努力，卓有成绩。

次日上午，湖北石首麋鹿自然保护区"湿地文化、环境教育"科普讲座在石首麋鹿博物馆的大型会议室举行，之前，湖北电视台记者还对我们的"湿地先锋"教育行动做了专访。石首市位于长江以南，渡江而来的数十名石首市文峰中学的学生列队进入麋鹿博物馆，教育局、环保局、林业局及石首市委宣传部门的同志组织的记者也相继到达，于是，我的讲座"湿地文化探悉"在我们的天鹅洲湿地保护区，即在昔日的云梦泽，开讲了。讲座之后，大家还就如何开展活动进行了交流。说心里话，对我而言，此行最特别、最难忘的经历是在这天下午，白鱀豚保护区的龚成先生带我们沿天鹅洲长江故道，乘舟之行。

下午，阳光明媚，长江故道天鹅洲一派寂静。我们来到白鱀豚保护区的码头，见到一艘写有"护豚"的大汽艇及一艘小快艇都静静地漂浮在水面上，我知道动用机动船轻松而迅速，但其噪声必将打破这份宁静，龚成先生似乎看透我的心思，找来了一位姓丁的渔民。老丁是渔场场长，面容清癯而干练，指问为什么不开机动船，龚成说是有故障了，他便操起双桨划过一条单薄的小船，简直是一叶扁舟。

我们 4 人纷纷踏上他那晃晃悠悠的小船，随着老丁节奏有力的划桨，小船轻盈地划过水面，直奔江心。这是一个从地图上都可以看到的长江牛轭湖，曾经作为千帆竞发、渔歌互答的长江主航道，如今，随着 20 世纪 70 年代长江的改道，特别是为了白鱀豚的保护，专门用于自然保护，所以，只有少量的渔船，周围更没有厂矿污染和开发行为，我为中国乃至世界有这方净土、这汪静水而欣慰，甚至惊讶。

　　除了双桨的吱呀作响和水花溅落的声音，水天一色，万籁俱寂，白云在蓝天上慵懒地飘浮，对岸的水牛在懒散地吃草或泥浴，牛背鹭高傲地站在水牛们的背上，一黑一白，相映成趣。远村偶尔的鸡鸣和四声杜鹃在绿树深处的啼叫，反而愈加衬托出周遭的幽静。没有烟尘、没有噪声、没有挥之不去的汽车发动机的轰鸣，甚至全然没有了机动船，面对此情此景，能不"劳歌一曲解行舟"？于是，我情不自禁地为渔民老丁唱起了山歌，其实就是唐代大诗人柳宗元的一首《渔翁》：

　　　　渔翁夜傍西岩宿，晓汲清湘燃楚竹。

　　　　烟销日出不见人，欸乃一声山水绿。

　　　　回看天际下中流，岩上无心云相逐。

　　吱呀作响的小船还在划向天鹅洲的深处，当我们对今天的安排赞不绝口时，龚成说："别说你们，连我都很久没乘这样的小船了。"看来，现代人是越来越无福享受大自然的宁静和安详了。忽然，龚成手指前方，喊："看，江豚！"顺其手指方向，我见到朵朵水花翻起之处是江豚黑亮的脊背，一只、两只、三只，是一家三口，两大一小，龚成敏锐的目光令我叹服，因为我只见到两只。更使我们倍感幸运的是，一般乘小筏子很难见到江豚，反而乘机动船容易些。为什么呢？因为江豚知道机动船是保护区的，说不定会有美味鲜鱼投喂呢！

　　可能有人会问，这里不是叫白鱀豚保护区吗？怎么只见江豚，不见白鱀豚呢？说来令人伤感，长江的白鱀豚，亦即我国的白鱀豚，亦即地球上的白鱀豚，如今已到生存周期的末路，山穷水尽，这个特为白鱀豚建立的保护区就没能建起一个白鱀豚的繁殖种群，因为，白鱀豚的种源消失殆尽，整个长江都难以遇见活着的个体了。这个进化了 2500 万年的物种，将会在我们这一代人的手中绝迹。不知是幸运还是不幸，我曾见过那个唯一一只人工饲养过的白鱀豚"淇淇"。1980 年 1 月 11 日，白鱀豚"淇淇"搁浅于湘鄂交界的长江与洞庭之间的城陵矶，被中科院水生所救起，饲养在武汉白鱀豚馆。2002 年 7 月 14 日，"淇淇"辞世，享年 25 岁。我为"淇淇"所拍的照片也成遗照。现在连江豚也是寥若晨星、高度濒危了。当年蒲松龄在《聊斋志异》的《白秋练》一篇中，描写的女主人公白秋练即中国美人鱼白鱀豚的化身，这恐怕也将仅仅成为书本上的文字符号了。此情可待成追忆，只是当时已惘然。

目击江豚的激动劲儿还没有完全过去，老丁说："前面发现麋鹿了。"我茫然地张望遥远的江面，对岸似乎有些移动的点点，但自以为熟悉麋鹿的我，此时却瞠目结舌，什么也没看出来，甚至举起我的 10 倍的施华洛世奇望远镜也无济于事。随着距离的缩短，我才清晰地看出，真是我们熟悉的麋鹿，就像见到了亲人一样，而且是隔水相望，在水一方。越来越近了，10 余头麋鹿早已发现水上的目标并转身将去，待我们开始赤足涉水弃船登陆时，它们已经撒丫子奔跑起来，一眨眼就钻进了茂密的水杨林，全然不见了踪影。

赤脚行进于天鹅洲湿地，油然生发出一种亲吻大地的回归感，踏着水陆交汇处的麋鹿的蹄印前行，我们的脚下只剩下一颗颗中药丸似的鹿粪。与我们北京麋鹿苑的麋鹿一样，此时，麋鹿正处于发情求偶期，远方，传来一阵阵雄鹿牛叫般的鸣吼，多么熟悉的声音！只是场景完全不同，这里可是纯天然啊！

聊以自慰的是，从 1993 年放归到现在，石首天鹅洲的野生麋鹿蓬勃发展，数量逾千，四处扩散，生机愈显。在作为中国麋鹿成功保护宣传窗口的北京麋鹿苑里，我曾一遍遍地向公众宣布：我们的麋鹿不仅实现了从国外向国内的回归，更实现了从人工到自然的回归！此行天鹅洲，隔水望麋鹿，使我来日的宣讲，更有了底气。

一睹为快：贺兰岩画兼岩羊

在人们通常的概念中，羊一般指驯养山羊和绵羊，实际上，羊在动物界是一个大类，既有野生的，也有驯养的，野生种类繁多，但很难遇见。2011年5月，我到贺兰山看岩画，便遭遇众多野生的岩羊。

下午2点，艳阳高照，贺兰岩画区游人寥寥，我对这些古代先人在一万多年前刻画的岩画，逐一欣赏着，星辰日月的、人物的、动物的，特别是有蹄类动物的居多，其中一个大角的，分明是一只雄性岩羊。十几年前，我在岷山考察动物时，多次遇见岩羊，对岩羊的形态烂熟于心。

岩羊与岩画，同框贺兰山

正当我攀爬到一个陡峭的岩壁，欣赏一幅名为《太阳神》的岩画时，几粒药丸般的深色粪便映入眼帘，是羊粪！是岩羊的粪！我快速判断着，难道在这人来人往的游览区，会有野生的岩羊出没吗？不会吧！记得在岷山，岩羊都是极其怕人的，远远地在对面山崖上看着你，只要你向它们移动，它们立刻攀上更陡峭的山崖，始终与你保持一个安全距离。举目张望，蓦然瞧见岩石顶端就卧着一只母岩羊，犄角不算大，铁灰色，体色与岩石浑然一体。

我赶紧拍照，一位途经此处也挎着相机的游客问我，这是什么？我说，岩羊。还问，是真的吗？我说，当然！似乎我跟那岩羊早已熟悉似的。

下山，才见河谷中一群大大小小的岩羊在饮水，刚要靠近，岩羊便夺路而逃，奔向山坡。仔细搜寻贺兰山岩画区，竟星星点点地盘踞着不少只岩羊，有一只竟然恰恰卧在一块刻有岩画的石壁旁，构成一幅融人文与自然于一体的岩羊岩画图。此番看羊，不同凡响！

过后才知，我有些大惊小怪了，这里的岩羊多得很，见怪不怪，因为常见人类，并不太怕人了，甚至因保护得力，繁衍顺利，天敌缺失，种群失控，已出现植被承载力不足的生态问题了。

洪湖湿地行

2008年5月下旬，我曾应武汉图书馆"名家论坛"邀请，赴江城做生态文明演讲，讲课之后与自然之友武汉小组成员会面，负责人徐大鹏谈到湿地保护，建议我将生态文明讲座中的湿地文化内容拓展，形成一个专题讲座，他负责与湖北世界自然基金会、长江流域的湿地保护区联系，我们共同开展一个湿地文化与环境教育的系列巡讲项目。

2008年7月初，这个名为"湿地先锋"的项目便神速地启动了。我按照徐老师的安排，踏上北京至汉口的夜行列车，7月6日到达武汉，当天上午，便在华中里小学做了湿地文化的首讲。给孩子讲湿地文化，而且是小学三年级的孩子，能行吗？我使出了浑身解数，把拍手歌、独角剧，还有诸多如骆宾王的《咏鹅》等古诗儿歌展示给孩子，与孩子们一唱一和地互动，首战告捷。选择在这个学校进行湿地演讲还有一层特殊含义，就是这里有全国唯一的一所小学湿地教育馆。一个小女孩——湿地馆的副馆长亲自给我讲解，我告诉她，我跟她一样，也是副馆长。

下午，我和徐老师乘坐武汉至洪湖的长途大巴，傍晚抵达中国名城洪湖。

"洪湖水呀，浪呀嘛浪打浪……"，这是我们这一两代人几乎都会哼唱的歌，因此，洪湖便成为我期盼已久的地方，今天终于成行。下了长途车，徐老师特意安排我们住在一个距长江比较近的宾馆，以便随时欣赏江景。我们登上大堤，烟波浩渺的长江尽收眼底，沿江堤而行，除了几艘停泊的大船，江上几乎看不到"孤帆远影"的行船，"洪湖港"大楼和驳船也改作了餐饮之所。陆运的发达，使这个昔日繁华的码头日趋落寞。没走多远，就来到一个进深极其开阔的叫荷花广场的地方，正为其叫荷花广场却不见荷花名不副实而疑惑时，霍然看见广场边缘的长廊：荷诗长廊。近前观赏，马上被目不暇接、铺天盖地的莲荷题材古诗文所吸引，这里收集、整理的关于莲荷的诗文数以千计，布满了4座长廊，琳琅满目，引经据典，堪称世界之最。我以为，这个广场应该唤作"荷花文化广场"。

处处景如画

洪湖湿地观鸟

　　此行我的讲座主题乃是湿地文化，我们麋鹿苑又在建造湿地长廊，所以我极其欣赏这个文化内涵丰富的荷诗长廊，甚至有一种"眼前有景道不得，崔颢题诗在上头"的感叹。到洪湖不应是来讲座，分明是来取经的。这也是我近年赴各地讲座的感受，走到哪儿，学到哪儿，读万卷书，行万里路。不料，洪湖教育局通知我们，因安排有误取消了在此地的讲座任务，干脆，我就轻轻松松地在洪湖参观学习吧！

　　洪湖因湖得名，到洪湖就是为了进洪湖、看洪湖。在洪湖湿地保护局晏局长的安排和陪同下，第二天一早，我们从洪湖与长江接壤的新堤码头乘上一艘小快艇，风驰电掣地驶进了洪湖的大湖区。一路上劈波斩浪，掀起道道白浪，把捕鱼作业的小渔船和搭载游客的小游艇甩在身后。湿地局的温科长解释，我们的巡逻艇必须具备高速行驶的能力，否则就无法追赶并制止水上的非法作业者。

　　接天莲叶无穷碧，映日荷花别样红。小艇穿过莲荷相夹的水道，须臾进入一望无际的大湖区，湖水清澈见底，鸥鹭翻飞翔集，正当我为洪湖的生态和谐而赞叹，为洪湖的浩荡恢宏而惊讶时，晏局长坦言：几年前的洪湖可不是这样，围网遍及湖区，进湖如入迷宫，肆意开发利用，过度污染，竭泽而渔，使洪湖的自然资源濒于枯竭，危机四伏，令人痛心疾首。湖北省委省政府在采纳专家学者和政协委员等的呼吁意见后，大力整改，终于还洪湖以本来面貌。这才有今天我们见到的洪湖美景以及得以享用的湿地美食——莲、藕、鱼、虾。

路易·艾黎与洪湖

走访洪湖城，我意外地见到了一座古朴的木制二层小楼：路易·艾黎的故居。几年前我在新西兰考察时，于新西兰南岛的基督城博物馆，了解过一些关于路易·艾黎的事迹，前年，我还曾到北京的培黎学校——路易·艾黎先生一生支持的项目（最初建于甘肃山丹），做绿色奥运演讲。遗憾的是，连续两次到访位于江边的路易·艾黎故居都吃了闭门羹，还是徐老师足智多谋，建议去洪湖图书馆，因为那个图书馆又名路易·艾黎图书馆。

三层楼的洪湖图书馆，一层和二层都被挪作他用，第三层虽然发挥着图书馆的功能，但只有三位女士在空空荡荡的图书馆值守，没见一名读者。她们称馆长出差了，无法提供有关路易·艾黎的资料。正当我们为远道来访却可能一无所得而遗憾时，其中的一位叫何力红的女士毅然提出愿意帮我们联系博物馆，她拨了几个电话后，终于找到管理故居的人。于是，何女士热情地带我们来到故居，此时，故居的木门大开，两位女士已经等候在这里，我们终于得以进入，实现了造访故居之愿。

新西兰人路易·艾黎是中国人民的老朋友。1927 年，他来到中国上海，从此居留中国。作为一个外国人，他一生致力于向国际社会宣传、介绍中国，出版、翻译了大量中国的诗歌，撰写了大批介绍中国的书籍，达 66 部之多，可谓著作等身，为中新友谊做出卓越贡献。

路易·艾黎跟洪湖也有一段不解之缘。他早在 1932 年就曾沿长江逆流而上到洪湖救灾，为洪湖的苏区军民送去大量粮食、布匹和药材，在洪湖的新堤逗留了 7 天。当时，中共地下党安排他住在地下物资转运站，即旧居的所在地。作为对中国的革命事业有过杰出贡献的友人，路易·艾黎被誉为"伟大的国际主义战士"。路易·艾黎曾 5 次访问洪湖，与洪湖人民结下了深厚的友谊。

从何女士身上，我们也看到了洪湖人慨然相助的精神和淳朴高尚的品格。遗憾的是，在商铺林立的洪湖街头，几乎看不到对闻名遐迩的"洪湖赤卫队"战斗历程的宣扬，特别是对湘鄂西革命精神的昭示以及关于路易·艾黎革命经历的宣传。千城一面的商业气息将这些本地特有的人文财富边缘化了，至少，这些能作为旅游推广亮点的独特资源，却未能引起洪湖人足够的重视。人穷穷在脑，大凡动辄哭穷者，也是忽视科教文化的人，难道不是吗？连我们送上门的讲座也被搁置一边，大家都在忙，忙什么？本地特有品牌却如此闲置，值得深思啊！洪湖精神，亟待发扬啊！在参观路易·艾黎故居时竟发现他重返洪湖瞿家湾时，缅怀苏区革命根据地所写的诗篇《洪湖精神》，特抄录于此：

郭耕
动物与人
自然保护随笔

186

> 人民的老战士已离开人世，
> 但他们创立的精神仍活在后代身上。
> 每当人们向天大的困难进军，
> 并取得了胜利，大家就又看到洪湖精神。
> ……
> 思索一下该如何造就更多的忠于洪湖精神的人，
> 使它成为他们身心的一部分，
> 并融合在他们的全部工作中。

湖北三阳，观鸟天堂

也许是中国太大了，也许是我孤陋寡闻，这是一个我从未听说过的地方，这是中国腹地一个极其普通的村镇——湖北省荆门市京山县三阳镇。但是，在其乡间穿行，阡陌尽头，柳暗花明，令我目不暇接、左右逢源的，是百啭千声、众禽竞鸣的燕语莺声，简直是没有笼子的鸟语林。听说，这里的百姓历来就有不打鸟的风俗，令人钦佩。而更令人钦佩的是，那人鸟相近的情景，尤其是本地少年"见鸟识名"的本领。回到北京，我还沉浸在那难以忘怀的、奇异的所见所闻中。

2007 年 3 月末，受自然之友武汉小组成员徐大鹏老师及其所在地的湖北省野生动物保护协会之邀，我利用周末休假，从北京西站乘直快 77 次列车，一觉醒来，便达武汉。接着，与来自武汉 7 所学校的几十名师生及武汉观鸟会的朱觅辉等十来位观鸟"大侠"，分乘两辆大巴，奔赴观鸟比赛的现场——三阳镇。三个小时的路程，还没到目的地，我就对窗外的景致赞赏起来，但见低山拥翠，潭水映树，鸡鸣犬吠，屋舍掩竹。车窗外，不断有鸟影掠过：八哥、椋鸟、家燕、金腰燕、戴胜、翠鸟、喜鹊、鹊鸲、树麻雀、白鹭、伯劳、白颈鸦、白头鹎、斑鸠、小鹛鹛、环颈雉……每次观鸟，都是这样，从途中就开始了。

下午，在"半亩方塘一鉴开，天光云影共徘徊"的三阳小学门口，拉开了湖北省爱鸟周暨第三届观鸟比赛的序幕，9 支小学生代表队分头出发了。我和本次活动的资金赞助人、深圳企业家詹从旭先生（也是身手不凡的观鸟者）带着望远镜，随意地跟着一队学生向乡间走去。不料，这些来本地农村小学、年约 12 岁的参赛者，让我耳目一新，眼界大开。

开始，我还没把这些稚气未脱的毛孩子当回事，但见这些个头低矮的乡村小童，个个胸挂望远镜，手持鸟类图册，怎么瞧都觉得不太协调，甚至怀疑他们是摆样子的。谁知，一进村，他们就如鱼得水，一见鸟，就如数家珍。起初，丝光椋鸟、珠颈斑鸠、家燕、八哥、小鸦、三道眉草鹀、金翅雀、白眉鹀、

在湖北三阳观鸟

普通翠鸟等比较常见的鸟被记录下来，就算是我们同时看到的吧！

很快，在一些至少对我来说是陌生的鸟种面前，小家伙们就开始大显身手了。看到一只黑白相间的、尾巴短短的、比喜鹊小好些的鸟，孩子们精准地称呼它：鹊鸲。面对一些小巧鸣禽，我还在犯嘀咕，一男孩用余光一瞥随即告诉我：是褐头鹪莺。指着一丛灌木，一个光头少年说："看！北红尾鸲。"我用望远镜搜寻着，果然发现，一只美丽的雄性北红尾鸲在灌木丛中纹丝不动。天际，一只黑色的猛禽掠过，孩子们肯定地说：黑耳鸢。远远的树端上，有一只大鸟的身影，孩子张口说出：白颈鸦。还有，领雀嘴鹎、松鸦、黑脸噪鹛、乌鸫、红嘴蓝鹊……几乎都是小同学们先看到的，他们不但眼尖嘴快，而且难能可贵的是，都能用标准的学名而非土名称呼鸟类，实在出乎我的意料。我们一行的七八个小顽童，几乎是在连打带闹、有说有笑中，不出两个小时，就记录下30多种鸟，尽管半路上还受到一群记者的骚扰采访——摆拍，但这支乡村小学的观鸟队最终还是脱颖而出，在规定时间圆满完成任务，获得了本次观鸟比赛的一等奖。

令我高兴的是，我不但有幸结识了他们，并且发给他们的奖品中还有詹先生全额赞助购买的我去年编写的书《鸟语唐诗300首》。晚上，我应邀为大家做了"鸟与唐诗"的讲座，但我总觉得有些底气不足，因为，与在乡村生长的、技艺娴熟的、对观鸟手到擒来的小"天使"相比，我是自惭形秽啊！

听说三阳镇的支柱产业是板栗、香菇，的确，我们所到之处，栗树漫山，香菇成架，一派"鸟来鸟去山色里，人歌人哭水声中"的田园意境。令人欣慰的是，现在镇上的人们已经意识到，观鸟也是三阳的一种资源，而且，具备"天时地利人和"的优势，如从三阳走出去的企业家詹从旭先生，为了家乡的发展，几年来不断给予家乡各种支持。他给予大家的不仅是资金（包括这次观鸟活动，他提供了全部资金），还有环保意识、教育理念和前瞻的观念——保护中的发展——这完全符合"生态良好、生活富裕、生产发展"的新农村发展方向。三阳的"鸟资源"是得天独厚的，这为其生态旅游发展提供了可能，尤其是人的资源优势——少年观鸟者。10年来，我为观鸟走过不少地方，但是，能在这样一个如此名不见经传的小村镇，在不到半天的时间里，观察到这么多种鸟，更见识了这些来自三阳小学的乡村小童的高超鸟技，不得不由衷地感叹：湖北三阳，观鸟天堂！

189

虎年巡讲之旅

2010年是农历虎年，年终盘点，外出频频，全年共演讲90场，京外有约20场，加上学习、开会、考察，全年走了广东深圳、广州、顺德、东莞、茂名，江西南昌，安徽合肥、黄山，天津，重庆北碚，浙江杭州、千岛湖、西溪湿地，上海，四川成都、都江堰、九寨沟、黄龙，福建惠安、武夷山，江苏无锡，湖北武汉，山东黄岛等地。虽有奔波劳顿之苦，更具遍访祖国大好河山之乐，开眼界、长见识、观风土、识人情、会老友、结新朋、观鸟赏花，不亦乐乎？应该说，兼有免费旅行之嫌（不是公费，对方邀请，不必单位报销）。其中，上海两次、深圳两次、杭州两次、天津两次。

早春3月，受深圳仙湖植物园之邀，我前往做科普演讲，由于自然之友广州小组多次邀我讲素食，广东科学中心也屡向我发出邀请，于是，三合一，由广州李雪梅协调组织行程，植物园负责来程，科学中心负责返程，中间则由自然之友广州会员接待。人家都拼车、拼房，我则成功地拼了一次巡讲，我省时间和精力，对方省了资金，资源共用，何乐而不为？

3月广东之行的亮点，一为探访了慕名已久的鼎湖山自然保护区，这是建国后的第一个自然保护区（建于1956年）；二是为华师和中大做了关于素食的演讲；三是拜访了向往已久的黄埔军校——近代军事家的摇篮；四是广州自然之友志愿者燕子开车带我到顺德替父看望了亲戚——一对年龄比我都小的叔叔婶婶；五是在仙湖观鸟，闻经声佛号；六是有幸在中国最大的科学中心——广东科学中心做主题演讲《麋鹿沧桑》及科普交流。

人间4月，正宜出行。受江西科技馆，同时，也受合肥科技馆邀请，几乎是利用一个周末，就完成了北京飞南昌、南昌飞合肥、合肥飞北京的巡讲之旅。

5月下旬，又是一个拼飞之旅，在爱国将领张自忠将军抗日殉国70周年之际，我作为民革成员参加了这个中共统战部邀请的特殊的纪念活动。之后，直飞广东茂名，应中少社邀请讲课，这也是一个特殊的城市，南国油城，又是

2010年8月24日纪念麋鹿回归CCTV赠书杨澜

荔枝之乡，还是唐朝名臣高力士的老家。

6月，政协组织一年一度的读书班，我也赶时髦地参加了上海世博会；接着飞赴四川成都，探游了慕名已久的都江堰、青城山；又飞九寨、黄龙，在黄龙，约见了我10多年前的好友小苏，半路还遇到军演车队……紧张充实的读书班，实在是不虚此行。

7月受《北京晚报》邀请乘汽车赴承德希望小学讲座。7月大众汽车再次邀请我赴崇明岛讲座，前两次均坐船上岛，此次已有大桥飞架，公路汽车直达，可见祖国建设之日新月异。

8月是统战部组织的读书班，前往黄山（对我来说，这也是第一次）、千岛湖、杭州西溪湿地（第一次），祖国太大、太可爱了，辽阔江山，虽说我经常出门，但没到过的名胜还很多。

8月单位组织职工到五台山，先到大同云冈（我二十几岁时曾来过），拜访北岳恒山的悬空寺及五台山（慕名已久），我经常出门，但与单位同事出行，还是比较少有的。今年因麋鹿苑与天津七里海有放鹿活动合作，所以两度到了七里海，还平生第一次钓了螃蟹。

作为中科院科普演讲团成员，9 月，被派往杭州临安区讲座，讲座的细节记不清了，但值得回忆的是，在临安，我顺便看望了麋鹿苑原饲养员小高，特别是我们引种到临安的麋鹿，从 38 头，繁衍扩大，明年将逾百头。他乡遇麋鹿，也算一种特别的"他乡遇故知"。

10 月再赴深圳，接待的学校竟然在横幅上打出欢迎"院士"的字样，可笑，又不容辩解，否则人家接待方会丢面子。但此次真的与几位院士同座进餐，同游、同讲。此行对我个人来说最特别的是，在深圳艺术家霍者、王萌陪同下，探访了深圳动物园，看望了老友蓝辉联，当年我们一起饲养黑猩猩，如今他已在饲养老虎了。别看他是饲养员，嘴里不时蹦出"执子之手""相濡以沫"之类的小词，令同游的艺术家很吃惊。深圳动物园的动物雕塑作品以及青青世界的环保摆件，对我也很有启发。

11 月，虽是秋风阵阵，老科学家却老当益壮，我也随着大家来到福建，大部队是参加福州举行的中国科协年会，我则乘机抵达泉州之后被接走，后来到惠安——这个以惠安女闻名于世的地方讲座。下午一到惠安，我便慕名打车到了崇武——惠安女的故乡，一路上，两眼像猎犬似的寻找惠安女，偷拍了一位美丽的拿姿势的惠安女，还是游客扮装的。在大浪拍岸的古城，拍摄白胸翡翠时，遇一女子，刚与之同游一会儿，就被学校来车接走，好在所去的崇武中学有一个惠安女展览，待出门街头看到真的惠安女，已是黄昏，无法拍照了。回到惠安，则难以见到真的惠安女了，姑且把街头扫地的、酒店服务的类似装束的女子当作惠安女罢了。

福建之行最重头的内容要算游览武夷山了，照片很精彩，但观鸟之愿未能实现，几乎见不到什么生物，除了满山、满溪的游人。

12 月利用半天一夜到达武汉，不仅在武大参加了一个"低碳"论坛，还与武汉自然之友小组成员徐大鹏老师等 10 余人共同在我房间开了一个自然之友创始人梁从诫先生的追思会。次日一早，我便飞往山东，与几位老科学家会合，赴黄岛演讲，完成今年的最后一次京外巡讲。

童心未泯鸟婉转，上不够的鸡公山

2014 年，在河南信阳鸡公山举办了"全国手拉手"夏令营，此活动已经整整举办 20 期了，这项活动是由中国文化扶贫委员会和中国少年儿童新闻出版总社主办、信阳市关心下一代工作委员会协办的。二十春秋，光阴荏苒，少年成青年，青年变壮年……甚至其中一位李主任、一位"鸟叔叔"已经半路西去。

我作为科教专家有幸受邀上山了多次。前些年在志气楼，这两年在瑞典楼，营旗招展，歌声嘹亮，军地合作，港陆联手，艺术家、教育家纷至沓来，信阳市领导亲自挂帅，被孩子们尊称为"徐爷爷"的徐惟诚同志，更是不顾年高，次次莅临，谆谆教诲，讲哲理，说故事，与孩子们对话，继往而开来，体现老一辈革命家悉心关怀下一代健康成长的博大情怀。

今年上山不同以往，名为体验营，主题是"快乐生存，我真了不起"。我接到"知心姐姐"教育中心总监祝薇的邀请，让我专门讲"观鸟"。这可是我的长项，鸡公山不仅以鸡得名，而且因其独特的地理位置和优越的自然条件，本身就是南来北往鸟类的聚集地。按照信阳市委郭书记的形象说法：一个世纪前，几个老外就是随着几只野鸡——白冠长尾雉的踪迹，寻到鸡公山上来的。加上这里位居长江北岸，毗邻武汉，交通方便，此后，大批老外上山修别墅，建教堂，避暑纳凉。

前几年我曾几次参加这个夏令营，但由于设备和水平的限制，仅仅用望远镜观鸟，结果只能独享。近年，我选用了一种长焦一体的相机，价廉物美，仅3000 元，其远摄功能却可与 1000 毫米的单反长焦镜头相媲美，于是，观鸟加拍鸟，随心所欲，知识加技能，如虎添翼。去年，我在鸡公山营地的百花厅，拍到了一只育雏频频叼虫的雌鸟。今年，恰恰有幸被安置在百花厅入住，与那鸟巢一墙之隔，一放下行囊，我立马抄起相机寻找，循着一阵婉转的啼鸣，竟发现一只北红尾鸲现身百花厅的东侧，急忙拍下。孰料，接下来的几天，它竟然踪迹全无了，回来后我有感而发赋，诗一首："去年今日此门中，北红尾鸲频叼虫。今年又上鸡公山，照面一声再无踪。"同样，在观景台，初来乍到的

2013 年鸡公山"手拉手"夏令营开营

午后，灿烂的阳光下，一对白腰文鸟被我拍到，之后的几天也是再没露面。

开营式上，我把去年拍到的鸟的照片精品一一展示给大家，我想，就用鸡公山的鸟来设身处地地讲解观鸟，岂不更好？果然，效果不错，不仅专家、领导们大加赞赏，孩子们也都纷纷向我提出有关鸟的问题，还亲切地称我为"四不像叔叔"——这也算鸡公山此行的一个收获，有名了。

相知无远近，万里尚为邻。古人的预言在现代通信方式的支持下已成现实。近期活动，无论在哪儿，都能随时与朋友们分享，因为我们进入了微信时代，各位新朋老友一见面都是互加微信，相拉进群。我每天也将最新最美的景象用手机拍摄，写入微信，甚至微信也是我记日记的小助手了。到鸡公山的次日清晨，下到营地后面的西坡下，那里有山林与水塘，有鸟出现，妙不可言。就是在这个早晨，我遭遇了鸟浪——身边树上草丛周遭全是鸟，松鸦、画眉、棕头鸦雀、绿鹦嘴鹎、红头长尾山雀，特别是姬啄木鸟，一种迄今为止我所见到过的最小的啄木鸟，形同麻雀，我还以为这是我此行最大的收获，逢人便讲：这种啄木鸟叫姬——霸王别姬的姬。不料，接下来的清晨，还是在这山旮旯，我见识并拍到了一种从未见过的鸟——棕颈钩嘴鹛。这是我把此鸟的图片传到微信上求教，网友和鸟友慨然教我的，当然，有关鸟的话题，我也是常常在微信、微博和 QQ 上海人不倦地指导别人。

鸡公山的夜晚十分喧闹，闭目听来，前半夜，蝉噪林逾静，这里的蝉——知了的叫声非常奇特，婉转如鸟鸣。夜半，时不时还传来猫头鹰的呼叫，那是后半夜彻夜不眠的呼叫。

到山上的第二天凌晨，些勤于早起的师生、摄影高手都在等日出。人自然向我们展现了令人震撼的一幕，在整个东部的千峰万壑中，矗立着一个个巨大的风力发电机，而乱云飞渡、霞光万道的自然景象，把风力发电机装点得时隐时现、壮丽雄奇，我几次来到鸡公山，还是首次目睹这般绮丽的景象。

尽管几次到了这里，但是，还有很多景点根本不曾见到和抵达，包括老栈道、老园林……白天，信阳市委原宣传部副部长作为信阳的东道主热情地带我们参观了一系列的山林别墅。我最高兴的是在一棵高大的松树上见到一对松鸦，而与此同时，一只蝴蝶随着北京来的于主任的歌声"你从哪里来，我的朋友……"飞上了她的肩头。在山中月湖之畔，我在盯着一对松鸦拍摄时，竟又"人品大爆发"，一只蝴蝶翩然落在了我的指间，那是我持相机的手，咋办？我急中生智，用另一只手掏出手机拍下了这个奇妙的场面。有人说自拍者属于神经病，那我就算神经病中的神经病吧，并且还非常神经地诗兴再发："我上鸡公山，疑似云中仙。野鸟唤我鸣，蝴蝶落指间。"

| 格言 |　　　如果你照顾一只肚子饿了的狗，给它食物，让它过好日子，这只狗绝不会反咬你一口。这就是狗和人类最主要的不同。

——［美国］马克·吐温

喜鹊飞在鸡公山风力发电机前

克拉玛依真的"鸟儿也不飞"吗？

《克拉玛依之歌》是我从小就熟悉的歌曲："当年我赶着马群寻找草地，到这里勒住马我瞭望过你，茫茫的戈壁像无边的火海，我赶紧转过脸向别处走去。啊，克拉玛依我不愿意走进你，你没有草也没有水，连鸟儿也不飞……"为什么说鸟不飞？这我得探个究竟。

2014年4月，我突然接到一个邀请我赴新疆克拉玛依讲课的电话，我当即便应允前往。"五一"之前的一个周六，我一早便飞往乌鲁木齐，再搭车，4个小时便到达了慕名已久的克拉玛依。入住之后我立马顺着克拉玛依河去了西郊水库。

周日上午，主办方为我安排了前往艾里克湖与魔鬼城雅丹地貌观赏的行程，下午为亲子团体讲课。周一一早我又去世纪公园，观鸟、观鸟、观鸟。之后就是讲课、讲课。所观且拍到的鸟达30种，而且还有不少是我的新纪录。时间短促，效率高超，新疆之行，令人心满意足。

在克拉玛依过了两宿，几位朋友都推荐我去欣赏克拉玛依夜景，据说很美，但我属于早睡早起型的，早起干什么，观鸟呗。夜景美是不差钱的显现。克拉玛依是以石油命名的城市（"克拉玛依"系维吾尔语"黑油"的音译），境内石油资源丰富，发现早，开采时间长。20世纪初，地方官吏编撰的方志中，就有关于独山子原油、黑油山沥青丘、乌尔禾沥青脉的记述。克拉玛依是地处欧亚大陆中心位置的城市，是建国后第一个大油田，是中国西部第一个原油超千万吨的大油田……在世纪公园，我见到了诗人艾青的雕像以及他为克拉玛依留下的诗句：

> 最荒凉的地方，却有最大的能量；
>
> 最深的地层，喷涌着最宝贵的溶液；
>
> 最沉默的战士，有最坚强的心……
>
> 克拉玛依，你是沙漠的美人！

家麻雀

　　科普之行，不忘科普。在新疆之夜，我发微博、微信，从新疆的"疆"字说起，对新疆地形地貌，呈现为三山夹两盆的形似"疆"字右侧的轮廓做了网上科普，新疆面积相当于中国国土面积的 1/6，包括了高山生态、高原生态、森林生态、草原生态、绿洲生态、荒漠生态、湿地生态，以及人工生态的城市、人工水库、人工绿洲、人工林。

　　新疆的动物种类丰富且极富特色，有鱼类 90 余种，两栖动物 10 余种（包括这里特有的北鲵等），爬行动物 60 余种（包括这里特有的四爪陆龟等），鸟类 450 种（包括这里特有的白尾地鸦、黑尾地鸦等），兽类 160 种（包括这里特有的新疆虎、野骆驼、吐鲁番沙鼠、塔里木兔、伊犁鼠兔、天山蚱等）。恰巧，在克拉玛依青少年科技活动中心的科技节主会场，我见到一个评选 2014 科技节吉祥物的展板，并在前面留了影，这个活动把新疆的几种特色动物作为候选对象，它们是：雪豹、普氏野马、四爪陆龟、北山羊、河狸。

　　周一早上 8 点，我抓紧时间沿克拉玛依河观鸟，至世纪公园，又见到了对我来说是新鸟种的巨嘴沙雀、黑顶麻雀等。上午，北京航空航天大学为克拉玛依青少年中心做项目的小翁老师叫了辆出租车接我赶到科技中心，临时加场为雅典娜小学做科普演讲。之后，见到前来科技节视察的新疆维吾尔自治区副主席，还有克拉玛依市市长，我简单谈了感受，说从小就受到《克拉玛依之歌》的影响，慕名已久，特别对其中的一句歌词"鸟儿也不飞"耿耿于怀，此行新疆一睹为快，仅在克拉玛依的两天就见到拍到30种鸟，真可以搞一个小型专题摄影展了，如果可行，那就叫"谁说克拉玛依'鸟儿也不飞'"。

回京后整理所观所摄的克拉玛依之鸟及其他动物，简直回味无穷，欢欣无比！

此次拍摄到的鸟类有：1. 白鹡鸰，2. 黄头鹡鸰，3. 斑鸫，4. 虎纹伯劳，5. 红尾伯劳，6. 金翅雀，7. 家燕，8. 普通燕鸥，9. 银鸥，10. 金眶鸻，11. 黑翅长脚鹬，12. 大白鹭，13. 小嘴乌鸦，14. 乌鸫，15. 穗鵖，16. 白顶鵖，17. 沙鵖，18. 黑顶麻雀，19. 家麻雀，20. 树麻雀，21. 巨嘴沙雀，22. 柳莺，23. 隼，24. 杜鹃，25. 啄木鸟，26. 喜鹊，27. 灰喜鹊，28. 斑鸠，29. 赤颈鸭，30. 棕头鸥。另外，还拍摄到黄鼠、沙地蜥蜴等动物。

郭耕自然保护随笔
动物与人

| 格言 | 还有什么比"保护"这一词更重要呢？我们在向孩子们传授科技是人类战胜自然的武器时，却偏偏忘记去提醒他们：人类自己也是自然的一部分。

—— 司库马什（国籍不详）

巡讲地铁下郊区，沿线探秘巩华城

　　2013 年的金秋十月，北京环保基金会安排我们"绿色北京宣讲团"成员下郊区、进社区开展科普讲座，我被派往北京北部郊区的昌平宁馨苑社区。行前，我仔细察看了路线，地铁基本可达，而且沿途还经过两处湿地、一处古迹，湿地为白浮泉湿地公园和沙河水库，古迹为明代的巩华城。于是，2013 年 10 月 29 日一早 6 点，我便出家门从潘家园上了地铁 10 号线，一路北行，换乘 13 号线、昌平线，8 点多就抵达昌平区南邵镇。

　　一下车，茫然四顾，终于找到事先在网上搜到的公交车 884 路站牌，计划先去白浮泉。可是，一上车，司机却说不知道这个地儿，再问售票员，更绝，她喊："开门，让这位乘客下车，他坐错车了！"可我问："我要去白浮泉湿地公园，能坐哪趟车？"却一问三不知。我坚持没下车，明明网上看到这趟车途经白浮泉呀！汽车走出两站后，前方呈现出一处大面积的湿地，这就对了，车到站后，我便下车，奔向这个地图上美其名曰"白浮泉湿地公园"的地方，真还是一个在建的、尚有围挡包围的"大工地"，难怪司机和售票员都说没这地儿呢！可是，眼前这么大的一块湿地，没听说过，还没有见过吗？估计他们压根不知湿地为何物。

　　我辗转钻进这个游人寥寥的大湿地——白浮泉，这可是元代著名水利专家郭守敬战斗过的地方，但见苇荡丛丛，野花簇簇，天水一色，唯少鸟鸣，奇怪！从白浮泉湿地上到南环大桥，西行北拐，不出半个小时，就步行到达我讲课的宁馨苑了。其实，事先我也从电话里打听过白浮泉，这个社区的人竟也不知道有这么一块湿地，真是鲜为人知的大公园呀！

　　查资料得知：白浮泉为北京市文物保护单位，位于北京城北昌平区化庄村东龙山东麓，又名龙泉。白浮引水工程的源头。元代著名科学家郭守敬为引水济漕，解决大都城的漕运，上奏元世祖，引白浮泉水作大运河北端上游水源，至元二十九年（1292 年）建成。当年郭守敬把泉水引向西山，然后大体沿 50 米等高线南下，避开河谷低地，再向东南注入瓮山泊。瓮山泊又名七里

昌平社区环保宣教绿色演讲　　　　　　　　演讲之后探古城

泊，清代向东南开拓，改名为昆明湖，用它作为河水涨落的调节水库。沿渠修筑堤堰——白浮堰。《天府广记》载："郭守敬所筑堰，起白浮村至青龙桥，延袤五十余里。"河渠沿大都北部的山脚画出一道漂亮的弧线，沿途又拦截了沙河、清河上游的水源，汇聚西山诸泉，使水量大增。河水再向东南流入高梁河，进入积水潭，并以此为停泊港。积水潭东侧开河引水，向东南流，再经金代的闸河故道向东至通州。"全长一百六十四里又一百四步"，真乃北京水利史上的惊世杰作。从此，北京有了供水的命脉。

上午 10:30 圆满完成这场题为"生态文明"的公益讲座后，我便乘公交至南邵地铁站，按事先谋划好的方案，在巩华城下车，向穿制服的地铁工作人员打听"巩华城"，连问三人，又是三不知。遗憾！作为巩华城站上的人，竟不知道哪有巩华城。只好自己寻觅，出了站，见土路上过来一位骑车的老同志，一问，东北口音，不过，他还真的知道巩华城的几座城门名称——扶京门、展思门、威漠门、镇辽门。

通过资料，我也对巩华城略知一二，这是明代皇帝北征及谒陵巡狩驻跸之所，市级文物保护单位，位于昌平区沙河镇内。明永乐十九年（1421 年）成祖朱棣迁都北京后随即在此建起一座行宫，作为皇帝巡狩和后代子孙谒陵停留之处。正统元年（1436 年）行宫被水冲毁。嘉靖十六年（1537 年）世宗驻沙河，礼部尚书严嵩奏请建城及修建行宫，驻兵防卫。嘉靖十七年（1538 年）动工修建，嘉靖十九年（1540 年）完工，御赐名"巩华城"。城呈方形，占地面积约 1 平方千米，城高 10 米，每隔 16.7 米建一垛。城以行宫为中心，南北、东西各长 1000 米，辟 4 门：南名"扶京"，北名"展思"，东名"镇辽"，西名"威漠"。

那位东北老乡表现出了"东北人都是活雷锋"的热情劲儿，引导我走了一段路，直至最近的一座"镇辽门"，方才离去。我独自大步走向一个高大发射塔下面的城门遗址——巩华城的4座城门之一"镇辽门"。城砖已被拆光，高大伟岸的土墙门垛还坚强地屹立在那里，穿过荆棘丛生的内城，但见银喉长尾山雀、柳莺等鸟类在残垣断壁间飞鸣，给我这个爱古迹，更爱自然的人一份莫大的慰藉。四野悄然，我用相机从各个角度拍摄着古城，这座明成祖朱棣年代留下的遗迹，曾有许多金戈铁马的往事，李自成攻打北京的时候，还曾以巩华城为指挥部。这一切，无不令我生出一番"折戟沉沙铁未销，自将磨洗认前朝"的感慨。

往回走，几栋安安静静的居民楼就坐落在古迹与沙河湿地之间，楼头的门牌号竟为"展思楼"，想必都是巩华城留下的古名，是名存实亡，还是遗迹尚存，不得而知，可惜今天没时间了。日当正午，饥肠辘辘，沿着沙河水库向西延长的狭长湿地往回走，忽然，发现芦苇中有动静，一只大鸟在抖动翅膀，我急忙举起相机拍摄，幸借这42倍镜头的威力，拉近一看，竟然是一对中型水鸟，当时以为是秧鸡，左一张，右一张地拍摄，这竟成了我此行中的意外收获，也是唯一收获的鸟的照片。

终于可以犒赏一下自己了，到了地铁站，趁等车的工夫，将背囊中的食品——酸奶、月饼、提子，一股脑地塞进嘴里。尽管此行是下郊区义务为社区做讲座，而且无车、无饭、无休息，但我如愿完成了湿地和古迹的考察，一路走过，一路收获，特别是看到水鸟——黑水鸡（后来查明的）的意外之喜。这场绿色讲座完全做到了绿色出行，来往均是公交刷卡，便捷而廉价，如此远途，路费不过10元，尤其在车挤人多的情形下，有时还能捞上个座位，歇歇老腰，坐享片刻的幸福，或闭目养神，或发发微信，简直是志得意满，不虚此行！

2008 年香港湿地行

　　2008 年春,我有幸作为环保科普讲师,随"大众绿色奥运城市之旅"在历时 60 天、行程上万里的行程中,顺利完成了北京、天津、秦皇岛、沈阳、上海和青岛 6 个奥运项目举办城市的绿色奥运巡讲活动,随后,于"五一"又来到了北京奥运会马术项目举办城市——香港,香港站的活动是本系列活动的收官之旅。几乎每周飞往一个城市,我从来都没有这么频繁地外出过,朋友说,我简直成了"空中飞人"了。

　　香港的正式仪式安排在 5 月 1 日,由环保部宣教中心焦志延主任、大众汽车集团中国区总裁兼 CEO 范安德博士、大众汽车集团(中国)公关与传播部杨美虹总监、德国环保志愿者范美玲女士、中国第一位女子乒乓球奥运冠军陈静和两届奥运会跳马冠军楼云、环保科普专家周又红和我,共同组成的巡讲团,在香港学友社、香港马术协会以及香港中华基督教会支持下,前往位于九龙油塘的基法小学开展环保和奥运互动教育活动,为来自香港 4 所中小学的上百名学生带去了最新的环保和奥运理念,让同学们在快乐互动中体验了奥运内涵。

　　4 月 30 日,我利用在港的闲暇时间独自慕名走访了香港湿地公园。以前,我曾两度到过香港的米埔湿地,这是世界自然基金会支持的水禽保护地并作为在香港的一块难能可贵的国际重要湿地,米埔之行为我在麋鹿苑的湿地观鸟台建设提供了不少有益的启示。后来,北京市科委的朋友向我推荐香港湿地公园,我还有些疑惑,难道这儿能比米埔湿地还好吗?不看不知道,一看吓一跳,可以说,这里是我所见过的自然知识与科技手段、湿地生态与人文内涵巧妙结合,做湿地方面科普最棒的一个去处。

　　都说高楼林立、车水马龙的香港是购物天堂,是美食之都,同行的伙伴们大都在疯狂地购物,尽情地享受美食,可我竟没买任何东西,没逛一家商场,即使住在位于闹市区海港城的酒店,也是整天地目不斜视,直奔主题:自然。

　　一早,我带上望远镜,从九龙公园旁的尖沙咀乘地铁,至美孚站换乘,至

香港湿地公园的红树林浮桥

天水围，又换乘轻铁到湿地公园，约一个小时的车程，已经来到香港新界边缘了，毕竟香港地域很小，1000多平方千米的面积，与北京大兴区相仿。尽管天水围地处偏僻，同样高楼万丈平地起，动辄四、五十层，为内地所罕见。湿地公园是许多香港人都没有来过的地方，我来早了一个小时，要等到10点开门，趁等候之机，观察四周，我看到了白头鹎、红耳鹎、鹊鸲、珠颈斑鸠、棕背伯劳等鸟类。

其实，一到香港的机场，我就拿到了香港湿地公园的介绍折页，知道这里有占地60公顷的湿地保护区和10000平方米的访客中心。出于观鸟目的，我一开门就穿过琳琅满目的访客中心，在尚无其他游人的时候，独自沿着自然漫游径，直奔湿地，尽管还不是观鸟的最佳时期。

溪畔漫游径，是一条模拟河溪而设的步道，从湍急的上游到渐缓的中下游，水流经沼泽、鱼塘、稻田等多样性的湿地后，逐步进入开阔水面，各种湿地的动植物及其说明牌随处可见，特别吸引我的一个小设施是固定在说明牌旁

观鸟屋　　　　　　　　　　金斑蝶

的一截钢管，它们能引导你从管中窥见某种奇特现象，或是花朵盛开，或是蛙语蝉鸣，或是喜鹊筑巢，为你带来一次"管中窥豹"的奇妙经历。

　　演替之路，引导我们目睹开阔水域如何演替成湿地植被的过程，植物群落逐次改变，经沉水植物、浮水植物、挺水植物，最终发展为灌丛和乔木。而一条半沉于水中的木船则令人生发一种"沉舟侧畔千帆过"的社会变迁的感慨和缱绻诗意。

　　走在吱呀作响的红树林浮桥上，与热带海岸特有的植物群落红树林零距离接触，仿佛成了置身其间的长鼻猴。也许大家还不知道，长鼻猴是分布在印度尼西亚红树林中特有的灵长类动物，酷爱进食一种叫海桑的红树，当然，在这里所见的红树多是秋茄树、木榄和水笔仔等植物。有趣的是，红树林浮桥可随潮水的涨退而升降，当然幅度不是很大。从浮桥上俯视，湿地泥沼上有东西在动，原来，是大量的招潮蟹和弹涂鱼。

　　这里的一切，无论是自然还是科普，都令我振奋，我如鱼得水般在湿地公园中寻觅、探求，沿着原野漫游径漫游，时而通过望远镜观鸟，时而举起照相机拍摄，甚至拍摄到一只自顾自地在枝头鸣啭的鹪莺，我还时不时地摆个POSE（姿势）自拍，怡然自得。此情此景，令人想起杜甫的一句诗："流连戏蝶时时舞，自在娇莺恰恰啼。"

　　湿地是生物多样性丰富之地，漫步鱼塘、泥滩、沼泽、河流、芦苇地、湿农田、红树林，不仅植物、鸟类、水生动物吸引了我，昆虫更是能轻而易举地见到，在蝴蝶园，两个大学生模样的志愿者主动上来向我介绍这里的蝴蝶——金斑蝶，我用微距将其拍摄了下来，实践着"只带走照片，未留下脚印"的出

在钢管中观察自然

游理念。

为什么说连脚印都未留下呢？因为，在保护地，应严格按照指定步道行走，不得擅离道路涉足荒野。在香港湿地公园，保留大片的自然荒野地带供野生生物栖息、繁衍，路口都设置了"严禁进入"的警示牌。对此，我认为，我们麋鹿苑特别需要借鉴，否则，很多动物都惶惶不可终日，无处安身。目前就出现了问题，去年飞来的一只白枕鹤可能最终在游人和施工的双重压力下，飞走了。而新产下的几只小麋鹿也许就是因母鹿不敢走到有人靠近的围栏附近哺乳而夭折。

观鸟是探索和欣赏自然的一项大众化活动，在湿地生境观鸟尤其便利，据说香港湿地保护区的生物多样性极其丰富，记录到的鱼18种、两栖动物9种、爬行动物13种、哺乳动物10种、蜻蜓40种、蝴蝶130种、鸟类多达200种。我们于2007年在北京麋鹿苑设置了一个观鸟屋，这里竟然在不同生境前摆放着三个观鸟屋：河畔观鸟屋、鱼塘观鸟屋、泥滩观鸟屋。

"贝贝之家"是最吸引孩子们的地方了，在用玻璃围筑的一个湿地切面式的巨大水池中，可见到一条与人面面相觑的、张牙舞爪的鳄鱼。

访客中心是一处两层高的明亮、外观恢宏的建筑，有 5 个专题展廊，第一个主题为"湿地世界——湿地知多少"，介绍湿地的概念和众多功能。湿地世界包括北地苔原、热带沼泽、香港湿地三个部分。湿地挑战是一个带互动游戏、电脑显示屏等现代设施的展区，将人类对湿地的种种威胁和盘托出，令人触目惊心。放映室则按粤语、英语、汉语分别在不同的时间段，逐场放映。

最令我有感触的展厅是"湿地与文化"展厅，不仅在一整个墙壁上有巨幅的《清明上河图》，将北宋汴河两岸人们沿河而居的市井生活生动再现于观者眼前，而且，这个湿地科普展厅不乏人文的深刻性与多样性。这段题为"心灵启迪"的优美文字就留住了我的脚步：自人类文明起始之初，湿地已紧扣人的心弦。世界各地的文化都显示出湿地不但是生命之泉，同时亦是诸神寄居之所，鬼魅出没之邦，向来为艺术家、音乐家、骚人墨客所关注，并为当代影视制作人提供重要素材，超越时空阻隔，百代千载，触及人类心灵深处。在湿地文化厅你可以点播与湿地有关的中外乐曲，享受听觉盛宴：从《春江花月夜》到《渔舟唱晚》，从《平沙落雁》到《平湖秋月》，从柴可夫斯基的《天鹅湖》到圣桑的《动物狂欢节》，再到亨德尔的《水上音乐 D 大调第二组曲》。视觉上的盛宴则包括中外文人撰写的有关湿地的警句名言、传记演义、诗歌辞赋。关注江河，其症结不在江河，而在人心……水泊梁山、嘉兴红船、长征草地、龙王庙、水晶宫……林莺啼到无声处，青草池塘独听蛙……

自然赋予人类灵感，湿地赋予我们灵性。这个湿地文化展览，不仅留住了我的脚步，更启发了我的才思，打开了我的关于湿地的诗兴……从"桃花潭水深千尺"到"门泊东吴万里船"，从"半亩方塘一鉴开"到"野渡无人舟自横"，从"江枫渔火对愁眠"到"巴山夜雨涨秋池"，从"夜泊秦淮近酒家"到"水村山郭酒旗风"，从"渔翁夜傍西岩宿"到"一道残阳铺水中"，从"住近溢江地低湿"到"杨柳青青江水平"，从"清江一曲抱村流"到"两岸猿声啼不住"，从"二十四桥明月夜"到"明朝散发弄扁舟"……作为中华儿女，感谢我们浪漫的古代先人吧！仅唐诗中留下来的关于湿地的诗句，就浩如烟海，俯拾皆是，我不得不感叹：湿地，诗意之地！

科普演讲科尔沁

2007 年 6 月 17 日，是"世界抗干旱和抗荒漠化日"，前一天我们刚刚结束在内蒙古通辽的科普演讲，从干燥的科尔沁沙地返京。回顾演讲之旅，回味异域风情，生态环境，使我对演讲所到之处接触过的人物、事物，甚至动物，愈发地关注，眼界和心胸也因此而拓展，这恐怕就是我每次外出演讲的收获。

2007 年 6 月中旬，我随中科院老科学家科普演讲团赴内蒙古通辽开展了为期近一周的"大手拉小手·科普报告行"活动。中科院老科学家科普演讲团是一支以科学院退休及未退休专家教授为主的，包括一些部委、院校、科研院所的有科普专长的演讲者组成的科普宣传队伍，共 30 人。10 年来，在中国科协和中科院的安排下已在全国 200 多个市、县演讲 3000 余场。我是去年才进入演讲团的一名新兵，随团到过江浙、山东，这次是第三次出征。

演讲团是第二次到通辽，在通辽市科协宋主席（难忘他的翩翩舞姿）等的积极运作下，在通辽市人民政府（李市长为我们接风）的全力支持下，演讲活动非常圆满。这次的演讲包括：宇航专家潘厚任主讲"飞天圆梦"，大气专家徐文耀主讲"是谁保护着我们的地球"，极地专家位梦华主讲"神奇的南极和北极"，以及我作为动物保护科普人士，主讲"生态、生命、生活"。4 个工作日共走了 10 余所中小学，有通辽市的一中、三中、五中、实验中学、蒙古族中学、实验小学，科尔沁的实验小学、科尔沁三中、科尔沁明仁小学以及科尔沁左翼后旗的一中、二中、职业高中、蒙古族实验中学。

记得我在后旗蒙古族实验中学讲座，开课前，同学们用蒙语为我合唱了一首蒙古族歌曲《母亲啊母亲》，我非常感动，连忙将我的新书《天地狼心》赠予他们。听说这些淳朴的孩子大都来自农牧乡镇（苏木），在学校是要学蒙语、汉语、英语三门语言的。后来，见到一些景点路牌也是三语合一，觉得很独特，让人肃然起敬。的确，作为科尔沁腹地的通辽，是内蒙古自治区蒙古族人口分布最集中的地方，其民族、民俗、民风的传承，就更为重要。通辽呈现出文化多样性的光芒。只有民族的才是世界的，否则，在势不可挡的全球化进

在通辽明仁小学演讲

程中，崇洋媚外，数典忘祖，就会令人瞧不起。

讲课之余，我最感兴趣的是了解当地的风土人情，晚间欣赏了西拉木伦公园的马头琴雕塑和市民群舞，清晨又目击了其动物园一熊、一狼、一鹰的孤苦伶仃。从通辽朋友那里得知，科尔沁产的歌手、赛马、马头琴不计其数。历史名人包括民族英雄嘎达梅林；历经四帝三朝的清孝庄皇后，骁勇善战、抗击八国联军的马背上的王爷僧格林沁……我们先来到位于科尔沁左翼后旗的阿古拉，一座在大草原上突起的山包，山顶有一白塔，名为双合尔塔，意为雄鹰之塔。临风而立，天高地阔，苍莽之情，难以言表。

浓郁的奶茶、醇香的美酒、高亢的牧歌，让人尽情领略草原人民的热情，可惜唯独难见真正的"风吹草低见牛羊"的草原风光，也许由于过度放牧，也许由于天旱少雨。我们疾驶在通辽以南的科尔沁沙地公路上，满眼多是干草黄沙的景象，偶见路旁水草丰美之处，大家都会回头留恋地张望。

好客的主人又把我们带到位于科尔沁沙地南端的大青沟，这是一个被称为地下森林的国家级自然保护区，AAAA级风景区，置身其间，仿佛忽然进入了另一个世界。下到沟底，皆为茂密的原始次生林，清爽氤氲，层林叠翠，流水潺潺，时闻鸟语，与周围的干热沙地环境形成了鲜明的对照，令人耳目一新。据说在这长20千米、宽约200米、深约100米的天然沟壑中，有兽类30种，鸟类90种。传说还有"几奇几怪"，以诗为证："寒冬流水长绿色，夏日炎炎细雨落。却无鸦飞蛤蟆叫，生态沟在大沙坨。"果然，我在沟底，竟见到一种十分罕见的善于沿树干头朝下移动的鸟——普通鸸。

造物的神奇，民风的古朴，沙地草原的辽阔，当地科协周到热情的安排，老科学家的慈爱与渊博，孩子们的率真与热烈呼应，都让我感到受益匪浅、不虚此行啊！在科尔沁草原，我上了特殊的一课。

中秋去演讲，诗意满洛阳

2008 年 9 月中旬，我们中科院科普演讲团 20 人赴河南，参加中国科协年会的"院士专家校园行"活动，一周时间奉献了百场演讲。我的演讲地点主要在洛阳，题目为"生态文明与绿色生活"。

2008 年 9 月 14 日，恰逢中秋之夜，老科学家们在所入住的宾馆，吃月饼，叙科普，其乐融融。次日上午随团到新郑黄帝故里参观，采摘大枣，野趣横生。下午，自然之友河南小组组长崔晟带我到河南博物院及花园口观览，深为中原文化积淀之丰厚所触动。

16 日奔赴洛阳，几天中，分别在洛阳 26 中、洛阳实验中学、偃师一高、洛阳八中演讲，最后返回郑州，在为郑州 47 中千余名学生做的演讲高潮中，完成此次校园之行。临别前，几位高二男生走上前来与我握手致意，表达听课之感，后生可"慰"啊！是令人欣慰的慰，欣慰之余，仰见这样一个条幅，似乎看到答案："为天地立心，为万民立命，为往圣继绝学，为万世开太平。"

洛阳归来，科普演讲团的钟团长让我把此行的感受简单写写，我以为，此行古城洛阳特别是偃师，三生有幸啊！毕竟，中国是具有 5000 年文明史的古老国度，华夏文化的渊薮主要集中于河南，而历朝历代建都最多之地首推河南洛阳，故曰：若问天下兴废事，请君只看洛阳城。洛阳被称为十三朝古都，而当地有一句话，"九朝古都七在偃"（从夏、商至北魏），或曰"十三朝古都九在偃"，偃师得名于"武王伐纣息偃戎师"。记得，在前往偃师的路上，途中所见尽是历史上大名鼎鼎的地名，令人惊异：汉魏遗址、首阳山镇、杜甫之墓、邙岭（有言曰：生于苏杭，葬于北邙。在偃师的古墓包括苏秦墓、田横墓、伯夷叔齐墓等）。光芒四射的与偃师有关的名人：张衡、蔡伦、颜真卿、杜甫、唐玄奘、吕不韦……我在偃师教育局赵局长陪同下参观了商周博物馆，深为偃师悠久的文史内涵所陶醉，隶属洛阳的偃师真是"古都中的古都"呀！

在洛阳的几天，我的每场讲座都是在与同学们吟咏古诗的应和之中开始的。"洛阳亲友如相问，一片冰心在玉壶""即从巴峡穿巫峡，便下襄阳向洛

2008年中科院老科学家演讲团到访白马寺，图为笔者（左一）与天文学家李竞夫妇（左三左二）、心理学家吴瑞华夫妇（右二右一）

阳""洛阳城东桃李花，飞来飞去落谁家""洛阳一别梨花新，黄鸟飞飞逢故人""洛阳才子忆长安，可怜明月复团团""城头山鸡鸣角角，洛阳家家学胡乐""洛阳佳丽本神仙，冰雪颜容桃李年""洛阳城里见秋风，欲作家书意万重"……唐诗中关于洛阳的词句，简直不胜枚举呀！我顺势问大家："你们作为洛阳人，住在这么一个古风蔚然、诗意盎然的家乡，是不是很自豪？"同学们当然异口同声地回答："是！"

在洛阳演讲之余，洛阳科协胡主席带我们参观了龙门石窟、关羽的头颅冢关林、中国第一佛寺白马寺，更令人称道的是周王城天子驾六博物馆。所以，我此行洛阳与其说是演讲，不如说是探访，是访古之旅、寻根之旅，以史为鉴，沿华夏文明的历史长河回溯，青灯读青史，在"读万卷书"的同时，更感谢演讲团为我提供的一次次"行万里路"的机会。

驴行嘉兴文气盛，夜游乌镇烟雨蒙

2008 年 9 月 21 日，我们科普演讲团从郑州乘火车经一夜到杭州，嘉兴科协张芸主席及科普部小戴到车站接我们，中午乘大巴到达嘉兴，半路在服务区吃了粽子和臭干子，先从舌尖上感受了嘉兴及嘉兴的特色食品。

人们一般对常住地没有特殊感觉，但对新地方总会产生异样之感，由于刚在河南吃住一周，一入住嘉兴宾馆，典雅、洁净、舒适的感觉油然而生，不禁在对比中产生好感。的确，嘉兴素有"鱼米之乡、丝绸之国"的美誉。嘉兴市花为杜鹃，市树为香樟，在用餐时，我们还聊到有一名称兼指动植物，就是杜鹃。嘉兴古称嘉禾，左杭右苏，土地富饶，稻香禾丰，衣被天下，风俗淳厚，从新石器的马家浜文化，到春秋吴越争雄，故有"吴根越角"之称，其所属的海盐县即因吴越时期以海水煮盐而得名。位于嘉兴的秦山（因核电站而著名）是当年秦始皇第五次南巡到达海盐，在那临海凭风而立的小山，便被后人称为秦山。

嘉兴建城于三国时期的吴黄龙三年（231 年），吴主孙权见"野稻自生"而名之禾兴，后改嘉兴，如今的嘉兴仍然简称"禾"。隋代运河穿城而过，海宁大潮浊浪排空。三国时吴臣张昭被封为由拳侯，由拳即嘉兴的古名，东吴名将陆逊被封华亭侯，封地就在海盐境内。9 月 22 日我在海盐于城讲座，听说吕蒙将军之冢也在海盐，遗憾的是没得机会前往，此次出来先在洛阳瞻仰了关羽之冢，继而若能到访吕蒙之冢，那就更有意思了，因为关羽正是死于东吴吕蒙之手，由此吴蜀结怨。身临其境却擦肩而过，遗憾啊！

嘉兴物阜民丰，有"嘉禾一穰，江淮为之康，嘉禾一歉，江淮为之俭"之说。嘉兴堪为我国甚至世界水稻栽培的发源中心，还是最早的金鱼培育饲养地之一。明代文德翼有"天下赋江南居十九，浙东西居江南十九，而嘉兴半之"。南宋时位于运河之滨的嘉兴就是"人烟稠密，万家灯火，商贸兴隆，作坊繁华"，有"宋锦出秀州""家尽枕河"美誉。江浙熟，天下足。嘉兴地属吴越，水乡泽国，地沃民秀，古称"士慕文儒""师古好学""文物焕然""好读书，虽有三家之村，必储经籍"。自古出自嘉兴的骚人名士有：西汉辞赋家严忌、严助，晋文学家陆机、陆云，小说家干宝（《搜神记》的作者），南齐歌伎苏小小（葬于嘉兴），唐代诗人顾况、刘禹锡，明代散文家李日华，清代文宗朱彝尊、大儒沈曾植，国学大师王国维，爱国名士沈钧儒，艺术大师李叔同和他的学生丰子恺，文学家茅盾，诗人徐志摩，漫画家张乐平……名家辈出，如海宁之潮，层出不穷。"云破月来花弄影"，嘉兴真乃千载书香，人文之邦啊！南宋名将韩世忠曾驻军嘉兴的秀州华亭，我此次的一个讲座恰在秀州，即秀州实验小学。

9月21日我们在嘉兴科协工作人员的陪同下，几杯黄酒下肚，便来到水网密布、灯影憧憧、古桥鳞比的乌镇，可谓"夜游乌镇"，在醉意阑珊中，我由衷感受到了江南水乡、千年古镇的夜色之美。称其千年丝毫不算过分，属于嘉兴桐乡县的乌镇正式建镇于唐代，距今已有1100年。它不仅地处江浙两省边界，而且地跨吴越两国地界，故有"星映斗牛临鹊驾，地连吴越判鸿沟"之联。一条车溪河穿镇而过，古街水巷的格局既有儒家的秩序，又有道家的浪漫，等级礼仪与民居园林融会贯通。近年乌镇已经小有名气，但为何叫乌镇这次我才知道：唐代将军乌赞受命抵御叛军，在此地遭暗算而亡，援军到来后，将乌将军及其青龙马葬于河西的银杏树下，为纪念乌赞将军，乌镇由此得名。著名作家茅盾描述为"唐代银杏宛在，昭明书室依稀"。我们在乌镇先步行，后乘船，听船老大说被世人称为千年古镇的乌镇曾被自己戏称为"千年苦镇"。那是因为当时地域闭塞，没钱发展也无力翻建老旧建筑，不料竟因祸得福，古镇终于"化腐朽为神奇"。

乌镇人杰地灵，享誉江南，从宋至清，共出了64位进士，161位举人，人才辈出，五步之内，必有芳草。乌镇百步一桥，曾有百桥，现在也有古桥30余座。其中的通济桥与仁济桥组合而成，直角相接，如同水中观月，又似凭窗看景，被称为"桥里桥"，建于明代正德年间，500岁而不朽。南湖宣传语：一船红中国，万水绿嘉兴。

9月23日上午，我们在嘉兴科技馆副馆长的陪同下来到慕名已久的南湖，看中共一大所在的红船和得名于"南朝四百八十寺，多少楼台烟雨中"的烟雨楼。南湖与杭州西湖、绍兴东湖并称浙江三大名湖。历代名人在嘉兴南湖多有题词，苏轼写有"鸳鸯湖边月如水，孤舟夜傍鸳鸯起"之句，清吴伟业有"柳叶乱飘千尺雨，桃花斜带一路烟"。清乾隆有"试看浅烟方淡荡，便叫不雨也迷离"，他对烟雨楼情有独钟，甚至令人在承德仿建了一座烟雨楼，并在最后一次南巡中题诗"承德奚妨摹画貌，嘉兴毕竟启诗才"。而康熙曾派特使行至嘉兴平湖，吟有"春风得意河山美，花开遍地尽黄金"的诗句，回禀皇上时，康熙笑道："美哉，金平湖。"金平湖由此得名。诗书俱佳的明代书法家董其昌在其《烟雨楼》中有这样的诗句尤其令人过目不忘："湖上藕花楼上月，踏歌惊起睡鸳鸯。"

诗歌	**绿色情歌**

你（大自然）的心是我永远的舞台，

我（环保者）的梦因你而精彩。

无言的付出、无悔的心愿、所有的真情，

都是为了爱！

没有我，你只有期待，

没有你，我只有空白。

无数的祈祷、无眠的烦恼、所有的等待，

都是为了爱！

不能没有你，是我唯一的语言，

不能没有你，是我不变的情怀，

快把心敞开，真情留下来，

心与心相会，把爱写在未来！

——［中国］郭耕

焦作游感

2007年"五一"长假之后的第一个周末，北京麋鹿苑组织了一次具有景区考察性质的春游。周四晚9:42麋鹿苑的24名职工在北京西站集合乘K269次列车出发，一觉醒来，周五晨5:20便到达河南郑州，从郑州乘大巴至焦作市，早餐后，立即马不停蹄地奔赴此行的第一个参观景点：云台山。

很多人都知道东非大裂谷，但又有几个人知道东亚大裂谷呢？位于华北裂谷与太行山隆起带的云台山，就是东亚裂谷系中最为壮观、最为典型的一段，这里山高谷深，峰峦奇险，流泉飞瀑，山海造化，作为世界地质公园，国家AAAAA级景区，真是名不虚传。徜徉其间，我们只有感叹、惊叹、赞叹！云台山简直跟张家界有一比，虽峰林奇峻上稍逊一筹，但长崖断壁、裂谷奇观绝对雄居其上，水势幽险、高峡平湖更是独步华夏。我们麋鹿苑的职工们虽本身就工作在、置身于一个优美的对外开放景点里，但大家还是忘情地欣赏、尽情地拍照、快意地登临，尽享这刚柔并济的北国南风，俯仰于天荒地老的山水造化。

午后，大家拖着疲惫的、满载而归的步伐，从壮美绝伦的云台山回到焦作市，入住于一个叫新一佳的宾馆，其英文名称很有趣，叫SWIFT（雨燕），可惜宾馆霓虹灯上丢了一个字母S。凭窗望去，对面有一片宽达数百亩的水面，还有一座雄伟的雕塑，为一长发飘飘的跑动姿态的人物，我便问服务员那长头发的人是谁，回答不知，但听服务员用对讲机问别人："客人问公园门口雕塑的女人是谁。"竟也不知。我便自己前往探询。

走过宽敞清静、车辆稀少的大马路，迎面的雕塑愈发显得高大巍峨，近前一看，原来，屹立于龙源湖公园门口的雕塑并不是女性，而是著名的中国神话人物"夸父"。好！河南腹地立此雕像正符合《山海经》上"夸父逐日而走"的记载。

一个城市公园能有40多公顷水面的"湿地"，实在难能可贵，可是，我举起望远镜于泱泱水域中搜寻，除了两只须浮鸥，竟然没有见到什么鸟。为什

白马寺留影

么？人工的砖砌堤岸，又没有泥土斜坡和湿地植物，当然无法供动物栖息了。公园里的人工草皮、名贵花卉比比皆是，虽整齐划一，却一派静寂。

我随意地绕过一片樱花林，几乎是在公园的边缘，听到几声婉转的鸟鸣，循声看去，眼前一亮，芦苇、蒲草……高低错落的挺水植物顽强地存活于这片干涸的土壤上，白头鹎、金翅雀出没其间。虽然看似凌乱，杂草丛生，却呈现了丰富的生物多样性，动物能否生存，乃是生态质量的重要标志，只是这片可怜的湿地亟待给水，还应尽量扩大自然面积，恢复更大的生机。

"天之道，损有余而补不足！"看来，我们的人为投入再大，如果没有遵循自然规律，仍会办花钱搞破坏、雇人毁自然的傻事。天道不可违，数典莫忘祖。自然是指点迷津的老师，文化是灵魂栖息的园邸。但愿我们城市建设的决策者们，在城乡建设和管理的思路上，既师法自然，也秉承文化，忌画蛇添足，谋画龙点睛。

无线电跟踪绿尾虹雉

1992 年 11 月，我与四川省林业厅的隆廷伦、美国圣迭戈动物园鸟类总监大卫·瑞姆林格、美国芝加哥大学汉斯·兰德博士一行 4 人前往四川松潘的岷山山脉，进行了为期一个月的绿尾虹雉野外考察。此行是根据中国野生动物保护协会与美国圣迭戈动物园协会签署的协议进行的，是中美合作考察绿尾虹雉的序幕。

一到考察地，我们便碰到鸡名的问题。绿尾虹雉，在当地可不是这个名字，有的称"贝母鸡"，有的称"火炭鸡"，这都是根据其采食习性而得名。但我们还听到另一些极干脆又众口不一的名字："音鸡、阴鸡、鹰鸡……"真是莫衷一是，且各有各的理，说叫"音鸡"，是因为鸡无论雄雌均具美妙歌喉，那婉转的鸣声在山间起伏回荡，悠远而连绵；说叫"阴鸡"，是由于它们多于晨昏、阴雨和大雾的时候才显得活跃，却又闻声而不见面，神秘莫测；说叫"鹰鸡"，是由于此鸟体大如鹰，且有一鹰钩嘴，还能像鹰一样借助气流自低向高滑翔。在这几种叫法中，我认为各有道理，但叫"鹰鸡"最为贴切。尤其是我们刚上山进入绿尾虹雉栖息的一片高山灌丛和草甸中时，一下惊起几只绿尾虹雉，那又黑又大的影子，从我们头顶掠过，简直像老鹰一样。

对于绿尾虹雉的生态学野外考察，我国的动物学家已进行过数次，但中美合作却是头一回，特别是利用无线电遥测技术收集绿尾虹雉的野外活动资料还是第一次。无线电遥测又叫无线电追踪技术，应用这种技术考察动物，不仅能测出野生动物的巢域范围、迁徙活动规律，还能了解动物种群各成员的关系，于短期内获得大量资料，从而为人工饲养繁殖和野外保护管理提供依据。这套装置包括套在动物颈部的无线电发射器和持于考察人员手中带天线的接收机。我们的考察分为秋冬和春夏两个阶段，这第一阶段的主要任务是选点、捕鸟、戴上颈圈后放生。我们安排了有经验的民工上山套鸡，每当听到捉到绿尾虹雉的消息，我们都兴奋地以最快速度奔赴现场，有条不紊地称重、安装脚环、戴颈圈，一一记录后放飞。由于正值隆冬多雪季节，山路极滑，山间又时常是云

郭耕自然保护随笔
动物与人

在岷山与美国动物专家野外考察　　　野外考察的"惨状"

遮雾障，给我们的野外工作带来极大不便，常有跌跤和迷路的危险。在中美双方工作人员的密切配合下，我们仅用了十几天就完成了 10 余只绿尾虹雉的戴圈工作，而且经过数日翻山越岭的追踪，最后收到了全部信号，考察的第一阶段初战告捷。

冬季的绿尾虹雉是否集群，在以往的报道中，多称"不集群"，可是我们却几次发现了鸟群。

11 月 24 日晨 8 时，我们刚刚钻出搭设在海拔 3300 米的野营帐篷，就听营地上方传来几声鸟叫。与此同时，我们见到 5 只绿尾虹雉一同飞入了营地上方的小树林。这真是送上门来了，我们不必跋山涉水，就地支起了 50 倍望远镜观察起来。这是由三雄二雌组成的一群，其中仅有成年雄性一只，这一群鸟似乎是它的配偶和子女。白天一整天，它们都在静静地觅食，并无大的举动。大卫发挥了设备的优势，利用长焦镜头相机，潜到最近位置拍到了许多难得的照片。我们只能眼巴巴地用望远镜观察，不过也有不俗的发现，我见一只雌性绿尾虹雉在用双爪左右开弓地扒刨土里的东西，那一招一式酷似一只家鸡，只是这种描述与以往的记载有些出入（有文章说绿尾虹雉不用爪刨地）。

太阳落山时，它们陆续上了树，除了那只成年雄性独栖一枝外，其他 4 只双双栖息在数米高的枝杈上休息。

第二天一早，在无任何干扰下，那群绿尾虹雉相呼相随离开了小树林，飞向别的地方。我看了看表，刚刚早晨 7 点 15 分。显然，它们总是在太阳升前和落后（即晨昏）表现得最活跃。

太阳升高了，我们 4 名考察人员兴致勃勃地爬上山坡，进入了这片绿尾虹雉逗留一天一夜的树林。这是一片由杜鹃、红桦等树组成的林子，矮树参差不齐、横七竖八，高树可达 6 米。树下有多处绿尾虹雉刨土的痕迹，在其歇息的横杈下，发现许多新鲜和不新鲜的鸟粪。

11 月 30 日早晨，我和大卫带上无线电接收机，根据无线电信号，追踪到一个叫杨柳沟的地方，企图找到绿尾虹雉在这一带活动的最低地点。此地海拔 2900 米，沟深约 10 米，东坡斜度 36°，西坡 38°，除杨树、柳树外，还有冷杉、油松及杜鹃、箭竹，阴坡尚有积雪，沟底一条小溪淌过，一切都是那么原始，那么静谧。中午 12 点，我们正顺沟寻觅鸟的踪影，忽然惊起一群绿尾虹雉，5 只雄鸟咯咯鸣叫着飞走了，但是还有一只滞留于沟底，警惕地注视着周围的动静。接着，发出了长达 3 分钟富于变化的鸣叫，似乎在向其他同伴通报，这里平安无事了。下午 4 时我们绕到杨柳沟的东沿，竟意外撞见了这 6 只成年雄性组成的鸟群。能在野外碰到鸟群已属不易，而一次能见到这么多漂亮的雄鸟，真可谓美不胜收了。那鲜艳夺目的羽毛，闪烁着绿、蓝、黄金属般的光泽，在夕阳余晖映照下，好似数道彩虹。

在我们考察绿尾虹雉的山岭上，常有猛禽出没，时而高高飞翔，时而贴着山梁缓缓"巡山"。无疑，这些猛禽是绿尾虹雉来自天空的天敌，它们包括兀鹫、胡兀鹫、金雕、玉带海雕及苍鹰。在陆地上，我们只见到了黄鼬及一些猫科动物粪便。但是，虹雉最主要的天敌不是什么鸟兽，而是我们人类。在绿尾虹雉生活的区域，人类活动极为频繁，采药、放牧、采矿，甚至直接下套捕捉动物，屡见不鲜。在山里，发现了设于小径上的钢丝兽套，被我们愤然扔下悬崖；在绿尾虹雉出没的高山草甸和杜鹃林，随处可见牧牛人留下的足迹和粪便；在我们考察期间，不仅几次遇上采金人，而且几乎每天都可听到远山传来的隆隆炸矿声……可见，人类活动的范围已深入到野生动物赖以生存的深山老林，人类活动给绿尾虹雉生存造成的威胁，比任何动物天敌都严重。绿尾虹雉最大的天敌莫过于人类了。

宁夏石嘴山，抢拍须浮鸥

2011 年 5 月末，中国科协安排在宁夏的"大手拉小手·科普希望行"演讲之旅继固原、银川之后，来到了宁夏行程的最后一站：石嘴山市。此前，这个城市的名字对我来说十分生疏。石嘴山位于宁夏北端，东跨黄河，西依贺兰山，因贺兰山与黄河交汇之处"山石突出如嘴"而得名。据说王维赋诗盛赞的"大漠孤烟直，长河落日圆"即此，岳飞抗金志在"驾长车，踏破贺兰山缺"亦此……更听说石嘴山是一座因煤而建的城市，甚至是一座资源枯竭型的转型试点城市。到达之后，途经洗煤厂，周遭满目的煤粉还难以洗去工业污染岁月的旧痕，但建立在煤石堆上的现代办公区，特别是中华奇石园，石雕林立，美轮美奂，古今中外，洋洋大观，的确令人叹为观止。

下午，在光明中学讲座之后，市科协陈主席把我从学生要求签字的围堵中接出来，问我："还有个把小时，你想看点什么？"我不假思索地回答："湿地。"因为初到石嘴山就到见大片水域，这是一座名为星海湖的城市水利风景区，遥见水禽点点，我想，必是观鸟的好去处。

陈主席喜爱郊游和摄影，长于拍摄植物，但对湿地之鸟尚乏认知。他驱车水畔，我马上见到几只小鸊鷉，向他介绍这是一种俗称"王八鸭子"的潜水型水禽。他便说，这对他们来说一律称为小水鸭子。看着看着，一只凤头鸊鷉跃然水面，这可不是小水鸭子，而是大水鸭子。瞧啊，还有美丽的头饰呢！我那 12 倍变焦的数码相机已经拉到极致，也就刚刚看清鸟的外观，好在种类识别已无悬念，于是，从远拍，到近拍，再摄取一些考究些的镜头，什么出水芙蓉啊，什么小鸭振翅啊……湿地的鸟，总是争奇斗艳，总能花样翻新，给你带来意外惊喜。你方唱罢我登场，先是白鹡鸰，又是角百灵，还有大杜鹃，在我面前一一亮相，尽管这只大杜鹃是站在电线杆上，不符合我拍摄动物取景的自然原则，却因难得一见，还是拍下来再说吧，也算我个人观鸟拍鸟的一个新纪录。最近，不断刷新个人纪录，包括上月在麋鹿苑拍摄到了灰头麦鸡，此行石嘴山，不但见到，而且捕捉到其飞翔的画面。当我进入湿地，融入鸟的世界，

飞翔的须浮鸥

兴许也是进入了人家的领域甚至巢区，这些各占领地的飞禽就会飞到我的上空，甚至锲而不舍地盘旋。我举起相机仰拍，如同高射机枪的点射，设置在连拍挡的相机发出"嗒嗒嗒"的 shoot，只是这个 shoot 在此做"摄"而非"射"，这正好与美国国家公园的那句话相吻合: Shoot with camera without gun（用相机摄，不用枪射）。

　　在一处似为垂钓园的地方，我看见在离岸不远的水中有一个鱼档子，鱼档子的上方，有几只鸥鸟在来来回回、上上下下地飞翔，你来我往，争相在圈鱼的地方分一勺羹。这可是难得的抢拍飞鸟的机会！我试探着靠近，再靠近，直至走到水边，这些翩翩飞翔的鸥鸟仍我行我素地翻飞，才不在乎我的靠近呢！于是，我便放开手脚悉心拍摄这些可爱的精灵，它们空中悬停的动作最宜捕捉，拍起来也最快意。开始，我的镜头里还有些杂物，什么渔网啊，杆子啊，那些人工之物与鸟混为一图，渐渐地，我着意调整了取景位置，选择那些纯净的、自然的取景位置，终于拍出了一张张天然之鸟。当然无论观什么鸟、拍什么鸟，首先都需辨明种类，我初步判断，眼前的这些鸥类应是须浮鸥，一类体态纤细，头部上半部为黑色的鸥类。虽然在湿地鸟类并不罕见，但在这西部腹地，站在石嘴山这座昔日工业重镇，能见到、能拍到这么精美的鸥鸟照片，实在是令我大喜过望。我一再对接待我的东道主——科协的陈主席念叨着："你们这里的生态条件太好了，如果不开展观鸟活动，就太可惜了。"

烟花三月下苏州

　　2010 年是农历的虎年，我曾虎虎有声地赴全国各地做了 90 场科普演讲。2011 年冬雪姗姗来迟，我的第一场外出讲座同样很晚——3 月份。其实早在年初，我就接到来自苏州的廖博士的邮件，邀请我赴苏州西交利物浦大学做素食讲座。此行与例行讲座有着诸多的不同，一是邮件邀请，素不相识；二是网上发现，邀我讲素食；三是坐火车来回，这乃是我自选的方式。在具体时间未定时，我做了个模糊的回复"烟花三月下扬州"吧！不料，对方竟误认为我决定3 月去扬州，由此，我判断这位邀请者可能是外国人。果然，后来才知，廖博士是马来西亚人，华裔，受聘来华工作。

　　2011 年 3 月 3 日终于成行，凌晨还睡在动车的卧铺上，电话响起，是一个叫金枝的大学生打来的，说他们已经等在苏州火车站了，这么早就起来接站，令人感动与不安。一下火车，三位大学生接站，廖老师（博士）亲自开车，多么隆重的礼遇啊！

　　入住西交利物浦大学的国际中心，稍事休息，又换了三位大学生，还是廖博士开着车，过金鸡湖、独墅湖来到位于阳澄湖畔的水天佛国重元寺，参观全国最大的建于水上的大雄宝殿、观音像……特意在寺中用了斋饭。学生们有在此做义工的，便兼任了导游，一路上我为他们介绍着所能看到的鸟类：小鹛鹛、珠颈斑鸠、八哥、乌鸫、白头鸭、伯劳等，相互服务，相得益彰。下午赴位于独墅湖高新技术区的莲花小学讲座《世界猿猴》，这是廖博士之前选的，作为一种生物多样性的博物学科普吧！晚间在苏州一家素食自选餐厅"本草人家"约见孟祥栋先生——孟子的第 76 代传人，并一同在西交利物浦大学接受大学生的访谈。能有幸与孟子后代并肩访谈，也算此行的一个亮点。事实上他是一个美籍华人，生长在美国，尽管我们对大学生畅谈素食、环保、励志，甚至国学，但因孟先生常年生活在国外，对中华文化也说不上二三，倒是我有感而发，一会儿一句"子曰"，甚至孟子曰"见其生不忍见其死，闻其声不忍食其肉"……我很感谢同学们的周到，还在网上订购了我的新书《天人和谐：生态文明与绿色行动》，我便签书赠送给孟子传人，还留影纪念，对我而言仍是意义非凡。

为苏州莲花小学师生讲猿猴

3月4日，还是廖博士开车，但又换了三个大学生陪同，我称为第三行动小组，因为昨晨与白天各有一个三人小组陪同我，我都不厌其烦地讲解一路所见到的鸟。

上午我们去了木渎古镇，木渎源自春秋吴王夫差筑姑苏台"三年聚材，五年乃成""积木塞渎"的典故，游人不多，沧桑古镇，行商坐贾，街巷生活，石桥跨河，廊道幽幽，有皇帝手书的御碑和"野渡无人舟自横"的码头，徜徉其间，似乎与古人进行了一次颇有吴地人文气质的神交。这里真是人杰地灵，名士辈出，《枫桥夜泊》的张继、心系庙堂江湖的范仲淹、寄情田园山水的范成大、风流才子唐伯虎，均为木渎人。当然，这些都是我到狮山实验小学看过校长给我的吴地文史资料后才知道的，如果游前能得知，木渎之行必会更有韵味。

下午在狮山实验小学演讲"麋鹿沧桑"，得到同学们经久不息的掌声和校方的高度认可，校长带着我参观其特色科普场所——地震馆、科教馆。很是令人惊奇，一个社区内的小学竟有如此专业的科教场馆，虽小却精。作为这个学校的学生，耳濡目染，就地观摩，该是多么受益啊！

晚上，我进行了此行最正式的演讲：《生态文明与绿色行动》。演讲的现场，是一个坡度很大的阶梯教室，大学的校领导、系领导，还有一些老师亲临捧场，学生们更是座无虚席。在讲到"衣食住行"绿色生活部分时，我带出素食的话题，讲座后，学生甚至老师提问的焦点几乎都在素食，他们地问题颇具挑战性，我欣然一一作答，有些舌战群儒的味道。下课后直奔苏州园区火车站，一路上，送我的廖老师和几位同学很感动，一是为他们的志愿行动圆满结束而高兴；二是为我能在这个众人云集的讲堂大讲素食并对素食问题答疑解惑，为他们因坚持素食而遭到别人另眼看待的态度而释然，终于有人为他们说话，申明了道理。

宿州一日阅千秋

我相信，任何一个地方，有山、有水、有名胜、有风物固然可取，即使没有这些，其地之历史文化、人文掌故也绝对不容轻视，因为，这些精神财富足以构成该地独具魅力的资源，更富有"化腐朽为神奇"的振兴发展的巨大潜力，安徽宿州就是这样一方宝地。

岁末，我作为科普演讲者受邀前往这块我从未涉足之地：安徽宿州。2007年12月27日晚，我下班后乘公交至火车站，在车上过了一夜，28日凌晨抵皖。上午，匆匆参加了宿州11中的科技艺术节开幕式，接着外出参观；下午为3000名中学生激情演讲后，还去参观，当晚即乘车返京，次晨继续上班。短短一日，却览古千年，受益匪浅。

说实话，宿州是包括我在内的许多人并不熟悉的地方，可一到才知：当年彭雪枫师长曾率新四军抗日于此；刘邓大军淮海战役决胜于此；美国作家赛珍珠有故居于此；电影演员杨在葆的家乡在此；汉高祖刘邦曾避难于此；传说中的捉鬼神人钟馗故里在此；朱元璋之妻马皇后也是宿州人氏；灵璧奇石产于此……但我认为这些还不是最响亮的，应该说宿州最令人震撼的名胜，当数陈胜、吴广大泽乡农民起义之地和项羽爱妻虞姬的墓地，这些说来令人动容的名字，可谓尽人皆知，在中国人心目中是当之无愧的名胜。可惜，慕名前往后，我发现这两个地点几乎都是"有名无胜"，惨淡经营，门庭冷落鞍马稀。

凄美之地虞姬墓

当今，人们多是从课本或戏曲《霸王别姬》中知道虞姬的。屠洪刚有一首歌曲《霸王别姬》很流行，也是我非常喜欢的一首歌，歌手屠洪刚以项王口吻唱出："人世间有百媚千红，我独爱，爱你那一种，伤心处，别时有谁不同，多少年，恩爱匆匆葬送。"而虞姬真正的葬送之地，就在宿州灵璧县以东8千米左右的地方。

上午，从宿州驱车东行，沿途多见兜售奇石者，先到灵璧县城，约1个小时左右就来到隶属虞姬乡的紧傍宿泗高速公路的一座具有先秦风格的巍峨大门前。

沿着刻有众多书法家为虞姬挥毫泼墨的真迹碑廊缓缓而行，当地文管所的工作人员陈小姐操着一口乡音为我讲述着楚汉相争，垓下之战，"霸王悲歌，美人和之"的悠悠往事，我耳畔似乎响起项羽"力拔山兮气盖世……虞兮虞兮奈若何"的千古长歌和虞姬"汉兵已略地，四方楚歌声，大王意气尽，贱妾何聊生"的佳人绝唱。置身其间，聆听哀婉而凄美的故事，我不禁指着陈小姐对同来的《拂晓报》摄影记者说："给我们拍一张，她可是当代虞姬啊！"

在楚汉战争重要遗存物虞姬墓冢的正中，有一刻着"巾帼千秋"的碑石和专为虞美人写的对联，上联为"虞兮奈何自古红颜多薄命"，下联为"姬耶安在独留青冢向黄昏"。中国人可谓浪漫到家了，古人填词，有一词牌就叫"虞美人"；植物中，有一种罂粟科的花叫虞美人，我想，大概都跟虞姬不无关系吧。此时，皖北阴冷的空气，松间啼鸣的乌鸦，墙外瑟瑟的河苇，无不为古墓凭吊者的心境平添几分凝重，为造访者思古之幽情增加几分苍凉。在这不乏浮躁的世界上，有时，人是需要凝重的。虞姬古墓，不虚此行啊！

千古第一大泽乡

如果说，上午凭吊虞姬墓，给我的印象是凄婉如歌的旋律，那么下午造访大泽乡，则如暮色中雄风的悲鸣与闻听成卒绝处求生的呐喊。公元前209年，秦二世暴虐无度，人民生活水深火热，"天下苦秦久矣"。陈胜、吴广等900余人被征召去戍守渔阳（今北京密云、怀柔一带），途遇连绵大雨被困大泽乡，按照秦律，误期当斩。绝望之中，陈、吴二人挺身而出，"大泽起风雷，一声天倒垂"，由此掀起了中国历史上的第一次农民大起义。

在大泽乡的涉故台，有一近10米高的石雕，是陈胜、吴广挥臂一呼，揭竿而起的形象，只是二人相貌相近，据说是雕塑家以村支书的正脸和侧脸为蓝本雕刻的。遗憾的是这个村子以及本地所在乡镇都已没有了"大泽乡"这个响亮的名字，而改名为西寺坡镇。这在当前全国各地纷纷以著名品牌改换自己地名的时代，大泽乡——我认为堪称千古第一乡的地方，却弃"名牌"而不用，令人匪夷所思。试想，如果你遇上一人说："我是乡长。"你可能没什么反应；如果他说："我是大泽乡的乡长。"你就可能双眼为之一亮：哇，大泽乡，好响亮的名字啊！

难道因为是农民起义的主题，就不好光大和利用这个品牌，借势发展吗？以史为鉴，可知兴替，正是历朝历代的农民起义，推动着历史车轮滚滚向前，以摧枯拉朽之势摧毁封建腐朽势力，所以说"人民，只有人民，才是创造历史的动力"。反思之，"水能载舟，亦能覆舟"啊，这是多么独特而生动的警示教育题材。

最令人惊异的是，迎面一棵古树，为柘树。铁干虬枝，坚硬如石，蜿蜒昂首，苍劲似龙，故当地人称之为柘龙树。据说已逾千年，可谓历尽沧桑。

拾级而上，一座巨大的覆斗形土台名为涉故台，是因陈涉之名而来。作为中国历史上的第一个农民起义，第一次农民战争，陈胜、吴广起义气吞山河，震惊千古，撼动了秦王朝的根基，难怪司马迁赞叹："天下之端，自涉发难。"据说这场从皖北大泽乡掀起的农民起义比西方著名的古罗马斯巴达克起义还早 136 年。

"马嘶恍听秋风动，弓影空悬夜月阑。"日近黄昏，不远处有一座名曰"鸿鹄苑"的仿古建筑即涉故台纪念馆，吸引了我，我主张弃车步行前往，以求获得更切身的感受。不料，阡陌尽头，一道河水横在面前，儿童散学，三五成群而去，一问方知，这也非寻常之水，叫作"鱼腹天书湾"，是当年陈胜设谋起事的重要场地。古籍记载，当年陈胜事先秘密派人于绢条上写了"陈胜王"三字并塞入鱼腹，后被捞鱼的戍卒发现并传为奇事，确信起事乃是天意。是文化的力量，不朽的春秋，让我们知晓这些动人故事，感谢司马迁《史记》不带偏见与倾向地记述了这一切，才使我们在此情此景中领略到与古人神交的境界。

岁月催人老，叩开"鸿鹄苑"的大门，作为中国农民起义发祥地的守护者，看管涉故台纪念馆的是一位老人，令人进一步感受到岁月之沧桑。但是，文章千古事，一声"王侯将相，宁有种乎"，一声"燕雀安知鸿鹄之志哉"，平地而起的大泽惊雷，是不绝于史的壮举，那不畏强暴、气贯长虹、"敢为天下先"的勇气，激励着一代又一代不甘受役、追求幸福的人们，虽经几千个春秋而不朽，名垂青史，世代传扬，惊天动地，荡气回肠……

独闯魔鬼城，遭遇鼠、鸟、蜥

老话说"秀才不出门，全知天下事"，如今，是不是秀才都不要紧，只要网上一搜索，啥信息都能找到，但最难得的就是亲身体验。2014年"五一"前的一个周末，我有幸应邀赴克拉玛依进行科普演讲，顺便走访了位于克拉玛依市以东100千米的魔鬼城。

魔鬼城又称乌尔禾风城。位于准噶尔盆地西北边缘的佳木河下游乌尔禾矿区，是一处独特的风蚀地貌，形状怪异，当地内蒙古人将此城称为"苏鲁木哈克"，维吾尔人称为"沙依坦克尔西"，意为魔鬼城。其实，这里是典型的雅丹地貌区域，"雅丹"是维吾尔语"陡壁的小丘"之意，雅丹地貌以新疆塔里木盆地罗布泊附近的雅丹地区最为典型而得名，是在干旱、大风环境下形成的一种风蚀地貌类型。

郭耕自然保护随笔
动物与人

228

周日一早7点半，对当地人来说还是酣睡时间，我已早早起来，饱餐早饭，等待出发了。由于景区开门没有这么早，司机徐师傅和科技中心小刘先带我到克拉玛依唯一的湖泊——艾里克湖一游，再转至魔鬼城。

魔鬼城呈西北东西走向，长宽约在5千米以上，方圆约10平方千米，海拔350米左右。据资料，大约一亿多年前的白垩纪时代，这里是一个巨大的淡水湖泊，湖岸生长着茂盛的植物，水中栖息繁衍着乌尔禾剑龙、蛇颈龙、准噶尔翼龙等远古动物。后来经过两次大的地壳变动，湖泊变成了间夹着砂岩和泥板岩的陆地瀚海，地质学上称它为"戈壁台地"。难怪景区设置了剑龙、翼龙之类的雕塑，就是为游人再现远古气氛。同样难以免俗的是，景区为姿态各异的岩石地貌杜撰了各种名字，置身魔鬼城，你的想象空间将得到最大限度发挥。无论如何，我还是对大自然的鬼斧神工叹为观止。

也许是命运的赐予，本来我们时间就很紧张，一到魔鬼城门口检票，得知游览车要25分钟之后才运行，为了不影响下午讲课，我们准备退票，可转念一想，何必非要坐车，暴走可是我的长项，于是，便迈开双腿独自按逆时针方向顺道路前行。没走出几步，一只黄鼠留住了我的脚步，它从地洞时进时出，

新疆大黄鼠

探头探脑，萌态十足，拍！我用相机及时留住了这难得的瞬间。事后，动物学家汪松告诉我，也许这是唯一分布在新疆的大黄鼠，哇，遇到亲人啦！

深入风城，尤其是独自一人，你会感到些许的恐怖。四周被众多奇形怪状的土丘所包围，高的有 10 层楼高，土丘侧壁陡立，从侧壁断面上可以清楚地看出沉积的痕迹，脚下全都是干裂的黄土，寸草不生，四周一片死寂，尽管烈日当头，作为孤独的天涯旅人还是有些不寒而栗。由于这里景致独特，许多电影都把魔鬼城当作了外景地，比如奥斯卡大奖影片《卧虎藏龙》。该地貌被《中国国家地理》"选美中国"活动评选为"中国最美的三大雅丹"第一名。新疆的魔鬼城除了上述的乌尔禾魔鬼城，另外，还有几个魔鬼城，一处位于奇台将军戈壁北沿，一处是吉木萨尔北部的五彩城。还有一处是哈密魔鬼城，那里也是国家 AAAA 级景区。

因为地处风口，魔鬼城四季狂风不断，最大风力可达 12 级。强劲的西北风给了魔鬼城"名"，更让它有了魔鬼的"形"，变得奇形怪状。远眺风城，就像中世纪欧洲的一座大城堡。大大小小的城堡林立，高高低低，参差错落。千百万年来，由于风雨剥蚀，地面形成深浅不一的沟壑，裸露的石层被狂风雕

停在沙棘上的穗鹛　　　　　　　　　　奇台沙蜥

琢得奇形怪状：有的龇牙咧嘴，状如怪兽；有的危台高耸，垛堞分明，形似古堡；这里似亭台楼阁，檐顶宛然；那里像宏伟宫殿，傲然挺立。真是千姿百态，令人浮想联翩。在起伏的山坡地上，布满着血红、湛蓝、洁白、橙黄的各色石子，宛如魔女遗珠。

风口之城，每当风起，飞沙走石，天昏地暗，怪影迷离。如箭的气流在怪石山匠间穿梭回旋，发出尖厉的声音，如狼嗥虎啸，鬼哭神号。魔鬼城一带，蕴藏着丰富的天然沥青和深层地下石油。果然，不远处就有几台采集石油的磕头机，在魔鬼城的山顶，遥见几位身穿红色石油工作服的工人正在工作。一圈走下来，除了坐游览车的，我只遇到一拨游客，远远看去，是三两个女人在摆姿势拍照。

虽然步行劳累，汗如雨下，但汗水绝非白流，我拍摄到与风蚀地貌相得益彰的鸟图，而且是我从未见到过的鸟——穗鹛，它们专门挑选石块或土墩的高处，停歇，亮相，使我拍摄起来得心应手。魔鬼城暴走，我不仅得到珍禽异兽的画面，还摄得一只叫作"奇台沙蜥"的爬行动物，那硕大的头颅、反卷的尾巴，尤其是尾端色黑，与浑身的苍褐色对比鲜明，组合奇特，相映成趣。一个半小时，行程10千米，不可谓不艰，但换来的是一鸟一兽一蜥蜴，且都很珍稀奇特，独步魔鬼城，弥足珍贵！

铜陵访江豚，保护燃眉急

"灭绝意味着永远，濒危，则还有时间。"这句国际流行的自然保护格言，用在长江的两大物种——白鱀豚和江豚身上，恐怕是再恰当不过的了。

2012年11月2日，我应"中国生物多样性保护和绿色发展基金会"京仁秘书长之邀，来到安徽铜陵进行科教培训，不料此行竟然与一种古老的孑遗物种——长江江豚，邂逅。第一天，铜陵江豚保护区的郑局长亲自驾车远达南京，把授课的三位老师——北师大刘定震教授、中国环科院王伟博士和我接至铜陵。路上，郑局长还告诉我们一个好消息：今年5月份，保护区繁育基地有三只小江豚降生！局长的热情让我们无不感到"受宠若惊"，感谢局长，也感谢喜庆的江豚，从而探访江豚的心情就愈加迫切。

2日上午，完成教师培训，下午我们急忙赶往江豚保护区所在的夹江繁育基地。保护区位于铜陵南郊的大通镇，这是一座兴盛于元朝的古镇，破旧的徽式房屋，斑驳的石板道路，肩挑竹筐的村民，老旧昏暗的剃头屋，贩卖农具的摊位……都给人一种穿越时空、置身前朝的感觉。东游西逛的我，一不留神竟错过了保护区的入口，那是一条很狭窄的胡同，没走几步就到达通向保护区的鹊江渡口，那里，有免费的摆渡船在等待大家。村民们淡定地往来乘舟，我们则兴奋地在渡船上东张西望，拍照留影，甚至，我情不自禁地唱起了《过河》："哥哥面前一条弯弯的河，妹妹对岸唱着一支甜甜的歌……"

这是长江的一个小分汊，但也舟楫往来，仿佛东吴战船，樯橹列阵。登岸后，见村民的菜筐排成一溜，香菜的味道浓郁扑鼻，几乎能勾起我们儿时的记忆。沿绿树成荫、娇莺啼鸣的小路前行，保护区的通路上，迎面有一座拱门雕塑，竟是吻部修长的白鱀豚的两尊遗像，让我的心突然咯噔一下，逝者如斯，不可复矣！

进入保护区的大门——"铜陵淡水豚国家级自然保护区管理局"的牌子赫然在目，这个迁地保护基地位于长江南岸的铁板洲与悦洲之间封闭的半自然夹江水域，是一段可通长江的长1600米、宽80~200米的独立水域，面积26.4

铜陵淡水豚保护区探江豚

公顷。这里，共生活着 11 只江豚，用于保种、繁育和研究。事实上，这只是一个小小的迁地保护种群，铜陵真正的就地保护区域是在长达 58 千米（上至安徽枞阳县老洲，下至铜陵县的金牛渡）的长江江段，共有 180 只长江江豚。

在保护区唐副局长的陪同下，我们走近了江豚生活的水域，饲养员手提两桶小鱼随后，尚未接近，江豚就从远处水域闻讯而来，因为，江豚和白鱀豚可以敏锐地利用回声定位，探知水陆情况，但长江中百舸争流，过于嘈杂的行船声，则会使其失聪，甚至撞到船尾的螺旋桨，粉身碎骨。

随着饲养员将一条条小鱼抛向水面，江豚三三两两、不急不缓陆续游来，不时地露出头和背脊。据我所知，背部无背鳍乃是长江江豚的重要特征，所以，其英文为 finless porpoise（原义为"无鳍的海豚"）。我们赶忙把相机的镜头对准江面，拍下这一只只珍贵的动物，留下一幅幅珍贵的画面。想当年，2001 年 7 月 14 日，我在武汉水生馆探望唯一一条长期被人工饲养的白鱀豚"淇淇"，记得当时，是额头宽大、又高又白、相貌颇有几分与白鱀豚神似的豚类专家张先锋博士带领我们参观的，可惜我只拍到一张较为清晰的"淇淇"的照片。不料，2002 年 7 月 14 日，恰在一年后的同一天，"淇淇"溘然

水中的长江江豚

长逝，此照竟成遗照。俗话说"看一眼少一眼"，这次见"淇淇"竟然成了最后一眼，不仅是一个生命的最后一眼，更是一个物种的最后一眼。

2006 年 11 月，中、美、英三国科学家组成"长江江豚科考调查组"，历时 26 天，沿着从宜昌到上海的长江 1700 千米的江段搜索，一无所获，只得无奈地宣称，白鱀豚这一进化了 2500 万年的古老物种，已经是功能性灭绝。而 2007 年，铜陵市民曾玉江在铜陵县胥坝乡渡口发现了一只白鱀豚，录下了 156 秒的视频，这也许就是人类对白鱀豚的最后目击了。

中华人民共和国成立之初，长江中的白鱀豚尚有万余头，算是人们常见的动物，短短半个世纪，就走向了绝迹。1981 年，我国豚类专家周开亚先生首先发表文章，指出白鱀豚的濒危，甚至有可能在半个世纪灭绝，当时，人们还觉得是危言耸听。不幸的是，白鱀豚数量减少的速度比他估计的还要快。1986 年 200 头，1991 年 100 头，1999 年 50 头，2006 年几乎找不到了，2012 年完全见不到了……不到 30 年，一个如此古老的物种，就这样轻易地灭绝了。

如再不保护，生命消逝的多米诺骨牌将会倒向下一位——江豚，恐怕长江江豚将会是人类灭绝的第一个鲸类亚种。为什么呢？仅存于长江之中的"长江江豚"在分类上属于鲸目，齿鲸亚目，鼠海豚科，是海豚的唯一淡水亚种（三个亚种为长江江豚、黄海江豚、南海江豚），如今长江江豚只有1000头左右，且正以每年6.4%的速度减少。逝者已去，生者安否？回答是否定的！长江中高密度的行船，持续增加的建闸、筑坝、挖沙等行为，过度的捕捞作业以及误捕误杀……是长江江豚屡屡遭到撞死、电死、钩死、毒死、炸死、病死、饿死的威胁，可谓步步惊心，处处艰险。仅2012年，在长江中游就发现12头死去的江豚，在下游发现11头死去的江豚，这还只是发现的，没发现的实际死亡数，一定会多于这个数字，难道2012年真的是这个老物种的末日吗？今年当然不会，但如此可悲的现状令人高兴不起来，甚至有估计，长江江豚的大限是15年。还在铜陵的江豚保护区科教馆参观时，我就用手机翻拍并发送了这样一则微博消息，画面是一只江豚特有的面孔——永远带着灿烂的微笑，附带文字是："江豚带给我们的是笑脸，人类强加之的，却是步步绝路。"

这个进化了2000多万年，从远古的偶蹄目中爪兽发展而来，人称"江猪"的古生物，由陆生变换为水生，有着多么奇妙的匪夷所思的自然历程。宋代诗人有对江豚的记述："黑者江豚，白者白鳍，状异名殊，同宅大水……"如今，大家爱说宅男宅女什么的，可古人说白鳍豚和江豚也是同样的"宅"，宅于长江，这是多么博大的气魄和多么美妙的历史啊！怎么偏偏到了我们这一代人的手里，它们就要走向末路了呢？野生动物的今天预示着我们的明天，毕竟，我们共处一个生物圈，江豚因长江生态状况的恶劣难以为继，难道我们就能独善其身吗？

可如此困局，如何破解呢？无奈之下，保护区郑局长给了我一个这样的明示，我认为如能实现，这真是追求人与自然和谐相处的明智之举，善莫大焉！是何良策？他说，长江作为黄金水道，禁航是不可能的，治污的难度也很大，但全面或分段分时地禁渔，则不是不可行，比较白鳍豚，江豚毕竟还有相当的数量，共约千头，其环境的耐受力也优于白鳍豚，限制捕鱼，至少不会把这些弥足珍贵的淡水豚，给活活饿死。变捕捞业为生的渔民为养殖业为生的渔民，让渔民上岸，转产搞养殖，护生富民，两全其美。无论怎样，都是为了一个目的，拯救家园及其生灵，走可持续发展之路，以免使长江成为一个无鱼之江、无豚之江、死亡之江。拯救江豚，已到燃眉之急，一些有识之士，包括豚类专家周开亚，都提出了不少真知灼见：

1. 必须将长江江豚从二级保护动物提升为一级保护动物；

2. 制止对江豚栖息地的进一步破坏并进行重点江段的生态修复；

3. 就地保护的同时，增加迁地保护留种繁育基地；

4. 禁渔 10 年，严禁非法捕鱼；

5. 严控工农业污水和生活污水排入长江。

"我住长江头，君住长江尾，日日思君不见君，共饮长江水。"中华民族的母亲河已经重疴在身，可她还要继续支撑中国半壁江山的人口和经济，保护长江，势在必行！长江不仅养育了两岸各族人民，更孕育了独特而多样的生物，长江江豚不仅是长江生态食物链的顶级动物，中国独有的历尽沧桑的活化石、长江生态系统的旗舰种、关键种和从中新世延存至今的孑遗种，更是江湖湿地环境质量优劣的标志物。生物多样性的延续与丰富，折射着和预兆着人类的未来，豚之不再，人将焉存？

好在，生态文明的绿色之光已是晨曦初露。我曾在麋鹿苑制作了一个"谁是最可怕动物"的提问箱（答案：人类）。今后，我还可以再做一个"谁是迷途知返的动物 / 改邪归正的动物 / 悬崖勒马的动物 / 追求和谐的动物……"的提问箱，希望答案也是生态意识觉醒的人类吧！

环保寸草心，演讲雪域行

我都不曾料到，2005 年的下半年，在我四十有四的时候，竟然豪迈了两把：一是 7 月份，徒步一周穿越了金沙江的支流珠巴洛河流域（考察日志发表于 2005 年第十期《人与自然》杂志）；二是 9 月份，"香港地球之友"组织环保演讲到了西藏。其实，这之间我还去了一趟长白山，因是随旅行社走旅游线，感触不深，可忽略不计。西藏是我及许多内地朋友梦寐以求之地，有幸受西藏环保局之邀，我们"地球之友"讲师一行 8 人，于 2005 年 9 月中旬在雪域高原做了为期近两周的演讲，主要活动在拉萨、林芝、山南三地。

2005 年 9 月 11 日（周日）

凌晨，因鼻炎困扰，我早早地起床，要赶 7:30 去西藏的航班嘛，激动的成分当然还是大于其他。6 点，我与"地球之友"的成员陈英、文伟已经打车到了机场。7:30 起飞，9:50 到成都，休息片刻，11:00 继续飞行。不知是飞机越飞越低，还是地势越来越高，看上去，飞机就像贴着山地的峰峦穿行。12:50 到达拉萨贡嘎机场。走出候机楼，日光明朗，眼前一亮，天色湛蓝如洗，空气沁人心脾。拉萨也是大城市，但感觉跟刚刚离开的大都市北京截然不同，其实，最大的差别是，这里的含氧量仅内地的 60%，只是我们刚到，还没来得及反应。更来不及反应的还有我的思维，过去"进藏半年，出藏半年"的路程，如今，半天就解决了，惊叹之余，不免对人类如此的"能力"有些惊悸。

自治区环保局的工作人员苏云和央金都是藏族女子，她们前来接应，给我们献上哈达。我因为刚到过云南的藏区德钦，所以对此礼节不再陌生。有趣的是，一位男士上来跟我打招呼，并叫出我的名字，我很诧异，在异地他乡，竟然有人认识我？他个头不高，自我介绍"胡向东"，我一听就忆起他是我儿时一起玩的小伙伴，想不到他如今这么有出息，作为援藏干部来到拉萨，在这里担任建设局副局长。

坐上一辆依维柯旅行车，驶向拉萨，这是我从小在《逛新城》歌曲中所熟

西藏之行

悉的城市。也许是旅途劳顿,我有些昏昏欲睡,十几分钟后,似乎看到车窗外有条河,便随口问了声:"这是什么河?"回答的声音虽然不大,却足以把我惊醒:"雅鲁藏布江!"我感慨道,雅鲁藏布江!这可是地球上最高的大河啊,真是神山圣水,比比皆是。过嘎拉山隧道,沿拉萨河前进,很快,就来到这座举世瞩目、令人向往的城市,更是藏族人民心中的圣城——海拔 3658 米的"日光城"拉萨。

入住于拉萨赛康宾馆,室外阳光明媚得刺眼,大家像怕光似的,不敢出去,其实是高原反应开始了。果然区别于内地,与我同屋住的老文想抽烟,打火机就是点不着,再看各位,嘴唇发紫,头重脚轻,上楼梯都没劲儿。这时,我在西藏的朋友王雪迎、小哨夫妇来雪中送炭了,给我们带来了瓜果、葡萄糖,还有氧气卡,这里的饭店房间,一般都配备有插卡式供氧机,以便内地客人吸氧之需。

傍晚,雪迎和小哨便热情地把我带到拉萨著名的以大昭寺为中心的八廓街，在一处古老的黄色民居——玛吉阿米酒吧用餐。店堂布置得颇具怀旧情调，我们悠闲地吃着酸奶，喝着酥油茶，随手翻阅着藏纸印制的粗糙但很另类的留言簿，俯瞰八廓街上按顺时针环绕大昭寺转经的善男信女。人群络绎不绝，他们多是来自藏区各地，既有围着藏式围裙——邦典的婀娜妇人，也有头上扎着英雄结的威武的康巴男子，有身穿红色布袍、拿着手机的喇嘛，有头上梳满小辫的昌都藏女，有手持经筒、牵着小狗朝拜的老人，还有掺杂其中的中外游客，尽管已近掌灯时分，依然人流如织。从转经者从容的步履、磕长头者虔诚的举止中，我由衷产生一种感觉：我是匆匆过客，他们才是真正的雪域主人。

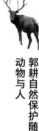

2005 年 9 月 12 日（周一）

　　高原反应发作，今日最难熬，上午，我们基本上是在房间中闲待，看有关西藏的书刊；西安的讲师刘文化、广州的讲师夏涛、贵州的讲师盛晶晶相继抵达。下午，到几个演讲地看场地，调试多媒体设备。

238　　　**2005 年 9 月 13 日（周二）**

　　今天，开始练活儿。第一课由我来讲，在西藏自治区环保局。由于香港地球之友总干事吴方笑薇的航班延误，他们上午才能到西藏，所以，我打头阵。吸过氧气，吃过"高原安"，尽管还是有气无力、身体状态不佳，好在"绿色奥运，厚德载物"之演讲内容对我来说是轻车熟路。

　　9:30，环保局的藏汉干部们从各个地方赶来。在环保局大礼堂正前方，悬挂着写有"寸草心环境教育讲师团（西藏）培训班"的横幅，我便从唐诗中"谁言寸草心，报得三春晖"的母子关系说起，再转到人与地球的关系，因同样是母子，我便用了三个词"神奇、神秘、神圣"表达对西藏神山圣水的敬重。在讲演接近尾声的时候，吴方老师赶到，她滔滔不绝地讲到中午 12:00。坐了几个小时的飞机，也不休息，其连续作战的精神令人佩服。

　　下午 3:30 为拉萨的上班时间，我们的讲座分别安排在西藏大学（吴方老师和我）、拉萨中学（夏涛老师）、第三高级中学（刘文化老师、盛晶晶老师），我们便分头出击。这是我此行在大学里做的唯一一次演讲，所以特别重视，好在身体感觉比上午舒服些了。

2005 年 9 月 14 日（周三）

上午，分别在企业（吴方老师、刘文化老师）和旅游（我和夏涛老师）系统演讲。

9:30，为自治区旅游局的干部职工及一些来自旅游饭店的从业人员讲座，我是主讲，题目是《生态旅游——一种天人合一的游憩方式》，这个讲座我讲过几次，但用多媒体演示还是第一次，我怀疑没有讲好，因为听讲者一个个都面无表情。

下午，我因跟王雪迎约好，便到她丈夫工作的西藏通信管理局集合，又约上同样是来拉萨做培训的他们的朋友 CCTV 主持人康辉、管彤，一起先上药王山，深入观赏这个外地游客很难涉足的摩崖石刻山和堆砌如山的玛尼石。

二 巡讲不止 笔耕不辍

239

2005 年 9 月 15 日（周四）

今天的活动主要是参观。

早上，到位于拉萨市内的拉鲁湿地。这是世界上海拔最高、面积最大的城市天然湿地。昨天路过这里，透过栏杆向里张望，还见到了一些美丽的水鸟：白骨顶。我在西藏的北京朋友雪迎、小哨夫妇也对拉鲁保护区隔墙相望，只是无缘进入。今天，在保护站曲扎站长的亲自带领下进入保护区，我便顺便把雪迎介绍给站长，他热情地为我们放出一群饲养的斑头雁，方便大家拍照，但可惜不是野生大雁。

我们顺着搭在泥沼水草上的木制栈桥，走进拉鲁湿地，可惜在湿地中央反而没看到什么鸟。在回来的路上，湿地与林地的边缘，我发现了一些鹡鸰、斑鸠和戴胜。我相信，这里的水鸟绝对少不了，栈桥构造很好，如果在其上设置一些湿地知识牌和本土物种介绍牌，那就完美了。诚然，做这些介绍牌确需一些投资，但微乎其微，最关键的还是这上面的知识含量。

中午，我们讲师团一行来到著名的布达拉宫。为了入乡随俗，我在门口花25 元买了一顶藏式礼帽，但后来发现，戴这种帽子的，多是外来者，就像各个景点前穿民族服装照相的，都是汉族游客。

在拉萨拉鲁湿地考察

布达拉宫坐落于西藏拉萨，是世界上海拔最高，集宫殿、城堡和寺院于一体的宏伟建筑，也是西藏最庞大、最完整的古代宫堡建筑群。布达拉宫的规模和艺术价值，代表藏文化的顶级水平，是现今世界仅存的政教合一的突出案例。布达拉宫是集三大功能于一体的历史建筑群。1994 年布达拉宫被列入《世界遗产名录》，2000 年大昭寺作为布达拉宫的扩展项目列入《世界遗产名录》。

向往多年的圣殿布达拉宫，今天终于登临了，瞻仰历代喇嘛的灵塔，感受空气中弥漫的酥油味，但给我印象最深的，还是那神龛下自由出没的小猫和随处可见的红衣喇嘛。

下午，我们来到与布达拉宫同为世界文化遗产的罗布林卡（藏语意为"宝贝园林"）。我们遇到一处在屋顶打夯的男女们，他们唱着劳动号子《打阿嘎》，杵着棍子，甩着膀子，你来我往，一轮一轮地，好不酣畅。我们无不为他们欢快的劳动之歌打动，我感慨道：歌舞最初就产生于劳动，这不正是最原始的、原生态的、原汁原味的魅力歌舞吗？此曲只应天上有，人间能得几回闻！

2005 年 9 月 16 日（周五）

初秋的拉萨，夜凉如水。一大早，我们乘上依维柯旅行车，踏上了去下一个讲学地——林芝的征程。7:40，过拉萨河；8:00，到达达孜县，这是距拉萨最近的一个县。

8:30，到龙达村。我觉得，这个地名颇有真龙天子到达的寓意，这是藏王松赞干布的出生地。我们下车在路边拍照，附近的牧场丰腴，牛羊成群，的确人杰地灵，物阜民丰。

8:45，到达墨竹工卡县。刚到县城，听说希望小学的校长要来迎接我们，见面才知道，这位校长是一个 30 来岁的叫洛旦的小伙子。在他的带领下，我们跨过一座架在一条湍急河流上的晃晃悠悠的钢索木板桥，循着歌声来到唐加乡希望小学。与小学生们互动、交流之后，大家开心地畅饮人家为我们精心预备的甜茶，才依依挥别。

行驶了 100 多千米，中午翻越了海拔 5138 米的米拉山口，便进入林芝境内。"林芝"的藏语意为"太阳的宝座"。这里位于西藏东部，平均海拔又低于整个青藏高原，林木茂盛，气候温暖，有"西藏江南"之称。下到草原，开始走近另一条大河——尼羊河，呈现在我们眼前的，果然是另一番景象：绿树葱郁，山清水秀，牦牛在激流中屹立，羊儿在草坡上流连。这时，盘山路上，一队军车缓缓出现，我们的车开足马力才超了过去，回首望去，那队军车犹如一道移动着的绿色长城，护卫着这片神圣的土地。

下午 2:00，到达另一个县：工布江达。听说这里有野生白唇鹿，我感到十分亲切，那是我最熟悉的动物之一，可惜无缘见到。首先迎接我们的，是一处鬼斧神工般的景观——中流砥柱，在滚滚急流中，一块圆柱形巨石端端坐落在江心，被人唤作中流砥柱真是名副其实。

下午 2:45，在工布江达县城用餐。但令我们开眼的是这里的藏族服饰，一种叫"果秀"的类似套头长坎肩的上衣，简单实用，前后一搭，中间留个口，支支棱棱，酷似边陲武士。

下午 3:40，到达我们预计途中逗留的第二个小学——仲莎乡希望小学，又叫阿沛小学。学校同样是有备而来，在校园的绿地上搭起了临时帐篷，作为主席台，我们各位讲师各展身手，为这些大山深处的孩子们做环境教育演示，

为希望小学的学生做露天讲座

我照例带孩子们齐唱《环保拍手歌》。

下午6:00,沿着一条绿树成荫的林荫道,我们驶入林芝的行政所在地——八一镇。八一镇,顾名思义,这个地名与解放军有关系,这里的城镇建设,军队贡献最大,如今,这里也可以说仍有重兵把守,因为这里距国境线只有数十千米了。但我觉得这个地方的名称似乎应叫"粤闽镇",因受广东、福建两省援建,办公楼、写字楼、广场、大街,无不堂而皇之地冠名:广州路、深圳大道、福建路、珠江市场、泉州路、厦门广场……街道平直气派,店铺鳞次栉比,白天楼高街阔,夜晚华灯通明。

2005 年 9 月 17 日(周六)

昨天,人在旅途,明天,他乡中秋。好在入住的福建大厦是一个星级宾馆,相当舒适。

今天,9 月 17 日,是"全国科普日",可能我们此行的人员,谁也不会注意这个事情,在西藏林芝,就更没有人听说这回事了。殊不知,我此行的身份是身兼三职,既作为寸草心讲师团的成员,又代表了北京绿色奥运宣讲团及中国科普志愿讲师团。

9:30，在林芝二中开课。听众为地区环保局干部及林芝农牧学院的大学生。在没有调试好多媒体设备之前，吴方老师就坐在同学们当中开始侃侃而聊。她不愧为联合国"全球环境五百佳"和中国国家环保局的"特聘环境大使"，随时随地绘声绘色，说得学生们都聚拢过来。这样为我节约出了时间，她按时下课，我按时上课，讲得过瘾，环保局的同志们听得专心，局长书记频频点头，让我越讲越来劲儿。已经中午了，林芝地区环保局的同志，特别是几位局长同志，都不是起身就走，而是热情地跟我们交流，拉着我们合影，福建省环保局宣教中心来林芝挂职副局长的黄光纯先生还谦虚地让我把《环保拍手歌》写给他，我当然是乐此不疲了，在此，便体验到了"教学相长"的乐趣。他们没有请我们吃一顿饭，喝一口酒，但此情此景，令人感动。

下午，为林芝地区旅游局做生态旅游培训，局长和旅游局的同志，包括导游们都前来听讲了，吴方老师先讲，她向大家展示了国际上开展生态旅游的很多案例，让人大开眼界，她的"返璞归真，精神消费"，让我受益匪浅。我还是讲《生态旅游——一种天人合一的游憩方式》。我们讲完，林芝地区旅游局的刘剑副局长给予了很有见地的总结发言，特别说到"新八一镇"的概念，我觉得他的思路非常清晰，利用老名声，开创新局面，使林芝达到八大景区100个景点的旅游规模，此谓"八一"。

而林芝教育局的一个同志，把西藏的几个各具特色的地区做了一番评价，令我在了解西藏的这几个地方的要点，特别是在了解林芝上茅塞顿开。他说：西藏最好的地方是拉萨，最远的地方是阿里，最高的地方是那曲，最险的地方是昌都，最大的地方是日喀则，最古的地方是山南，而最美的地方则是林芝。

2005 年 9 月 18 日（周日）

昨天讲旅游，坐而论道，今天就实践一把。一早，从林芝驱车前往 60 千米之外的鲁朗林海，路过林芝县城才知道，这里是林芝真正的行政所在地，但大部分都迁往八一镇了，所以，老县城显得颇为败落。好在时不时见到路边穿着民族服饰的藏族人士，我感觉，老县城正好可以"倚旧卖旧"开展民俗旅

二　巡讲不止　笔耕不辍

243

游，秦岭深处的"老县城"不就因为老而成为一个引人注目的旅游景点了吗？

鲁朗林海，的确让人惊异，在雪域高原的西藏，还会有这种规模的松涛林海。

中午，沿尼洋河行车，来到林芝巨柏林。位于林芝县巴结乡境内的巨柏林是西藏最小的一个自然保护区，面积才8公顷，坐落在一个山根下的南坡上。数人才能合抱的巨大柏树，令人赞叹不已，其中一棵50米高堪称"中国柏科之最"的巨柏被尊为神树，上面挂满哈达，传说是本教开山祖师辛绕米保的生命树。站在这棵高大的、历经2600多年的、阅尽世态炎凉的巨柏面前，我们个人愈发显得渺小。

下午，在一个距八一镇27千米的叫卡定沟的景区游览，山岩高耸，溪流湍急，瀑布悬垂，落差达200米，很像我刚去过的金沙江支流珠巴洛河。那个地方处于滇藏路的云南德钦的奔子栏，离这里也不算太远了。卡定，藏语是"人间仙境"的意思，事实上，往天上看，没人能及，但有猕猴，冬季它们才下到山脚。管理者拴着的一只小猕猴吸引了我，我用猴子能明白的语言与它交流，果然，它马上认同了我，乖巧得就像找到了亲人，依偎在我的身边，舒服得一塌糊涂，让我给它理毛。

午后，山雨淅沥，雨未停，彩虹出，就在我们入住的福建大厦的对面天空，而且是双层彩虹，我还是第一次目击。

晚上，在一家藏餐馆进餐，我不吃肉，因此，除了酸奶、甜茶，对藏餐没有什么兴趣。其间，遇到一位广东援建的干部来敬酒，开始没当回事，但一听说他在墨脱挂职副县长，我们顿时全体起立，肃然起敬啊！毕竟，那是全国唯一没有公路的县，他回去至少要步行3~4天，而且，沿途蚂蟥当道，塌方断路司空见惯，艰苦卓绝可见一斑。

餐馆老板为客人端上了月饼，我们才意识到今天是中秋节，同时，今天还是周末。晚上，妻子来电话埋怨我不在家，我也没想到，这个中秋节会跑到如此偏远的地方，不过，也挺引以自豪的，在给朋友们的短信中多次提到，请在地图上找一找我的位置吧！

山脚下的合影

2005 年 9 月 19 日（周一）

早晨，离开八一镇，亦即结束林芝之行。9 点多，到达巴松措，这是一个位于工布江达县境内的海拔近 4000 米的高山湖泊，也叫措高湖，为藏东最大的堰塞湖之一，湖光山色，恍如仙境。在栈桥相通的小岛上，古树参天、绿荫掩映的山坡上，是一座藏传佛教的寺庙，在这如此超然的仙山琼阁，人的心境和行为也会变得澄澈、美好、顺其自然了。在云蒸霞蔚之处拍照，措高湖在我心目中留下了极其美好的一幕。

中午，我们的旅行车回到公路旁的著名景观：中流砥柱。巨大的圆柱形岩石矗于江中，千年万载，任江水滔滔，岿然不动，蔚为壮观，我们停车拍照，很多旅游者也都为此石所动。石不动人动，是人的心动啊！

下午 2:00，在路边小饭店用餐，听说前边道路出事了，我们无法想象事故的严重性，只好继续赶路，并计划天黑前赶到山南地区。没走半个钟点，车辆已经死死地堵在公路上了，很多是拉木材的卡车，开始，我们还从车窗伸出相机抢拍沿途的木材车，此刻竟满目皆是了。顺着钢铁长城般纹丝不动的车队，徒步向前，原来，在一座桥上，两辆拉木头的大卡车挤在了一起，一辆歪倒在桥上，都是它们惹的祸。

桥上的路被堵死，很多司机便另辟蹊径，从桥下湍流上驾车冲过，但这也不是好玩的，一辆考斯特旅行车半途熄火了，停在激流中动弹不得，在别的车的帮助下，它被拉了回来。此时，那些越野吉普大显神威，一个个开足马力，吼叫着冲了过来，大卡车、工程车也都当仁不让地冲了过来，就连一辆驾驶篷被撞瘪了的小卡车，也稀里咣当地冲了过来。我们的依维柯旅行车，也在常州师傅的神勇驾驭下冲过了激流。过后，我还向他讨教一番，他便传授了我这门驾车过河的技巧：低挡大油门！无论如何，堵车虽耽误了我们到山南的行程，却给我们此行留下了令人难忘的插曲，坏事变好事了，否则我哪能摄到那些生动鲜活的照片呀！晚上，只好在拉萨入住。

2005 年 9 月 20 日（周二）

早晨，拉萨还在沉睡中，路灯闪烁，我们在牛肉面馆饱餐一顿，便趁着夜色奔赴山南。上午 9:00，已经入住于山南的泽当宾馆，这里，条件逊于高楼大厦的林芝福建大厦，但开门见山，设计巧妙，还是四星级的呢！泽当，藏语为"玩耍的坝子"。泽当的马路上游人不多，颇感悠闲，街头的小店，特别是印度商品小店，很受我们一行人的喜爱，每个人都没少采购，除了我。

上午，安排在山南一中为中学生讲课，5 个老师车轮大战一般，走马灯似的挨个上台，我最后演示自编的小话剧《我对地球的贡献》。下课了，这些淳朴的同学，好像多为汉族孩子，跟我们搭着话，一群男孩女孩表达着他们所受到的感染与触动，一个女孩还对吴方老师说，等长大有了钱，去香港看她，吴方老师说：只要学业有成，可以去香港搞交流，不必非得有钱才能去呀！山南环保局的副局长叫达瓦，藏语是"月亮"的意思，他的双眼明亮，的确如同月亮一般。下午，与旅游局、环保局干部见面，讲演进行得顺利而圆满。

2005 年 9 月 21 日（周三）

上午，在山南的一个教学点考察，这里只有一、二、三年级，几乎都是藏族小朋友，都讲藏语，他们对我们的到来表现出了极度的热情，孩子们欢迎我们的方式是拼命地唱歌、扯着嗓子背诵口诀，好吸引我们的注意力。几个乡村女教师，有着刻意一致的服饰——邦典。吴方老师以"地球之友"的名义给他们带来很多文具。其实，比起内地的很多地方，这里的条件已算不错，起码，教师的工资有保证。

下午，陕西的刘文化老师、贵州的盛晶晶老师离开西藏，大家依依惜别。也挺遗憾，因为山南是寻古的最佳去处。途中，我就看到"世界之巅在西藏，西藏之源在山南"的旅游广告语。下午，我们连去了三个景点：雍布拉康、昌珠寺、藏王墓。

老远就能看到的，那气势雄伟的、古堡般的宫殿，便是雍布拉康。

雍布拉康原为松赞干布与文成公主的夏宫，后改为黄教寺院。这个古老的建筑物坐落在扎西次日的山巅，我是骑着一头罕见的白牦牛上去的，真有些飘飘欲仙的味道。

作为藏文化的发源地，这里有"国王莫早于聂赤赞普，地方莫早于雅砻，宫殿莫早于雍布拉康"之说。在漫长的藏族历史中，山南拥有众多的第一：不仅有西藏第一座宫殿——雍布拉康，还有西藏第一位国王——聂赤赞普，西藏第一个奴隶制政权——吐蕃王朝，西藏第一块农田——萨日索当，西藏第一个寺院——桑耶寺，西藏第一部经书——《邦贡恰加》，第一部藏戏——《巴噶布》，西藏第一座佛堂——昌珠寺。在昌珠寺，见到一帮小喇嘛正赤膊上阵地从水井里往上提水，而后又一本正经地和衣而坐，在墙脚读经，那劳作、苦读的场面，令人感触到出家人修行的艰辛，但他们的精神世界，看上去又都那么充实而幸福。昌珠寺是松赞干布与文成公主成婚时建立的，又一次见证了汉藏自古是一家。

在这里，不仅这里，几乎在我们所去的每个寺庙，都能看到一种现象：喇嘛欣然接受着现代事物，比如打手机和用太阳能炉灶——我对这种环保节能的方式颇为欣赏，拍摄了一些喇嘛与太阳灶的场面，对此，每个喇嘛都很热情，很内行地摆好姿势。从高处四下俯视，十几座吐蕃陵墓散落于雅砻江河谷，雅砻江从眼前流淌而过，在泽当镇汇入了著名的雅鲁藏布江。

晚上，小城月冷，山风瑟瑟。在泽当宾馆，我无意中看到了山南电视台播出的节目——我们"地球之友"讲师团在这里的活动。哈，我们上电视了！这让我极有成就感！在西藏的环保演讲，到此结束。

三月莺飞粤三地

2019 年 3 月，我们"老科学家演讲团"的广东之行又启程了，这次我走的是佛山、珠海、韶关三地，一共做了 24 场科普报告，以小学讲"生态生命生活"为主，中学有几场"魅力观鸟"与"灭绝之殇"，给公务员讲"生态文明与绿色生活"。

一站佛山

估计是回南天，淫雨霏霏，难见天日，还换住了三地，因为顺德与高明距离遥远，所幸佛山科协卢部长安排的主要入住地佛山迎宾馆还是很不错，不仅我们住的一号楼很有历史感，而且有一巨大阳台，便于观察周围郁郁葱葱的林木环境，我便晨昏观鸟，以"迎宾馆"的迎字为背景拍摄的乌鸫图插入讲座PPT 作为压题之图，芒果树密丛之中婉转歌喉的长尾缝叶莺、楼头忙着衔草营巢的白头鹎、电线上张嘴朝天大叫的鹊鸲、远方盛开如火的木棉，竟盘桓着一只大绯胸绿鹦鹉，而最特殊的鸟当算那只展翅欲飞的叉尾太阳鸟，绿鹦鹉虽足够吸睛，但可能是养殖逃逸鸟，而那比麻雀还微小的叉尾太阳鸟，对我这个北方佬来说才是耳目一新，眼前一亮。虽然惊鸿一瞥，所幸拍到录到。

二站珠海

区别于佛山的奔波，珠海仅入住一家酒店，两次乘出租车，司机都抱怨说不认识这家酒店。原来，这几天讲课几乎都是学校、宾馆接送，称送到某某公园。我只能以住地为中心，将周边的公园一一走遍才找到住所。令人不解的是，以海景著称的珠海，市内公园，无园不山，石花山公园、白莲洞公园、景山公园、将军山公园以及吉大水库，星罗棋布点缀市间，各类楼盘也纷纷打出"观山望海"的旗号，赚得盆满钵满。

在与北京同名的景山公园，我独乘缆车登顶居高望海。远见两只黑鸟翻飞嬉闹，以为是乌鸫，幸好录了下来，回来一看，竟是紫啸鸫，甚为惊异。这与

衔草筑巢

我一次在株洲远见树顶一鸟，以为是八哥，随手拍下，过后回看大惊，竟然是一只三宝鸟，简直异曲同工。

像每天课后都去一处公园一样，最后一课下课后我要到市中心的吉大水库去，开车的老师都没去过。在市内能有这样一块自然山水，可谓城市绿岛，于是我便独步其中，披荆斩棘。陡坡野径，荒无人迹，对面山谷传来高亢的鸟鸣。噪鹛！我熟悉这种声音，用袖珍的拍鸟神器拉近一看，果不其然。于是，且拍且录，虽远亦得。见好就收，我顺着来路退回，那只噪鹛依旧在树梢鸣叫。离开这位于城市腹地的自然荒野，花 1 元乘公交，我便回归住地。

三站韶关

几年来，来粤科普巡讲，始终无缘韶关，甚觉遗憾，今年便自告奋勇报名到韶关，终于如愿以偿。2019 年 3 月 16 日从珠海北上驱车 5 个小时，终于在天黑之前抵达，在一个水上农家乐，我无意中拍到两只落在电线上的斑腰燕。第二天为周日，韶关科协李部长带我们直奔丹霞山，因久闻那里的阴元石、阳元石所以慕名而来。而科协的同志则借"老科学家"的来临，带我们马不停蹄地把一系列科普基地都走了一趟：有菌类特色的，红豆特色的，咖啡特色的，图书特色的，燕子特色的，气象特色的。为协助当地科普工作，我们一行人三度分兵，韶关小分队只有 4 位，其中金能强教授、徐文耀教授两位都是七八十岁了，因此花了一整天，但科协的同志照顾周到，我更是拍到红耳鹎、红臀鹎、领雀嘴鹎、白头鹎，尤其是白喉冠鹎，这也是我第一次记录下这些鸟类。而对那一系列的基地，我也力所能及地出谋划策，在菌类五寨基地，我建议设置观鸟小道；在燕子客栈，建议布置与燕子有关的诗词名句于厅堂之墙上，这个建议客栈老板娘欣然接受。因为一进门就看到墙上的一行"你是一树一树的花开，是燕子梁间呢喃"，这是林徽因的诗句。

韶关不愧是文化名城，周一一早在浈江之畔的酒店旁，见到一尊雕塑，原来这里是唐相张九龄的故乡，不看不知道，原来"海上生明月，天涯共此时""草木有本心，何求美人折"竟都是张九龄的诗句。

韶关第一课，又来到丹霞山所在的仁化。在实验学校讲完课后，冒雨于一处农家乐用餐，在等候大家的时候，我拍到当时不认识的"灰眶雀鹛"，当然，引起大家兴趣的场面是录到了各种鸟聚餐的情景。下午，连续作战拿下另一个县——乳源，讲课无悬念，课后县科协黄主席带我前往南水湖湿地，湖光山色间，我拍到了黑耳鸢在天际盘旋。傍晚的农家乐是一处极其荒野化的去处，在二层小楼上居高临下，我又拍到褐家鼠的视频，大耗子，怪吓人的呢。

也许是连续奔波和辗转吃喝，周二一早感觉不适，茶饭不思，看来是水土不服，空着肚子讲课，居然也顶下来了。午后下课，被学生们团团围住在吴礼和小学的校园，从后门看去，校园外似乎林木苍郁，于是，在学校书记热情招呼喝茶之际，提出去后门外转转，于是书记派了一位教师陪我到校外走走，这一走不要紧，竟然刷新了此行观鸟纪录，拍到了美艳绝伦的红山椒鸟，雄性。

周三一早身体恢复，就近有个中山公园，走了一圈，大为感慨，这是我见过的最名副其实的中山公园，随处可见的石雕都镌刻着孙中山的真迹"知难行易""饮和食德"……上午在执信小学讲"魅力观鸟"，中午几位协助老师带我午餐，他们是研学机构的，更有网名为"雄鹰"的鸟友，真是相见甚欢。下午在韶关田家炳中学为高二学生讲"灭绝之殇"。晚餐时，学校教英语的谭老师聊到莽山蛇王，竟然认识陈远辉先生，顿感世界真的不大。

在韶关的最后一个自由遛弯我的早晨，就近去了大鉴禅寺。这真是一处大隐隐于市的地方，市民身边的烧香拜佛之地。曲江罗坑的明星动物鳄蜥，我也与之失之交臂，因为有时间吃饭，没时间观览，这也是我多次在外巡讲中遭遇的遗憾。课后瞻仰北伐纪念馆。下午到马坝中学讲观鸟，还是无缘真的观鸟。正郁闷时，绕园顺河寻觅，竟然对一只黄色的山椒鸟惊鸿一瞥，将将按下快门，得到一张不算清晰的图片，再想拍时，早已没了踪影。总算也凑齐了山椒鸟的雄雌照片，为我韶关观鸟画上一个美满的句号。

舟山演讲兼观鸟

5月的舟山，海风和煦，时雨时晴。我们中科院科普演讲团一行6人，受舟山市科协邀请，来到这座全国唯一以群岛设市的地级市进行科普演讲。舟山有"海天佛国"之誉，著名的普陀山与同样处于北纬30°的布达拉宫、埃及金字塔遥相呼应，所以，来此之客，必到普陀。舟山有"中国渔都"的美称，沈家门是世界三大渔港之一，其海鲜大排档便是当地人盛情待客的绝佳去处。我圆满完成在舟山定海小学和舟山南海实验学校的题为"生态、生命、生活"的演讲，该去的地方都去了，该讲的课也都讲了，闲暇时光便完全投入到个人的观鸟爱好上了。

每至一地，鸟情各异，舟山为海上群岛，势必有不少海鸟可以见到吧！于是，才入住宾馆，我便披挂上阵，带着高倍相机奔向了海的方向。还没出宾馆，白头鹎、珠颈斑鸠就减缓了我急切的步伐，路边，密集树丛中，众鸟的浅唱低吟，更是令我无法蹙然前行，我蹑手蹑脚，靠上近前，举起相机，镜头里捕捉到的这些热闹非凡的鸟，主要是乌鸫，它们浑身黑羽，活像个小乌鸦，但嘴部是嫩黄色，叫声抑扬顿挫，煞是好听。一般来说，叫声好听的鸟，不好看，好看的鸟，叫声不好听，羽色美丽的鸟如鹦鹉，叫声实在是不敢恭维，乌鸫也算完美诠释了这一规律，尽管不能一概而论。

有水有树的地方，必然多鸟，顺着围绕舟山行政中心的"护城河"独步观鸟，树上的雀，天空的燕，水中的白鹭、夜鹭，甚至黑水鸡，被我一一记录在案。很快，到达海边，远瞧，水天一色，波澜不惊；近瞧，堤坝下的泥滩上布满了螃蟹、弹涂鱼一类的小生物；粗看，没有动静；细观，则一派生气，大大小小的螃蟹或在嬉闹，或在打洞，一蹦一蹦的便是弹涂鱼。不知为什么，就是没有什么鸟，比如想象中的海鸥啦、鸬鹚啦，甚至鹈鹕啦，我连个鸟毛都没见到，事与愿违，只好打道回府。回宾馆的路上，途经一个工地，遥闻隔墙树上"吱啦吱啦"的好似伯劳的声音，借着墙根靠到近前，再举起相机"啪啪"拍摄，一下拍到好几只，伯劳通常是一只独立枝头，这怎么三只呀？定睛一看，

舟山风光

羽毛略显蓬松，尾羽也不太完整，原来，这几只伯劳竟然是雏鸟，我还是第一次见到、拍到伯劳的雏鸟，不虚此行啊！

次日，在普陀寺，拍摄了一些与众不同的卧在寺庙屋脊的鸟，但更为与众不同的，也算我刻意构思的鸟的照片，乃是在所住宾馆不远的、栖于绿地树端的鸟——舟山之鸟，这是我特别选取的背景——以不远处的舟山宾馆的"舟山"二字为背景，以偶然飞落的鸟为前景，拍摄了一组包括白头鹎、乌鸫、黑尾蜡嘴雀、伯劳，甚至山斑鸠的"舟山之鸟"组图。临行前的那天早晨，高登义先生（中国科学探险协会主席）和徐文耀先生（中科院物理地球所原所长）也都冒雨参加到观鸟的行列，高先生身经百战，足迹曾经遍及"三极"（南极、北极和珠峰），是走过千山万水的大探险家，可还是谦虚地随我观鸟，躬身拍鸟，令人感叹。回京，拜读高先生赠我的新作《穿越雅鲁藏布大峡谷》，套用其中高先生的一句话"与天知己其乐无穷，与地知己其乐无穷"，于是，狗尾续貂地加上这样一句话："与鸟知己，其乐无穷。"

冬夜赴辽运麋鹿

"何日相将去，千山麋鹿群。"这是唐代诗人贯休的诗句。2012 年年初，我设计了一款个性台历——唐诗麋鹿台历，特意选用了这首诗，并保留了几本准备送给千山鹿场的朋友，为什么呢？因为我们预计将一批麋鹿输送到位于辽宁省辽阳市附近的千山鹿类基地，再现"千山麋鹿群"的唐诗意境，这标志着一个新的麋鹿迁地种群的建立以及辽河平原麋鹿种群恢复的开始。辽河流域是麋鹿历史分布区域北限，麋鹿种群在这里恢复不仅具有动物地理学的自然历史意义，还具有重要科学价值。麋

辽阳的麋鹿新家园

鹿种群在这里建立，双方将重点开展在高纬度、低温度条件下麋鹿繁育的科学研究，试验麋鹿对严寒天气的适应能力。其实，一路上记者最爱问的问题就是麋鹿冷不冷，在东北受得了吗。尽管我回答：麋鹿不怕冷。但是不是真的这样，还得通过实践和时间的考验。

2 月 22 日晚 9:00，运输麋鹿的两辆大卡车率先出发了，9:30 我们的小车也踏上了征程，千山国家鹿类种源基地的马总亲自驾车，同车的是我与《北京科技报》的记者马之恒、《北京日报》的特约摄影张保旗。另外一辆小车是《法制晚报》的著名摄影师田宝希、文字记者王妍。尽管 20 余载我一直与动物相伴，但因多年没有出征运送动物了，新奇与激动之情溢于言表，为了与大家分享这段特别经历，便在一路上以发手机微博的形式实时播报我们的行踪与见闻。

9:42，我发出了第一条微博："周三晚 9:30 我们押运鹿车上了京沈高速公路，两辆卡车，两辆轿车，一路上有……的记者。"

小车以百千米的时速径直向北奔驰，却始终没有赶上运鹿的大车，看来卡车司机的驾驶技术很高。京沈高速是京哈高速的一段，又宽又平，一路顺风，

沿途见到多辆同向行驶的打着双闪灯的机场专用车，堪为一景。

　　0点，到达滦县服务区，还没遇到我们那两辆先期出发的鹿车，路上的大货车太多了，看一辆类似的，不是，又见一辆，还不是……难道错过了？我们开始觉得有些不安了，电话联系得知，他们将到滦县加油。马总把小车停在服务区的进口外，我和记者小马绕场一周，在百八十辆的车阵中，也没见到鹿车，第二圈寻找，才遇见我们的两辆装载麋鹿的大卡车，问候了司机，看看麋鹿一切正常，便放心了。

　　0:23，我发出"半夜，大货车轰鸣来往，我们的鹿车在河北省的滦县服务区加油"的微博后继续前行。开始，马总把他的奥迪轿车驾驶得风驰电掣，很快进入辽宁省的万家。渐渐地，车速减慢，我发现马总在不断地打哈欠，便试着问："马总，您如果困了，就让我来吧！"他竟然说："困，还是你来吧！"于是，作为一个没有在高速公路上开过夜车的"新手司机"，竟硬着头皮坐在了驾驶的位置上。一坐上驾驶座，我便兴奋起来，起车不久时速就达到140千米，马总赶快提醒我，别超过120！一个小时过去了，约莫1:30的时候，我也感到一些困意。这可不行！于是，不管同车人是否睡觉，我便开始唱起歌来，一首接一首地唱，幸而同车的张记者的反应还比较积极，他说："只要郭耕在唱歌，就是好事，说明他没困。"看来这时困倦是我们共同的敌人。

　　2:23，趁停车休息之隙，我在微博发出"驾驶奥迪一个小时了，此时已出山海关，过万家了"的信息。之后不久，马总已是一觉醒来，他重操新回到驾驶位置替下了也已犯困、后半夜驾车2个小时的我。

　　没开出多远，前方忽有大量车辆聚集，我们把车停在快速车道的位置，不料，从这时起，我们的车便再也动不起来了。

　　这时，我发出的微博是"从3:50我们行至京哈高速葫芦岛段的堵车点，就再也不动了，像是被冻住了，担心麋鹿的安危，尽管它们不怕冷"。鬼知道会堵到什么时候，在冰天雪地的冬夜里，在寒风凌厉的东北高速路上，我们的堵车噩梦就这样开始了。

　　6:20，我们几辆车谁也找不到谁，经联系才知，大家被堵在不同地方动弹不得，于是我发出这样一段微博短信："京哈高速上的堵车长龙，我们一马当先的奥迪车在葫芦岛段，运鹿卡车堵在距我们之后30千米的兴城段，《法制

麋鹿来到东北

晚报》记者所乘的桑塔纳被堵在 90 千米之后的绥中段。"

天色渐亮，我几次钻出车外，拍摄附近的景致——车阵、路牌、雪景、日出，甚至与卖方便面的一对农民夫妇合了影，他们乐观善良的淳朴形象，提着暖水瓶扶危救困的行为，令这些在凌晨极寒时刻的被困司机们感到了一丝暖意。周四早晨，我们就这样耗在高速路上纹丝不动。

8:50，急不可耐的我发出这样的微博短信："昨夜 9:30 从北京出发运鹿，现在我们的 20 头麋鹿被堵在京哈高速 423 千米的位置，因为从沈阳到万家路段全线堵死，我们在冰天雪地中已经等待了 5 个小时了，紧急！紧急！紧急！"

9:54，微博如下："从今凌晨 3:50 我们行至京哈高速的葫芦岛段就开始堵车，已经 6 个小时不动了，沈阳至万家段的车辆排得如同钢铁长城，天寒地冻，更是对麋鹿的严峻考验。"后来，据说就是这条微博引起网友的注意并引起辽沈多家媒体的关注。大约在 10:00，几家媒体经《法制晚报》记者的介绍，给我打来了电话，表示下高速路后可找车开道。但眼前呢？车堵得水泄不通，焊住了一样，关键是如何摆脱现状啊！先别提锦上添花的事，眼下最需要的是雪中送炭！我真的有点烦，有点烦！

10:52，我惊喜地听到交响般的鸣笛声，前方车辆开始有动静，终于松动了！我发出喜讯："京哈沈阳万家段巨堵7个小时，现在终于松动了，鹿车启动。"

11:47，微博："过塔山，向锦州，一路多见破车残骸，可知昨夜车祸之多。"

马总敏捷地驾车在缓缓启动的一辆辆大车间穿行，摆脱拥堵的大车队列，向前冲去。高速路上，东一辆西一辆的事故车，都是昨晚先雨后雪路面湿滑导致的车祸，甚至还有冲破围挡翻下公路的大卡车，现在想来我都有些后怕，当时竟贸然把车开到时速140千米，若是遇急刹车，非出事不可。

本来决定在下一个服务区加水加油，特别是给麋鹿提供饮水，但堵了7个小时的成百上千辆汽车都有同样的要求和境遇，都需要加油，一个服务区车满为患，再过一个服务区还是车如长龙，远远地排出了服务区以外很远的地方。马总电话指示运麋鹿的卡车到服务区出口停车，人提水桶进去加水来喂鹿。幸而我们

↑麋鹿装车，整装待发
↔运鹿途中，大雪封路
↓麻醉后的麋鹿

的鹿车是在滦县服务区预先加上了油，眼下，便在塔山服务区的入口处，不用排队，加上了水，提水喂鹿。当年塔山阻击战，如今塔山再闯关。

11:58，我发微博："到锦西东了，将从'本辽辽'下高速，人都饿着肚子，好在麋鹿在塔山服务区喝上水了。"

下午1:32微博："此时我们过辽河大桥，在'本辽辽'路口下京哈，上G91公路奔辽中。"马总介绍，顺着这条路直走，能一直到朝鲜。

其实，这时最着急的是我们小车，运鹿车加上油，也加上水，而我们的小车由于堵了7个小时，油表上显示出即将没油的红灯，下高速，找加油站成了

我们的当务之急。在一个叫黄泥洼的地方,终于加上了油,尽管不符合标准,只有93号油,但总比断油强。加了油,都快2点了,大家早餐加午餐均一粒米也未沾,在白雪皑皑的世界,赶快找了一个乡村饭馆,就像抢似的把碗里的蛋炒饭往嘴里扒。

油足饭饱,再次上路,终于在下午5:00天黑之前,抵达此行的目的地——山环水绕的辽阳马家庄呈龙鹿业基地。停车卸鹿至天黑,媒体七八家围观,一阵忙活,把19头麋鹿引至它们的新圈舍,怎么成了19头了?此刻发现,1只未成年雌鹿已死在车里多时了。一路的坎坷,换来的,竟是一只鹿的代价。

每到一地,我都希望了解该地的文化历史名人掌故,在入住房间发现一书,写有辽阳简介,特抄录于手机中并编成短信发出:"驱车送鹿到辽宁,昼夜兼程达千山。夜宿辽阳,才知这座拥有2400年历史的古城曾是东北地区政治经济文化中心。这里有比敦煌还早300年的汉魏墓画,有清太祖努尔哈赤的都城东京城,有千年辽白塔……人杰地灵,写《红楼梦》的曹雪芹祖籍也是辽阳,马上3月5日学雷锋了,他就是从这里当兵的。王尔烈、李兆麟、马俊仁、王义夫……简直名人辈出!"

周五晚,即2月24日在回京的火车上,我有感而发的微博是:"此行辽宁运麋20头,周三之晚上路,后半夜起堵车于京哈7个小时,全程耗时达20小时,没吃没喝没睡,同行三家媒体一道备受冻饿之困顿,周四傍晚终于抵达,连续作战,抢在天黑前顺利卸车放鹿,发现一鹿已亡。今晨再看,又一鹿口带血色,为昨夜跃栏所致,所幸大群安好。参观马鹿、林麝、獾子、野驴等动物后,离开马家鹿场,现于动车返途中,祝愿此次迁地保护到麋鹿历史上分布北限的麋群能繁衍壮大。"

回到家里,踏实下来,又给各路记者发了微博,感谢京沈两地朋友的一路相助,包括给马总也发了信,道了平安并作对联一副:上联"二十小时运去二十鹿",下联"千年麋途今返到千山"。横批是"路遥知马力",因为马总的名字叫马力。

科普演讲渝州行，江船飞渡白帝城

2009 年，我参加"院士专家渝州行"活动，来到重庆信息技术学院，为学生做"生态文明"主题讲座，其后乘船顺江而下探访白帝城。渝州之行的一幕幕回忆起来，饶有情趣。

9 月 5 日，我独自从拉萨飞渝，比全团人员提前一天到达，到入住的重庆大礼堂报到后，乘公交车 421 路来到位于杨家坪的重庆动物园。到各地后逛动物园，乃是我的个人爱好。9 月 6 日，中科院科普演讲团阵容齐整，18 位老科学家阵容庞大，悉数抵达，我是其中资历最浅与年龄最小的一员，钟团长当晚开会布置分赴重庆各处演讲事宜。我于 9 月 7 日赴巴县中学、8 日赴江北区华新实验小学、9 日则来到了位于万州的重庆信息技术学院。不走不知道，一走吓一跳，虽说讲座只在重庆一地，但从重庆市到万州区，小车足足走了一上午。中午到达坐落在小山之巅的学院，徐九庆院长亲自陪同，一聊方知他也是民革党员，而且是民革重庆万州区委会的副主委，吾乃民革北京大兴区副主委，我俩职位相似，一下拉近了我们的关系。席间又大谈传统文化特别是儒家治学立身之说，大有相见恨晚之慨。记得那天下午讲座的礼堂酷热难耐，据说，那两天重庆是全国最热的地方，咋就让我赶上了。好在讲座还算成功，之后，徐院长对我的演讲做了高度评价，他说："我去过国内外的很多地方，这是我听过的为数不多的好讲座，好在哪里？形式生动，容易理解，但立意深刻，不像一些人故弄玄虚，貌似高深，却不知所云。"

晚上，应三峡职业学院之邀，我又加场为 300 名大学生做了义务演讲。讲座开始，先自我感叹一番，我与万州真是有缘啊，万州因万州忠县的女土司秦良玉明末千里勤王，解救京城之围，之后驻兵北京而闻名。崇祯皇帝因此还为她题诗一首：蜀锦征袍手制成，桃花马上请长缨，世间不少奇男子，谁肯沙场万里行。

在重庆期间，演讲之旅的全程陪同是《课堂内外》杂志社的张磊编辑。小张不仅旁听了我的各场演讲，还陪我到处奔波观光，相当于"全陪"。既然到

郭耕自然保护随笔
动物与人

258

洞观夔门

了江城万州，便决定趁演讲之余暇，去一下我慕名已久的白帝城，好在三峡职业学院的王老师是万州人，作为"地陪"当之无愧。

9月10日一早，我们一行三人从万州码头乘气垫船（当地叫飞艇）"长江5号"顺长江而下，到奉节需2个小时的行程。第一次在长江行船，我的喜悦甚至激动之情溢于言表，我不时走出船舱，任凭江风拂面，口中哼唱着《长江之歌》。随行的张磊有些奇怪地问："郭老师今天怎么这么高兴？"是啊，能趁讲座之余探古寻幽，前往自幼就听说过而没来过的白帝城，还泛舟长江，能不令人喜不自胜吗？有趣的是，身旁的王老师不住地打电话给当地的同学，说他正陪北京来的一个院士，原来我们此行的名头是"院士专家渝州行"，接待院士可不是谁都能轻易碰到的事，让人家荣耀一下吧！尽管我根本不是院士，可是我们此次的宣讲者之中的确也有院士，因此我也就没有"打击"人家的情绪，做过多解释。

"朝辞白帝彩云间，千里江陵一日还。两岸猿声啼不住，轻舟已过万重山。"这几乎是每个中国人、读书人都烂熟于心的诗句，如今，我循着李太白的神游之迹也顺江而下，拜谒白帝，青山依旧在，历历"万重山"就在眼前，只是早已逝去了那"两岸猿声"。我怅然而语："两岸猿声啼已住，轻舟犹过万重山。"

在我的心目中，白帝城乃是一座城池，古旧而雄伟，颓败而沧桑。不料，才沿江行船几里，"地陪"王老师挥手一指：那就是白帝城。眼前，江上有一个地势较高的岛屿或曰绿树成荫的山丘，一座钢筋混凝土大桥将其与江岸连通，崭新的票务大门，正中一处一看就知是现代人营造的香火缭绕的佛堂。据说三峡截流后，江水提升，白帝城便成为孤岛，建桥当然是方便游人抵达，可是，寻古探幽之意境已经荡然无存。好在江山依旧，夔门仍险，绕岛一周，周围皆是江水，据险可守，也算进入长江的怀抱了。对面是著名的长江之险——夔门，眼下江面泊着一艘大船曰"孔明号"，把人的思绪载至 1700 多年前的三国时代。

话说蜀国刘备为报东吴袭取荆州、杀死关羽之仇，起兵 70 万水陆并进讨伐东吴，连胜几仗，东吴震惊，孙权大胆起用书生陆逊，拜其为大都督。陆逊不负吴主期望，设计火攻刘备大营而胜，一直追杀至夔关，幸有赵云接应到白帝城，刘备等仅百余人得以脱险。此时，刘备败守白帝，郁闷之极，五虎大将已失关、张、黄三员，悔不听丞相之言，忧愁成疾，病中致信刘禅要学好向上，并留下了这句千古名言："勿以恶小而为之，勿以善小而不为。"更特别的是，白帝城乃是刘备临终向诸葛亮托孤之地，蜀王刘备遗恨白帝城，卒年 63 岁。

拾级而上，进入白帝庙，内多三国遗迹碑刻、雕塑、诗文，画像栩栩如生，令人陡然生发怀古之忧思。记得我小时候酷爱看《三国演义》，特别是小人书，甚至看到关羽父子被东吴吕蒙（记得去年 9 月我赴嘉兴讲课，那里即是华亭侯陆逊的封地，其下的海盐县还有吕蒙将军之冢）所杀的情节时，还黯然落泪，如今想起，自觉幼稚，那可真成了"看三国落泪，替古人担忧"。但毕竟以古为鉴，可知兴替，前事不忘，后事之师啊！山风习习，鸟语叽叽，亭台楼阁，和衣而卧，讲课与观览兼得，难得如此安逸。此时此地的清风朗日，已将连日来在重庆遭受的闷躁之气一概荡涤。

古人云"读万卷书，行万里路"，一个人能在自然和文史的天地里归去来兮，修身养性，虽有些疲于奔命，但也不虚此行、不枉此生。起身下山，告别白帝城，搭车至奉节，继续我那传道授业、探访学习的知性之旅。

探访乌邦

（一）

与麋鹿相伴 10 余载，无数次向人讲述麋鹿颠沛流离寄身英伦的"华侨"经历，特别是 1900 年毅然收留散失欧洲各地的濒危之麋鹿和 1985 年送麋鹿回到中国老家的壮举，均是出自一个显赫的英国世袭家族——贝福特公爵，从十一世公爵的收留，到十四世公爵的送还，对麋鹿这一物种的保育可谓劳苦功高。如今，麋鹿第二故乡乌邦寺的掌门人已是第十五世贝福特公爵了。2005 年，我们为庆祝麋鹿回归中国 20 周年，曾在北京麋鹿苑接待过来访的公爵，但我始终无缘前往英国实地看看。2013 年早春，我有幸造访英伦，探访乌邦，不仅探亲般地看望了中国麋鹿，而且，令人喜出望外的是，邂逅了公爵本人，其情其景，无不令人感怀。

2 月 25 日英国时间 8:30，我们一行 4 人（辽宁马力、邱英杰，北京胡京仁和我）在当地华裔向导小梁带领下，从位于伦敦东北的伍德福特的乡间客栈出发，沿一号高速公路西行一小时，就来到对我来说"如雷贯耳"的乌邦。从路旁出现"乌邦"的路牌开始，我就异常兴奋，尽管伦敦还是那副"天天阴、绵绵雨、茫茫雾"的鬼天气，但从一早我在客栈附近的林中遇到野猫和松鼠的运气判断，今天出门，一定 lucky（幸运）！

近乡情更怯，这里的乡当然不是指我的故乡，而是麋鹿的第二故乡。

相约 10:00 的访问，我们早到了一小时，正好可以好好感受一下周围的环境，蜿蜒的道路，广阔的草场，高大的树木，起伏的丘陵，斜风细雨似在传递着这样的信息：中国麋鹿，你的家人来探望你啦！

一踏上乌邦寺的领地，我们便迫不及待地停下车，在乌邦寺动物园的大牌子前留影。找到办公区——一排很古典的房舍，在接待室值守人员那儿一报到，即受到热情接待、热饮款待，值班女士说早就知道我们要来的事了。我们 4 人在接待室东张西望，对走廊的墙上挂的老照片都很新奇，在挂有马鹿的墙壁下合影后，我便和马总冒着毛毛细雨在四处转悠，对铺在路口的防鹿逃的

设施、对小宅院房前屋后的野鸟及投食台、对
屋顶刻画着斑马图案的风向标……无不兴趣盎
然，这里不仅处处充斥着异国情调——苏格兰
情调，而且不乏爱惜动物的奇思妙想。

蓦然抬首，目光越过湖面，在水雾苍茫的
草场尽头，不正是成群的麋鹿吗？尽管能见度
极差，但"他乡遇故人"的情结，还是使我情
不自禁地举起相机，摄下这头一眼目击麋鹿的
珍贵镜头，近处实的绿头鸭与远处虚的麋鹿，
共同构成一幅鸟兽和谐的乌邦胜景。

这时，一辆越野车驶至我们身边，老胡和
老邱已在车上，原来，这就是供我们参观千亩
乌邦大庄园的座驾，太酷啦！路虎越野，八面
威风。太好了，探访乌邦，看望麋鹿，企盼多
年的愿望就要实现啦，备好相机，立马出发！

↑与十五世贝福特公爵会面合影
↓在北京台与周群做爱尔兰节目

（二）

出访乌邦寺的行程是玛雅·博伊德女
士——当年麋鹿回归时的英方专家，如今麋鹿
苑的外方顾问，事先安排好的。我们如期而至，先由老的乌邦鹿类主管带领参
观，他听到我能说几句英语，十分高兴，信马由缰地驾着路虎按照我们的请求
随走随停，拍鸟、拍景，随心所欲。我们左顾右盼忙不迭地拍摄着，远远看见
一座熟悉的巨大古老建筑物——公爵府，这是我们，至少是我和老胡，在画片
中早已熟悉了的古堡，在麋鹿苑工作的人几乎没有不知道的，如今能亲临现
场，实属幸运。我从老远就拍摄下这绿茵尽头一座古堡的公爵庄园的最经典的
景致，善解人意的老主管得知我们感兴趣，问："还想离近点吗？"我们说：
"当然！"于是干脆驱车停在公爵府的正面，大家下车踏踏实实地拍照，留
影，再心满意足地钻进越野车，从古堡下经过，西行，很快，眼前的一切犹如
电影镜头的切换，从人文内容，全部变成了自然场面。

起伏的草场，丰茂的古木，或伫立，或奔腾的鹿群，麋鹿和马鹿基本都在淡定地吃草，一群梅花鹿似乎见到我们后，立即翻蹄亮掌，绝尘而去，我只拍到一堆鹿的臀部。这时的麋鹿也许是与马鹿待在一起对比的缘故，毛色上显得十分灰白，格外的沧桑，茸角恰恰处在生长的盛期，极其粗大。马鹿不愧亦名红鹿、赤鹿，色彩显得格外的棕红，鹿角也是完全骨化，公鹿就愈发显得高大威猛，大角略显夸张地顶在头上，极尽华美。相比之下，我们北京的麋鹿此时此刻刚刚处于鹿茸的生长期，麋茸差不多长到一半了，显然比在英国生活的麋鹿晚一两个月，这种差异是气候、季节、温湿度造成的，还是环境、营养的区别使然，都有待于做对比研究，加上与国内两个麋鹿自然保护区之间的对比，都是必要，我想，在互联网普及的当今，这种信息的共有与交流，应是容易实现的。

乌邦拍鹿，优势在于环境天然，地势起伏，我们尽可以选择一头或一群雄伟的公鹿，趁其昂立高坡之机，采取仰拍，愈发显得拍摄对象的高大且背景为天空或云朵，甚至日出日落，尽得天时地利之便。可惜我们逗留时间甚短，无暇等待这样的好角度与构图。以往（苑里的杨老师）和未来（石首的李主任）都有在乌邦一待就是一周甚至一月的情况，那拍起片子来才是遂心应手，左右逢源呢！这次我们在乌邦寺拍摄的片子总体来说因为阴雨绵绵，画面灰暗，显得不够明丽。但至少给我们一种启示，北京的麋鹿生活区恰好在地势上有改进的余地，因为我们不缺好天气、大太阳，英国人改变不了天气，可我们可以改善地貌，麋鹿生活的地势如果呈现多样性，即达到丰容，既有利于动物，也有利于人们的观赏和拍摄，相得益彰！

（三）

午餐安排在乌邦小镇的公爵会所，由鹿类主管驾车带领我们进入这座典雅华贵的私人会所。进入会所，琳琅满目，墙上布满不同时代的老照片，彰显着公爵 500 年生生不息的家族史和人才辈出的辉煌。厅堂一层窗明几亮，玻璃柜中端放着一只白腹锦鸡的标本，华美鲜艳，我情不自禁地宣称，这是中国特有的雉类。由此，想起一个在英说到的趣闻，我发现在一些收藏地或展区，有时会见到这样的字眼"China"，进入观看，全是陶瓷展品，乃至这里的 China 不是中国之意而是陶瓷或瓷器之意，从而想起以前多有朋友从国外回来，包括

探望身在他乡英国乌邦寺的中国麋鹿

从乌邦寺回来，都说人家那里还设了一个中国馆呢，专门展览中国的瓷器。这就像此次在英国几个地方见到 CCTV 字样，一问才知，这当然不是"中国中央电视台"的意思，而是闭路电视的缩写。均是一词多义，切勿误解误读。

　　午餐与谈事合二为一，我们品着干红，嚼着面包，还有上等的黄油，在西餐刀叉轻微的碰撞声中，我借着小梁向导的协助，帮马总把此行买鹿的意图和盘托出。丹作为鹿类总监，一直为我们服务，也没提什么异议，面色红润，看来，他是名副其实的红脸；而副总监佳能一上来就急赤白脸地诘问："买鹿去石首（中国湖南麋鹿保护区）啊，何必舍近求远？"这下把我们推到一个尴尬的境地。我原以为英方会问我们买鹿做什么，我知道马总买鹿是为了配种育优。于是我从这个角度回答佳能先生："麋鹿在中国受法律保护，所以从来不能杀，而贵地的麋鹿年年做淘汰，'优剩劣汰'，种群更健康。"此言一出，顿解疑问，于是英方要求马总提出采购意向，待他们呈报

↑ 2013 年 2 月 26 日在布里斯托动物园
↔邱园——一座古老的英国植物园
↓在乌邦寺麋鹿第二家园的参观考察

公爵并相约今年夏季在中国石首及辽宁见面。谈判顺利完成，午餐圆满结束。步出餐厅，正要启程，恰遇公爵高大的身影，我喜出望外地向他介绍来访的各位，他热情地与我们一一握手，互道寒暄。我们是 2005 年为纪念麋鹿回归 20 周年在北京麋鹿苑见过的，此时是故人相见，分外亲切。大家感到机会难得，纷纷跟公爵合影，公爵在英国是如此尊贵的人物，不仅笑容满面、十分和蔼地配合我们拍照，甚至还不乏幽默地换换姿势，令我们十分惊喜。大家喜笑颜开地登上越野车继续跟着丹参观。下午是参观野生动物园，一路走马观花，随行随拍摄，十分干练的丹还顺便帮我们联系好了下一站——布里斯托动物园的

在乌邦寺的马鹿

Neil 先生，使我们心里的一块石头落了地。乌邦寺，虽然远在英伦，作为麋鹿的第二故乡，今日之行，如此亲切，我们感到我们就是麋鹿的娘家人儿啦！

回到初到时的乌邦寺的办公区，取出纪念品——我从中国带来的乌龙茶赠给丹以表谢意。正当嘱咐丹转赠给公爵礼物，公爵伟岸的身影又及时出现了，太神啦！我便亲手将一盒高档的红茶——正山小种赠予公爵，又将一块丝绸围巾赠给他母亲，因为老夫人也是 2005 年曾访问过北京麋鹿苑。中国人接受礼品不太习惯当面打开，而西方人特别喜欢当面看看，公爵打开茶叶，说"这得好好品尝"。我想，中国丝绸、中国茶，留给英国朋友的，恰都是我们值得骄傲的国粹。

至此，特殊的探访之旅，圆圆满满。我们收获不菲，不仅如愿到了乌邦，看望了故园的麋鹿，还意外地拜会了公爵。下午 4 点，离开的路上，脑海里忽然冒出一句话：这里是公爵的乌邦寺，也可以说是麋鹿的乌托邦，麋鹿绝处逢生的获救之地、生息繁衍的理想之国啊！记得有一次一位东北老客说起百年之前麋鹿流落到英国，就说成了乌托邦，当时我还哑然失笑，由此看来，亦非口误啊！

探建水燕子洞，思燕窝之艰辛

2006 年 4 月，结束了在滇西将近两周的科普演讲，我从潞西出发，乘坐金杯车在金色晨曦中翻越高黎贡山，过怒江、澜沧江，出宝山，经大理，中午用餐于云南驿，傍晚到昆明，经玉溪，日行千里，晚八点半终于到达目的地，燕子之城——建水。为什么叫燕子之城？古城夜色中，经科协李老师介绍燕子洞，才豁然开朗，于是，决定造访建水名胜——燕子洞。

离开有建水"天安门"之称的朝阳楼（建造年代比北京天安门早 28 年），从县城驱车东行 30 千米，便是滇南著名的燕子洞。由于季节不巧，燕子没有想象的那么多，但天空时不时还是有燕子飞过的。沿一山谷而下百余步，购了门票，就进入这座巨大穹隆般的岩洞。洞壁上镌刻着"灵谷涵春""胜景无双""洞锁三天"等前人题句。洞顶钟乳石悬垂如帘，似倒生之玉笋，其上高悬数十块木匾，是昔日善男信女为求神拜佛，请当地村民冒险挂上的（也有今人的题额，如楚图南书的"燕子洞"，欧阳中石的"亚洲第一溶洞"），更为冒险且愈演愈烈的是采燕窝。导游小姐就为我们安排了一个小伙子表演飞檐走壁。当时，我们所有在场的人都为之捏了一把汗，显然，这个招徕游客的项目是以攀岩者的冒险举动换取客人的同情之心，导游小姐还不无深情地为我们唱了一首"哥哥采燕窝，妹妹泪花流"之类的情歌。但我的心却没有为之所动，为什么这么无情？因为她说了一句话："燕子都是喜新厌旧，你不采摘燕窝，它们也要抛弃。"简直是人类的歪理！是为自己心安理得拿人家东西、毁人家的房子而找的借口。

在麋鹿苑的生态道德教育设施中，有包括大燕窝在内的动物之家系列，在那巨大的可以容下一个大人的泥碗似的大燕窝的右上方有个牌子写道：

"燕窝背后的惨剧：燕窝，被一些人食用。可是，您知道吗？燕窝乃是东南沿海的一种叫金丝燕的鸟，用唾液（即哈喇子）拌海藻筑成的巢。当人把新婚之燕辛勤筑就在岩壁上的'产房'撬走后，它们便无家可归、无处产卵。……难道一个物种的非生存需要，就应高于其他物种的生存需要吗？嘴下

留情吧，吃客！"

有趣的是，在燕窝旁边，有一个木牌，写着一首诗：

异口同声

问鸟，叽叽喳喳；

问兽，哼哼哈哈；

问虫，叽叽哑哑；

问鱼，吧吧嗒嗒：

译成人话如下：

最怕最怕最怕，

最怕人的嘴巴！

这是谴责滥杀无辜、滥吃野味的现象。

采摘燕窝，虽然不是直接捕杀它们，但使燕子遭受丧家之痛，也违反地球的生态伦理，因为吃不吃燕窝，对你的生理没有影响，但对燕子却是釜底抽薪，干扰人家的繁殖。根据资料：金丝燕的繁殖季节在每年的 12 月至来年 4 月，这时它们喉部的黏液腺发达，首次所筑的巢质量上乘，这个巢被采摘后，金丝燕为孵卵栖身，只得再次筑巢。由于雏燕产期临近，加之没有先前那么丰富的分泌液了，只得啄下自身的绒毛混合一些唾液筑巢；倘若这次的燕窝再被采摘，为了繁育后代，它们不得不三筑其巢，此时的分泌物更为稀少，身上的绒毛也不多了，只好寻找一些植物纤维、海藻做替代物……而人们对燕窝的采摘至少都在三次以上，甚至为了完成定额，赶走雌燕，捣碎燕卵，采集正在孵化中的燕窝。人们如此一而再，再而三地干扰人家的繁殖和剥夺人家的生育机会，难道不觉得自己是在干缺德事吗？"不扬名无以牟利，不牟利无以施害。"

能被用来进食的燕窝（Edible Birdnest）乃是雨燕目雨燕科金丝燕属的几种燕子所筑之巢，与我们熟悉的雀形目的燕子的巢材完全不同，前者为唾液混合海藻、羽屑等，后者是禾草与泥巴。从营养学角度分析可知，燕窝所含成分主要包括水溶性蛋白质、脂肪、碳水化合物、氨基酸及碘钠等微量元素，与鸡蛋、豆腐等的营养成分不相上下。

在建水那幽暗的钟乳石间，栖息着数十万只白腰雨燕（根据资料，广东怀集也有个燕子洞，名为燕岩，所栖之燕为短嘴金丝燕）。每年立春之后，雨燕按时由南洋一带迁飞

在云南建水的科普活动

而来，在这里筑巢产子，繁衍后代。立秋后又携儿带女迁飞而去。群燕翻飞，如万箭齐发，呢喃之声与洞内的流水之声，行云流水，经久不绝，似乎在呼吁人们："不要把我们和人类共有的家园，变成为燕子的失乐园。"

作为旅游项目，观赏触目惊心的攀岩悬匾和采燕窝绝技表演，本来无可非议。希望在表现人的胆识和欲望的同时，也顾及一下燕子的命运，毕竟，只有燕子繁育的可持续，才会有采集行为的可持续。古人有"燕落自家檐，堂前喜结缘"之语，表示燕子是一种吉利的鸟，借孔子的一句话，来祝愿我们的世界，"凤翔麟至，鸟兽驯德"。

世博会的"绿看点"

2010 年夏初，北京市大兴区政协组织了一次别开生面的读书班，我作为读书班近 40 名政协委员中的一员，来到举世瞩目的上海世博园。尽管时间短暂，走马看花，但作为一个博物馆的从业人员和环保人士，带着对绿色和低碳主题的关注，能赶这个时髦，在"五一"开园的一个月后有幸亲临现场，还是颇有心得的。

早就听说"环保概念"在世博园随处可见。5 万平方米的生态绿墙，世界最大；4.6 兆瓦太阳能发电机组容量，全国第一；420 千米的轨道交通网，均为"零排放"或"低碳排"……"低碳世博"被精明的上海人打造得尽善尽美。

游世博，最大的感受就是人多，人流滚滚，比肩接踵，如同一个大庙会、万国洋庙会。幸亏已经听到来过的朋友的抱怨之声，早有了心理准备，所以，才见怪不怪。因为人多，很多馆都要排几个小时的队，这对只有半天行程的我们，简直不可想象，只好顺其自然，哪里人少进哪里，几乎无法按照爱好来选择去处。但欣赏和拍摄各个场馆的外观，也是一个不错的世博会游历方式。据专家介绍：世博园 241 个国家馆、50 多个城市案例、17 个企业馆等，你们即使不吃不喝，每个馆只看 30 分钟，走得筋疲力尽，也很难在半年内看完所有的馆。不过别担心，走不动不要紧，可以乘坐新能源汽车，走马观花。园区内的公共交通不仅"零收费"，而且"零排放、零油耗"。在世博会园区里，你能坐上雪佛兰 Volt 电动车，这个全球首个增程型电动车，是真正的低碳科技之作。世博园内的这些不用传统化石燃料的大轿车虽来来往往，却安安静静，汽车引擎竟不发出那让人习以为常的噪声，一个庞然大物能毫无声息地开到跟前，还真有点吓人。我在石油馆前拍摄了一张电动大巴疾驶而过的照片，一动一静，相映成趣。

除了被誉为"汽车电气化时代先锋"的雪佛兰 Volt 外，还有大批我国生产的新能源汽车行驶在了园区内外。仅上海就有超过 1000 辆的新能源汽车服务于世博，其中约 300 辆车为超级电容车、纯电动车，200 辆为燃料电池车，它们马不停蹄地在园区内服务，均属"零碳排"。其余 500 辆车为包括混合动力车在内的低碳排放车，多拉快跑，在为世博园区服务。据了解，上汽集团的子公司上海通用汽车生产的别克君越 ECO-Hybrid 混合动力车、凯迪拉克、别克林荫大道和 GL8、雪佛兰景程品牌下的环保车型，均将作为世博会官方指定用车出现于世博会。

中国国家馆是整个世博园最令人生发民族自豪感的地方，以"东方之冠"为构思主题，取自中国古代木结构建筑中的元素——斗拱和中国建筑文化元素——斗冠，表达了中国文化的精神与气质，设计理念可以概括为"东方之冠、鼎盛中华、天下粮仓、富庶百姓"。国家馆从造型到内涵，将无数中国人对世博会的憧憬和梦想都寄托在这独特的建筑语言之中。上海的向导凌晨排队，好不容易为我们弄到几张预约票，持票才有资格排队一个半小时，进入这个 10 层楼高的国人心目中的"世博第一馆"——中国国家馆，也算不虚此行了。我们观赏到巨幅的、动感的国家级文物《清明上河图》，观看了宽银幕电影《改革开放 30 年影像》。

又红又绿的国家馆：从环保角度看，这座通体红色的中国国家馆并不乏"绿色和低碳内涵"。夏日炎炎，上层形成对下层的自然遮阳；地区馆外廊为半室外玻璃廊，用被动式节能技术，为地区馆提供冬季保温和夏季拔风；地区馆屋顶"中国馆园"还运用生态农业景观等技术措施有效实现隔热，使能耗比传统模式降低 25% 以上。中国馆内的低碳主题也令人刮目相看，不仅形式环保，国家馆的内容更是绿意盎然，一个专设的低碳节能展览非常意味深长，从"取之有道"开始，到"用之以节"结束，言简意赅地体现了环保的国策地位和节能减排的国家意志。

世界最大单体面积太阳能屋面：世博会主题馆屋面太阳能板面积达 3 万多平方米，是目前世界上最大单体面积太阳能屋面，年发电量可达 280 万千瓦时，相当于上海 4500 多万居民一年的总用电量，每年可减少二氧化碳排放量约 2800 吨，相当于每年节约标准煤 1000 多吨。上海世博会主题馆屋面入选中国世界纪录协会世界最大单体面积太阳能屋面。

世界面积最大的生态绿墙：世博会主题馆外面立的 5000 平方米生态绿墙

为世界面积最大的生态绿墙，也是展馆节能的一大标志。绿化隔热外墙在夏季将有效阻隔辐射，使外墙表面附近的空气温度降低。到了冬天，外墙会形成保温层，降低风速，从而延长外墙的使用寿命。主题馆的墙面入选中国世界纪录协会世界上面积最大的生态绿墙。

作为东道主的上海牢牢抓住三个主题——可持续发展的城市、和谐的城市、低碳的城市，彰显中国的科技进步与环保手段。参展实物"沪上·生态家"便是低碳经济的典型代表，在那座凸现上海风格的4层小楼中，有着弄堂、石库门山墙、老虎窗等中国设计元素。走进小楼，别有洞天：屋顶花园装有太阳能光热设备；微风吹过，安置在屋顶一角的涡轮式风力发电装置将发电；卫生间则利用雨水、污水冲洗，中水全部循环利用；阳光透过中庭屋顶的巨大透明玻璃天窗，直接进入屋内，可以减少用电量……"沪上·生态家"集中了浅层地热、热湿独立空调、智能集成管理、自然通风技术、太阳能一体化等生态节能环保技术，将比同类建筑节能达75%。这座强调生态技术的一体化建筑，在设计上突出了生活垃圾资源化、自然通风强化技术、夏热冬冷气候适应性围护结构、天然采光和室内LED照明、燃料电池家庭能源中心等十大绿色亮点。台湾馆的主题叫"山水心灯"，LED灯心球幕幻化着人文与自然和谐的色彩；万科馆，外形如7座金灿灿的"麦垛"。"麦垛"主要是由天然麦秸板为建筑材料的展馆，由7个相互独立的筒状建筑组成，各筒之间通过顶部的蓝色透光ETFE膜连成一体。超过1000平方米的开放水域环绕着7个圆筒，水面映照天空，试图让参观者感受到与自然亲近的愉悦，并将减少森林资源的消耗量。

除中国各展馆外，参展各国场馆各显其能，展现"低碳"之美。正如导游提示，各个场馆的外观非常有看点，而内部的展品则不一定丰富，甚至多为展板或影像而已。芬兰馆形如巨大的冰壶，澳大利亚馆如同红色巨石，英国馆为种子圣殿，罗马尼亚馆为苹果外观，日本馆的"心之和，技之和"，延续着其爱知世博会"与自然共生"的主题，沙特馆的空中花园，特别是立体电影最吸引人，人气极高。但对这些人满为患的场馆，我们根本不敢问津。国际组织馆比较清静，信步进入其中，世界自然基金会的展台是我的最爱。而真正向往已久并有可能进入的国家馆要数爱尔兰馆，尽管要排20分钟的队，但还是值得等待，因为 1987 年我曾在爱尔兰都柏林工作过 100 天，20 多年过去了，我还是对这个绿草如茵的国度情有独钟。有趣的是，在前往世博园的地铁列车里，我与坐在身旁的几位外国小伙聊天，得知他们来自爱尔兰，我们同唱爱尔兰国歌，谈起吉尼斯啤酒，我告诉他们我曾在都柏林动物园工作过，其中一位竟是动物园主任皮特·威尔逊女儿的同学。印度尼西亚馆采用竹木天然材料建成；冰岛馆貌似冰块水立方，波兰馆外墙酷似剪纸，西班牙馆用藤条材料外装，自然而亲和。我在排成长队的西班牙馆外望洋兴叹，好在遇到一位维持秩序的美丽西班牙女郎，经礼貌的请示，她允许我与她合影留念，也算到了西班牙馆。在占地 3000 平方米的丹麦馆螺旋形坡道入口，显眼地摆放着其特有展品——自行车，还有一方注入哥本哈根海港碧水的池塘，其国宝"美人鱼铜像"吸引了大批的观赏者，我还拍到有人妄图加塞赏宝而被丹麦工作人员劝阻的场面。伦敦馆干脆就以"零碳馆"直命其名——低碳技术把世博园区装扮得美轮美奂，无不显现"节能、环保、可持续发展"的理念。

| 格言 | 对我而言，羔羊的生命和人类的生命一样的珍贵，我可不愿意为了人类的身体而取走羔羊的性命。我认为越是无助的动物，人类越应该保护它，使它不受人类的残暴侵害。

——［印度］甘地

秦岭夏令营，兴奋与纠结

2014 年暑期，我们的老科学家演讲团安排我赴秦岭为中国少年科学院组织的动植物考察夏令营做讲座和辅导。遥想 20 年前，我还在北京濒危动物中心工作，曾为金丝猴、扭角羚的引种项目几度登上秦岭，这次算是故地重游了，所以特别兴奋！但 20 年的光景，恰逢中国经济飞速发展时期，"再造秀美山川"的豪言令人唏嘘，秦岭变化太大了。

2014 年 7 月 20 日中午，航班正点抵达西安，我趁讲课之前的几个小时，先去探望了我的舅舅、舅妈一家人，舅舅八十有一，精神矍铄，令人高兴。到住地才知，这个夏令营是来自舟山与佛山的中小学生，我便笑谈"舟山有佛，佛山有舟"。

晚上的讲座，为大家介绍了秦岭四宝"大熊猫、金丝猴、朱鹮、金毛扭角羚"。上山之前，也有必要把秦岭作为中国的一条奇特山脉做个铺垫式的讲解，其实我也是现学现卖，"秦岭之所以拥有如此得天独厚的生物资源，得益于其独特的地理位置和地貌特征。在中国版图正中央，秦岭是自西向东的最高山脉，也是唯一呈东西走向的山脉，由此，几度冰期，寒流南下，严寒冰雪都被阻隔在秦岭以北，使岭南物种劫后余生，一些甚至是孑遗物种。"

"在动物学家眼里，秦岭将动物区系分为古北界和东洋界，南北方两类动物都会在此交会、融合；在地理学家眼里，秦岭是南北方的分界线，是长江黄河的分水岭；在气候学家的眼里，秦岭是亚热带和暖温带的过渡带；在文学家的眼里，秦岭和黄河并称为中华民族的父亲山、母亲河，秦岭被尊为华夏文明的龙脉；在史学家眼里，秦岭是蜀国与魏国的天险国界……蜀道难，难于上青天……"

21 日一早，我们饱餐早饭，七点半出发，踏上翻越秦岭、奔向陕南汉中方向的高速公路，中午不到，便抵达洋县午餐了，如此之快，在 20 年前，是不可想象的。一路上，我不断向高速附近蜿蜒的小路望去，寻找当年"西当太白有鸟道"的艰难路程，回味林业厅保护处处长曹永汉为保护朱鹮频繁往返于此，被宋健誉为"人在曹营心在汉"的感人故事。如今，朱鹮已脱离濒危险境，成为中国拯救濒危鸟类的成功范例，据说朱鹮数量已逾 2000 只，能不能看到，对我还是一个谜。

下午，从县城驱车十几分钟就到达"朱鹮家园"，一个大院子，几排笼舍，还有一个巨大的笼网，供人观看人工繁育的朱鹮，笼舍隔着丝网不便拍摄，好在大笼网有些缝隙，勉强可拍，我挖空心思到处寻找拍摄角度，走上一处观察室时，正好居高临下，使用高倍相机拍摄，这下，使我获得了从未有过的朱鹮美片，特别是朱鹮进食泥鳅的珍贵镜头。探访朱鹮之旅，可谓满意而归。晚上，我本想拜访一位多年前认识的老友翟天庆，他是朱鹮保护区的书记，已退休，可惜未事先约好，他正在山里守护着朱鹮育雏，不便前来，我只好宅在宾馆，看了一部久闻其名而始终没机会看的电影《马语者》，也不错。

22 日早餐后，集体登上大轿车，我们将奔向夏令营的第二站——佛坪。一上路，我就给同学们讲开了，鸟的类别，观鸟的妙谛，秦岭的动物熊猫、朱鹮、羚牛、金丝猴……更为惊喜的是，一不留神，我发现我们竟然走上了一条依山傍水的老道，一下子使我找回了当年的感觉。如果说，秦岭四宝中，我对朱鹮、熊猫都是口头上的知识，那么引种羚牛则是我当年来到秦岭深处留坝的主要目的。

我对四宝中最熟悉的动物莫过于金丝猴了，那时，我不但几次进入秦岭引种、考察金丝猴，而且还做了几年金丝猴的饲养员，甚至作为中国猴饲养专家被中国野生动物保护协会派往都柏林动物园，带金丝猴出国工作，纯属沾了猴的光。而在当年供职的濒危动物中心，我作为金丝猴饲养员，还成功繁育了这里的第一只金丝猴，记得当时我给小猴起的名字叫"豆豆"。

来到目的地——佛坪县城，狭窄的山间谷底，布满了楼房和各种人工设施，从前的模样几乎看不出来了。变化好大呀！打听一位老朋友——佛坪动物保护站站长谢富禄，得知他退休了，又搬家了，可惜最终还是没遇到。

下午前往熊猫谷，但名不符实，在熊猫谷没见到熊猫，倒是过了一把与"老情人"金丝猴意外相会的瘾！

摆渡车送我们进入熊猫谷的腹地，过吊桥顺山路拾级而上，没走多久，高树上传来动静，抬头一看，啊，有动物！是猴，是金丝猴！我简直有点不相信

↑在秦岭拍摄到的朱鹮
↓秦岭佛坪自然保护区不怕人的金丝猴

自己的眼睛，赶快举起相机，仰拍几张金丝猴在树端活动的场面。但闻上方有人声，赶紧加快脚步，上气不接下气地近前一看，满眼都是金丝猴，在一帮游人跟前旁若无事地理毛、哺乳，甚至睡觉。还有保安人员、研究人员，都是人啊，这到底是怎么回事呢？如此高贵矜持、机警敏锐的精灵，怎么竟不怕人了？眼前的金丝猴大大小小七十几只，都在距离山路人群几十米、十几米，近到几米的位置，甚至有个别半大猴还大大咧咧地在游人的人群中穿行、坐卧，也有接触的动作。还有游人，包括我们夏令营的师生要掏食物喂猴的，被我制止。我和当地的工作人员一致的意见是：金丝猴是叶猴类，不适宜吃人们投喂的干粮，即便是可以进食的水果也有交叉传染的防疫问题。当然，这些猴子在美食面前是没有自控力的，给了就吃，可是吃多了就会受到伤害。我曾做过几年金丝猴的饲养员，对其特殊的食性很清楚。

用手机、相机，拍足了照片，还发了微信朋友圈，可以说这十几分钟获得的照片是我这几年饲养金丝猴都没能得到的自然状态。按理说，我应该对这里的管理者大加肯定和感谢，因为他们提供如此难得的机遇，让我们与猴共处。可惜，我实在是高兴不起来，眼前一时的得意，换来的会不会是这些金丝猴命运的危机？它们不怕人了，心理是否变态？它们依赖投喂，生活是否还能自理？诚然，这种方式要比抓金丝猴到动物园、到囚笼中展示，要好一千倍，毕竟管理者给野猴们还留有来去自由的空间和余地。

这使我想起目前很多保护区都在实行的把保护对象驯养成秀场的演员，在满足客人见到、拍到、欣赏野生动物的同时，管理者也获得了生态旅游的收益。似乎达到了双赢，可是不要忘记，在接待者与参观者之外，还有一方，就是野生动物。这也是令我纠结的原因，到底把野生动物诱导到游人面前对不对。反正诱鸟拍照是不合适的。

眼前的情景更使我联想到峨眉山的猕猴，那些叫藏酋猴的猕猴因为人们的投喂而来，不明人间事理的猴子们却把人功利的饲喂行为看成理所当然的食物来源，不给吃的就翻脸，以致出现猴抢食甚至伤人的恶果，这时却要再去惩治"猴凶手"。但愿峨眉山猕猴的悲剧不要在高贵的秦岭金丝猴身上重演，但如果是悲剧，那也完全是人类一手导演的。最后，我只得用这句话来安慰自己："两害相权取其轻，两利相衡择其重。"

熊猫谷的一位负责人给我的解释，还算令人稍感安慰，这些金丝猴完全是自由的，是最近一天4次的投食，才把它们挽留在这里，其实在夏季里，它们如非人工投食，早该迁移到较高海拔凉快些的山林中去了，否则那一身厚厚的"金丝外套"就显得太热了。过两天就停止投喂，这群金丝猴便会离开熊猫谷，回到大深山，云深不知处了。

云南珠巴洛河考察日志

2005 年 7 月 24 日（周日）

清早，一辆绿色旅行车，从云南迪庆州香格里拉县（原名中甸，尽管"抢注"成功，但四川稻城、云南丽江……亦无不具备"世外桃源"意境，在西方人眼中，简直就是中国版的"伊甸园""乌托邦"，因此，有人提出建立"大香格里拉"的构想）出发，沿滇藏线疾驰。车上满载人员、物资，在加拿大瑞威集团董事长李立等的资助和率领下，由国家环保局陶思明处长、北大黄润华教授、北大曾宪丁硕士、西南林学院韩联宪教授、中科院地理所尤联元研究员、农大李颖教授、《国家地理》杂志尹杰和我构成 8 人专家组，踏上了一个旨在捍卫江河原貌的绿色之旅：考察位于云南德钦县的珠巴洛河流域，尝试以生态旅游，替代那里的水电开发。

9:00，车过纳帕海自然保护区，这是一处被列为国际重要湿地的高原沼泽，以保护黑颈鹤、黑鹳、白尾海雕等涉禽、猛禽及游禽为主。碧草连天，水波粼粼，但点缀其上的却是对植被生长颇具破坏性的大大小小的家猪，我不禁脱口而出："大猪小猪落玉盘。"盘山公路逶迤而上，汽车喘息着，奋力前行，渐渐进入深壑高峡的云岭大山。山体翠绿，靠近公路的部位，曾经砍伐过的痕迹较重，向上看，多为天然次生林——丽江云杉、高山栎、云南松……天保工程的实施，使这些劫后余生的树木更显珍贵。沿途，不断有护林口号映入眼帘："山上栽上树，等于修水库""山上没有树，水土保不住""有林泉不干，天旱雨淋山"。

10:30，已经翻过山脉，下行至一条浑黄的大河边——这就是著名的金沙江，因自古出产金沙而得名，但如今随着水土流失的日益严重，她成了一条黄沙翻滚的大河了。在金沙江的一个支汊处，我们停车拍照。奇怪的是，江岸上，触目可见的，是一些来自异国的植物——仙人掌。或许是 2 个世纪以前，西方传教士的引种痕迹，毕竟这里的干热河谷气候，很适合这种热带植物生长。没走多远，车过一桥，此桥不大，竟有两个名，今名贺龙桥，但斑驳可见

犏牛：公黄牛与母牦牛的后代

的旧名字是伏龙桥。据说，当年贺龙率军至此，曾遭敌军的围堵伏击，可见革命初期"星星之火"的艰辛。过了桥，便进入德钦县境内，水向下流，车往上行，在鸟类学家韩联宪的指点下，我的目光捕捉着那些沿途一闪而过的鸟类：铜蓝鹟、灰背伯劳、岩燕、白鹡鸰、蓝姬鹟、小嘴乌鸦……沿公路或在山坡吃草的，是一些介于黄牛和牦牛之间的牛——犏牛，它们是公黄牛和母牦牛的后代。

11:00，抵达一个只有一条街的小镇：奔子栏。气温骤然升高，这就是干热河谷的特点，"十里不同天"。本来是打算迎接并护送我们一段的德钦县副县长扎西先生，临时决定与我们一起上山，在这里买登山鞋！于是，大家对此行，就更有底气了。

11:40，在金沙江的一个曲流，被当地人称为"金沙江大拐弯"的地方，我们停车拍照，我的相机镜头窄，全景无法收入，只好分两幅拍摄。这个"拐弯"比雅鲁藏布江的大拐弯小得多，但神韵毕见，气势也毫不逊色。从此，我们便进入"白马雪山国家级自然保护区"的范围。

12:00，路过一个有一堆房舍的庙宇——东竹林寺，这是一处著名的藏传

茶马古道

佛教寺庙。让我更感兴趣的是东竹林寺后面的日尼神山。尽管山不是很高，植被也不算茂密，但常有动物出没、栖息，包括林麝、斑羚、岩羊……这都归功于藏传佛教中的护生理念，真是"山不在高，有神则灵"。可惜，来去匆匆，无缘拜谒神山，也只好与那里的动物们（堪为珍奇独特的生态旅游资源）失之交臂了。

　　下午1:00，烟雨蒙蒙中，我们终于到达海拔4200米的山麓：白马雪山垭口，与此行强大的保障部队——主要是来自奔子栏镇的运输工、公安，会合了。

　　下午2:30，饱餐战饭之后，考察队伍全体开拔。迎面是珠巴洛河的源头：白马雪山海拔5500米的主峰，云遮雾障，神秘莫测，我们将要穿越的，便是这人迹罕至的秘境。白马雪山自然保护区的和绍春副局长，傈僳族，个头不高，但极其精干，他是此行唯一有过穿越经历的人，因此，队伍一出发，他便一马当先。紧随其后的，是县公安局的治安大队长和小华警官，他和另一名干警周伟明，为我们的考察一路保驾护航。昨天还穿梭于工业化的大都市，今天就置身于山高谷深的大森林了，大家对眼前的原始植被多少有些无所适从，既

急流勇过

惊喜，又茫然。西南林学院韩教授不愧为云南本地的野考专家，他如数家珍地为大家解疑：这是丝状地衣，即松萝，滇金丝猴的食物之一，又名树胡子，山挂面……

下午4:00，我们行进到海拔3600米的一个名为"曲宗"（在藏语里意为高山湿地与雪水汇集之处）的清浊两河汇集的地方，珠巴洛河的水势逐渐强大，尽管珠巴洛河只是金沙江无数支流之一，但珠巴洛河本身，也有很多支流，最后才汇入长江，浩浩荡荡流入东海，此番源头考察，我算切身体验到"千条江河归大海"的含义了。

下午5:00，天色将晚，我们来到一个叫"纠尼"的平坝，满地牛粪，从一座四面透风的木屋看，这里应是一处春夏季的高山牧场，第一宿的营地就选在这儿了。抬眼望去，两山夹一水，河水左岸的平坝坦直开阔，的确是个宿营的好去处。

2005年7月25日（周一）

夜雨潇潇，溪流湍急。在野营帐篷兼睡袋的双重束缚下，实在是睡得难受。凌晨，我便被山鸟和骡马的銮铃之声唤醒。爬出帐篷，向炊烟缭绕的木屋望去，人家运输工已经烧好了酥油茶。

8:30，拔营出发。遥望白雪皑皑的达玛拉卡峰，我们开始了第二天的穿越。从大的地形看，穿越珠巴洛河流域，直线距离仅 40 千米，实际上的路线，与想象中的大相径庭，时而沿河行进，时而进入密林，时而顺道路蜿蜒而上，爬上山口，距离远远超过 100 千米。始料不及的路况复杂性，身体的高原反应，加上队伍中有两位年逾花甲的老教授，使我们的整体进度大打折扣。运输工们却一个个如履平地，包括女运输工——一位叫拉姆（藏语为仙女的意思）的女运输工颇为引人注目，她不仅人如其名，而且干练、神勇。一次，一个行囊滚落山坡，她竟然一个纵身跳下去截住了行囊。一次过激流，我们都畏缩不前，她却来回三次帮助大家。殊不知，此行，她为我们留下的印象，既有外表的刚强，更有因人生不幸而带给大家的惆怅。今年 24 岁的她，16 岁结婚，19 岁时，丈夫因酗酒过度而死，作为家中的长女，她一方面须奉养父母，另一方面还要拉扯女儿过活。知道这些后，大家都转而对她肃然起敬。

11:30，在由冷杉、云杉、铁杉这些建群树种构成的高山暗叶林中穿梭，我们从海拔 3300 米直下到河边。运输工先到，埋锅造饭，待大家气喘吁吁地陆续到达时，午餐已经备好。

下午 1:30，出发。

下午 2:00，过一激流，好在其上搭有倒木构成的木桥。山雨淅沥，丛林如洗，地衣垂挂，青苔蔓延，倒树横路，随处是鲜有人类触及的原始景观。

下午 4:00，由于大家普遍体力不支，无法翻越预计在今天翻越的山头，于是，临时决定在紧依珠巴洛河右岸的一块仅有两个帐篷宽的小平地，安营扎寨。好在，这里有一股清流，供大家吃喝洗漱。大家在各自运输工的帮助下，扎起帐篷，北大环境系的、身高一米九的硕士生小曾，坐在激流滚滚的河边，书写着考察记录。运输工们喝起了青稞酒，吃开了手捏的糌粑，我向藏族朋友要了一块吃，觉得很香，丝毫没有因为那是经过他们粗黑的大手捏出来的而影响胃口。雨越下越大，我们只得躲进各自的帐篷，深山激流，涛声依旧。

2005 年 7 月 26 日（周二）

早晨 6:30，一声"开饭了！"把我们纷纷从帐篷中唤出。"粑粑"（实际就是烙饼）就着萝卜排骨汤，照例有酥油茶喝。我领到食物，边吃边凝望滔滔河水，念叨着："子曰：逝者如斯夫，不舍昼夜。"忽然，水中一只小动物映入我的眼帘，黑色的、有尾的耗子般的动物，腹部却是白色，在惊涛骇浪中逆水而游，时潜时浮，到底是哪种动物？不得而知，因为类似大小的动物达上千种。至于它吃什么，什么动物吃它，都是谜，无论怎样，它都给了我一个肯定的答案：看似激流滚滚的珠巴洛河，乃是一条生物多样性之河。

9:00，山路在一条湍急的溪流前被阻断了，不仅没有桥，连一根独木都没有。一路开道的保护区管理局的和副局长毫不犹豫地脱鞋挽裤，蹚过激流，我也紧随其后，蹚了过去。等大部队到达时，我已经以逸待劳了。但赤足过激流，可不是闹着玩的，稍一失足，便会被冲走。本来一直健步如飞的国家环保局的陶处长就在激流中摔了个屁蹲儿，何况我们队伍中还有几位女性和老者，扎西副县长奋然屹立于激流中，把相对体弱的同志一一扶过河，拉姆则一趟趟地为大家转运行李，尽管脚下是艰难险阻，但脸上却笑意盈盈，谈笑自若。一步一喘地登高，穿行于原始森林——保护区的核心区，珠巴洛河最后的秘境，我们寻觅着动物的蛛丝马迹，用望远镜在对面的山崖处搜寻，那是有蹄类动物容易栖息之所，但除了两只雪鸽，一无所获。终于，在海拔 3500 米处，我们见到一堆草食动物的球状粪便，经韩联宪教授鉴定，为苏门羚所排泄。

10:00，登临到一个云锁雾障的峰顶，大家为暂时的胜利而欣慰，我们这些城里人忙着拍照、留影，而藏民小伙子则惬意地唱起了歌，自得其乐。不要以为他们能干粗活就是粗人，一次，我问某人在哪里，一位运输工竟悠然地回答我："只在此山中，云深不知处。"

11:00，往山下穿越密林的途中，在一棵华北栎的树干上，我们发现了一只两拳大的猴头菇，雪白皎洁，煞为可爱。我们谁都不忍触动，纷纷为其拍照，运输工们则实际得很，上去就要掰，我们很天真地劝阻了眼前的运输工，实际上，过后，这只猴头菇必被采摘无疑。

11:30，刚才还在山巅，须臾便到了谷底。白马雪山自然保护区的特点就是垂直分布显著，从高山针叶林、针阔混交林、亚高山暗针叶林，到高山灌丛草甸、乱石加稀疏植被，乃至举目可见的高山冰雪带，真是"一山有四季"。下到一片草高过胸的平地，鸟语阵阵，溪流潺潺，还未来得及尽情享受一下眼前的平和，转而便身陷凶险，紧贴激流而行，容不得半点懈怠了。

12:30，该午餐了，行至一处有几座简陋木屋的地方。遇到几个男女山民，一问，是前面村子——茨卡通的，顿使我们看到了穿越的希望，毕竟见到对面来的人了。阳光明媚，我瘫倒在地上，脱下鞋来晒，随后，《国家地理》杂志的尹杰小姐和运输工拉姆也累得"依偎"在我身旁，枕着河流，席地而卧。任凭大家有什么说道，甚至拍照，也无所谓了，反正回归自然了。下面的路途不仅艰难，而且陡峭，运输工都无法与我们同行了，正好，当即雇用来自茨卡通的几位山民做运输工，他们采了些菌子，也乐得额外挣这笔运输工的钱。下午，上行不止，气喘不断，甚至是上气不接下气。野猪、竹鼠的痕迹历历在目，怎么就是见不到活生生的动物呢？功夫不负有心人，午后，果然不出保护区和局长所料，他说前头有野生鹦鹉的巢，我们很快就目睹了4只国家二级保护动物——大紫胸鹦鹉，呼叫着从我们眼前飞过，落到我们走过的路边高树上。一波未平，一波又起，一只金雕翻覆着巨大的翅膀在山峦与天相接处翱翔。

下午 7:00，经过一天约 10 小时的跋涉，我们在一个很不适合宿营的地方歇了下来，因为大家已是强弩之末了，特别是两位同为 67 岁高龄的老者，北大黄教授和中科院尤教授，我简称他俩"黄油"。

2005 年 7 月 27 日（周三）

昨夜，山中度过第三夜，与之前不同的是，驻扎在密林中，但不乏溪水。

8:00，分队出发，精壮者前头开路，我也一马当先了一段，独处自有独处的妙处，眼观对面白雪皑皑，耳闻沟底溪流潺潺，身边不断有不知名的鸟相伴，一时简直忘乎所以。其实，如此的跋涉，最怕跟在后头，紧赶慢赶追不上，令人心里起急，由此就会更累，而走在前头则不太感觉疲劳，但我不久就心生胆怯了，不知是怕什么，熊？还是蛇？其实真正可怕的是走错路，在我做

被猎杀的王锦蛇

先锋的半个时辰中，稍遇歧路，稍有疑惑，我便吹起救援哨，与别人取得联系，生怕迷路！令人放心的是，很快赶上来的茨卡通来的几个运输工，熟门熟路，他们上坡是负重，与我们空手速度差不多，下坡则一溜烟小跑，甚至还唱了起来，漫山飘荡的都是藏语歌，尽管我听不懂，但高亢的旋律、优美的歌喉，足令人陶醉。上午，在一个咕咚流淌的泉眼前，俯身饮水，茨卡通的运输工告诉我：这个泉眼有名字，是傈僳语"阿捷咕咚"，就是水流咕咚的意思。崎岖的山路，尽管险峻，也都是因为由傈僳族的山民修筑过，才得以通行。看来，藏族、傈僳族在这里几乎融为一体，相依为命。下午，不断有大些的瀑布横在眼前，飞流直下，如断线的珍珠。但山路高入云端，向下看，陡壁悬崖，也足以让人胆寒，稍不留神，便"一失足成千古恨"。在一条激流卷起千堆雪的珠巴洛河支流旁，我们发现一条王锦蛇，已被人打死了。此刻，我想，只要出于自我保护，这种行为还是能理解的，但不应无缘无故地杀戮。午后，又遇几个来自茨卡通的山民，走在前头的李立先生几乎每次都问同样的问题："你们从哪里来？走到这儿要多久？我们几时能到茨卡通？"毕竟，越来越看到希望了。

下午 5:30，我们几个作为先头部队的行者，终于抵达今天的营地——拉萨丁，一个具有仙境意味的地名，也的确名副其实，一片开阔和缓的大森林，右为山坡，左为大河。这时，运输工已经先期绕道而至，与运输工的会合，使我们疲惫的身心为之一振。听说，后面的队伍哩哩啦啦拖得很长，且有伤病的、脱水的、崴脚的……运输工首领立即决定出动几匹精壮大骡子，前往接应。对了，来之前，在北京，我一直误以为运输工是骑马的一帮，还妄想骑大马照个相呢！此番经历，才恍然大悟，一色的骡子，运输工原来是骡帮。我和韩联宪教授一直住同一个帐篷，他野外经验丰富，在选择扎营地点、支立帐篷等方面熟练而麻利，使我颇为受惠。这最后的野外宿营之夜，是几天来最美妙的一个去处了，大树参天，河水潺潺，我们的帐篷口，偏偏还有一棵盆景般的小松树，从帐篷中望去，诗情画意的，可惜天晚，没有拍照。韩教授说，按现代房地产的标准，这一平方米得价值上万了吧！晚饭，大家品尝着沿途采来的山蘑，腊肉炖蘑菇，鲜美之至。我不吃肉，单单从锅里找蘑菇吃，那味道，可以说，比我吃过的任何山珍都难忘。入夜，我们同行的藏族男女们围着篝火跳起了悠闲的锅庄，很久很久，我都入睡了，他们还毫无倦意，男女对歌，一来一往，如闻仙乐，如置仙境，在歌声里，在水声中，我酣然入梦。

2005 年 7 月 28 日（周四）

清早 8:00，出发不久，就发现了情况，在山路泥土上，有一片灰棕色的动物毛，韩联宪教授俯身仔细判断，是林麝的毛，为什么这么集中地出现在这里？肯定是发生了不测，是人为盗猎，还是野兽间的搏斗，成为大家心中的谜团。

8:40，一马当先的李立先生忽然停住步伐，弓身望去，原来，前方出现两只小野兽——黄喉貂，他可真有眼福，昨天，见到松鼠的也是他。

9:00，山林上方不断传来小杜鹃清晰的啼叫，五声一度，很有特点。

11:00，又过溪流。

12:00，又过溪流。

下午 1:00，真正见到一条活生生的毒蛇——菜花烙铁头。韩联宪教授将

阿顾的家　　　　　　　　　　　　　　　　　笔者与藏獒

其控制住，让我们好生欣赏一番，便释放了。想起毒蛇在韩教授手里，那扭曲着美丽的腰身，不住地吐露芯子的情景，每每胆战心惊。今天，是我们山中跋涉的最后一天，尽管已经累得狼狈不堪，一瘸一拐的，但都归心似箭，加快了脚下的步伐，用年龄最小的编外队员小云的话说就是"不把自己的脚当脚了"。李立先生不断给大家打气，喊着："前面下坡了！"因为，现在大家只想走下坡路。想想这些人，平时在都市里驾驶汽车时神气十足的样子，此时的一切威风，只能都让位给山民了。

下午3：00，终于在远足第五天的下午，见到了村庄，尽管很远很远，我们仍然异常激动，好像见到了救命的稻草。45分钟后，我们走进了这个叫纳瑞的小山村，藏式高大的三层居舍，很适合用于生态旅游的接待，挂果累累，鸡鸣犬吠，怡然似世外桃源。在一个老汉家的门前，我们停了下来。打前站的保护区老和，已经跟这位叫阿顾的老汉说过我们的行动，所以老汉很从容地接纳了我们，给我们倒水，让我们进院子。我还给他家一匹怀孕的母马拍了个照片。小村只有七八户人家，共40口人，属傈僳族。告别老汉，往下继续前进，见到溪流与道路之间，每隔不远就有一座水磨碾坊，或者安装一台斜击式小水头发电机，这种顺水而置，不对水源造成过度影响、破坏的发电方式，我觉得值得在这溪流丰富的山区应用推广。何况每台价格约千元，村民尚承担得起。

下午 6:30，竖起耳朵，终于听到了汽车声。保护区的吉普车将分批把我们送到保护站。此刻，陪伴我们一路的珠巴洛河在走出山口的地方，已经变得平和多了，不再是急流勇进，而是清澈和缓，甚至温顺柔和。茨卡通，一个我们从来没听说过的名字，这几天却成了大家朝思暮想的目的地。晚上，茨卡通，这个大山中的小山村沸腾了，盛装出现的壮年村长，带着身穿藏袍的姑娘，唱歌敬酒，大水壶盛满青稞酒，一轮轮地送到每位宾客的面前，那种隆重气氛，根本由不得你，除非你倒下。入夜，他们自娱自乐的方式，还是围成一圈跳藏族舞——锅庄，包括那位赶来接我们的、貌似张飞的大胡子司机，都如醉如痴地唱啊，跳啊！我不禁感慨：作为都市人，月薪到底多少，你才会去夜夜笙歌呢？今夜，终于住到了屋里，干净！终于睡在了床上，舒适！没有几天的磨难，岂能有这种体验？不经历风雨，哪能见彩虹？

2005 年 7 月 29 日（周五）

山雨沥沥，小村如洗。昨夜同志们太兴奋了，对酒当歌之后，李立董事长又跟小曾、韩老师聊到很晚。我只得以鸡鸣之声，委婉地唤醒大家。坐上旅行车，刚出村，珠巴洛河又展现出放荡不羁的本性，在一里地的距离中，落差达300 米。

11:00，达到霞若乡，最令我们这些现代社会的人兴奋的，就是沉默了一周的手机，终于有信号了，看看吧，几乎每个人都在埋头打手机，发信息，至少，得向家里报个平安。

12:30，到达拖顶乡。过金沙江的拖顶大桥，回首，最后看一眼珠巴洛河。瓦蓝的滚滚清流，在这里汇入金沙江，从而结束了自己作为珠巴洛河的使命。我们用双脚穿越珠巴洛河流域的旅程，也因此而完成。晚霞中，来到德钦县，德钦，藏语是极乐太平之意，为云南省海拔最高的县。县政府所在的升平镇，得名于清光绪三年（1877 年），取歌舞升平之意，自唐宋以来就是茶马互市、沟通汉藏的商业和宗教活动集散地。这时，但见大卡车一辆接一辆，一直排到县城外的公路上，我们几乎是贴着卡车前进。一进县城，眼前景致大大出乎我的意料，酒肆店铺，鳞次栉比，人流熙攘，鬓影衣香，一派繁荣景象，不愧为滇藏边界上的一大重镇。明天，将与德钦县相关部门见面，阐述我们的观点，此时，我夜不能寐，感慨良多。从大环境看，德钦位于滇西北"三江（怒江、澜沧江、金沙江）并流"的腹地，是迪庆州"香格里拉"的组成部分，不仅神山伫立，雪峰突傲，大江蜿蜒，峡高谷深，而且兼有奇异神秘的民族习俗和宗教文化，即"文化多样性"，为此地独具特色、独具核心竞争力的旅游资源。穿越于白马雪山保护区核心区的珠巴洛河，则完全是一条未被惊扰的原生态之河。据考察队的地理学家分析，我们在强调"三江并流"的同时，更要关注一个事实——"三山（怒山、高黎贡山、云岭）并列"，而生物多样性最为丰富的位置，恰恰不在江边，在山上。经过考察，我们认为，"两利相权取其重，两害相衡取其轻"。尽管旅游对环境亦有一定的负面影响，但经过合理规划，资源整合，温和地开发，友善地利用，特别是强调在保护中利用，有限度地开展特色旅游活动——生态旅游、民俗旅游、探险旅游，不失为保护性开发德钦山水资源的一个可行途径。只有善待自然，才能善待自己，关注江河，也是关注未来，为了千秋万代，请高抬贵手，不废江河万古流！

郭耕自然保护随笔
动物与人

观鸟若尔盖，汉藏一家亲

2019 年 7 月底，应林易等"自然之友"几位老友之邀，特别是借四川省阿坝藏族羌族自治州若尔盖巴西乡政府供职的饶勇先生携双子来京游历的回返之机，我们一行近 30 人前往若尔盖进行了为期一周的自然之旅。7 月 29 日，我们登上高铁，大半天先抵兰州，找好宾馆就近来到百年老桥"黄河铁桥"观览，又过桥登临白塔山鸟瞰兰州，特别是拍摄黄河与铁桥，视角极为独特，只叹适逢周一，无缘省博物馆。我几十年工作繁忙都未舍得这样度假，如今卸职正好携妻西游。第二天早上我俩又再至黄河边，以日出大河为背景拍跳跃画面照，赛过少年，玩儿得很嗨！ 30 日晨，我们携妻带子一行，包大轿车从兰州出发，一路南下，穿过甘南草原，午后进入川北若尔盖湿地，趁途中午餐及修路堵车空隙，我都及时拍到帅到爆的黑鸢，萌萌哒的鼠兔，草地出没的角百灵，特别是首次见识的鸟兽同穴的白胸雪雀，喙长如弯刀的褐背拟地鸦等本地物种，路上多次见到胖嘟嘟的旱獭，可惜还没机会拍摄，期待在若尔盖的一周有更多精彩。

31 日，是在若尔盖县活动的一天，一早在县城街头小吃，喝粥能管够，老乡很亲和。上午奔草原类型的湿地——花湖湿地，谁也没闲着，大家拍花、拍鸟、拍鼠兔，乐在其中，乘摆渡车进入景区，在湿地栈道暴走一万多步，我也是服了，好在，一只黑颈鹤给了我们巨大安慰，令我 83 倍的拍鸟神器大显身手！还有凤头䴙䴘、白骨顶、灰雁、普通燕鸥……鸟不算太多，又干晒干晒的，皮肤好似瞬时染了色。同在若尔盖入赘的老葛（外号哈密，因为来自新疆哈密）带着来自远牧点的儿子，因羞涩而缠着爸爸，所以他既要招呼我们，又要尽慈父之责，令人钦佩。花湖出来，本要绕道黄河第一湾，无奈修路，不许通过，只好折返县城。结果在宾馆，夫人说不舒服，自己坐在墙边小憩，起身时竟一头栽倒破相……令人担心一路。大家吃饭耗了一个小时，再上路直奔求吉乡，结果又遇修路，两个小时后才可通行，随遇而安吧！好在，路边有个藏民家的马场，一行人中，除了我们夫妇，都带了小孩子，于是屁颠屁颠地都骑

若尔盖的白背啄木鸟　　　　　红尾水鸲　　　　　　　　谁说麻雀是四害，看我一嘴多少虫

马去了，让小牧民乐得在马背上直耍把式。我深入草原拍牛、拍马，更拍鸟，近距离地拍到一对红嘴山鸦，还首次拍到了山坡上的旱獭，在最后一抹夕阳里，也算有所斩获。夜入嘎哇，拜见女主人银措，她为我们准备了丰富的饭菜。嘎哇寨的第一夜，一下子来了这么多人，太难为人家了，于是，我们在饶家和宾馆，各自投宿。

　　8月1日，是此行使出了吃奶力气、极尽地主之谊的若尔盖求吉乡嘎哇寨饶勇的生日，我们一早在饶家饱餐战饭，就在女主人银措及加措、坚赞双子的带领下，还有因得以放风而兴奋得跑前跑后的名为"卓玛"的巨型贵宾犬，一标人马哩哩啦啦地向求吉寺方向上了山。继续上行至饶家放牛的大山深处，似乎又累又无趣，尽管能在山沟溪流处采到野草莓，团内小孩子都有发脾气的了，好在一路都远远地拍到了旱獭……这时，归途再找旱獭，我用余光瞥见悬崖下有两个黑点，肉眼看到时以为是乌鸦，啥乌鸦呢？举望远镜端详，大惊：竟然是蓝马鸡！1只，2只，3只……最后总共数到6只，太激动了！我们又拍又录，收获巨丰，尽管烈日当头，尽管已过饭点，还是乐此不疲，用随队医生林大夫的话说："此行仅看到蓝马鸡这一项就没白来。"而随队狗"卓玛"更是乐得摇头晃脑，颈上的铜铃，摇响一路，大有与民同乐的意思。进村，我们还纷纷跟藏民家墙脚下艳丽的野罂粟合影，城里人可怜啊，见啥都新鲜。回饶家，3点才午餐，之后回宾馆小憩充电。5点，古道热肠的女主人银措骑三轮电动车接我们奔包座水坝。从原始森林流出的包座河在这里泾渭分明，水清

若尔盖的黑冠山雀

朱雀傲立枝头

红嘴山鸦　　　　　　黑颈鹤　　　　　　野外偶遇蓝马鸡

的一半是上游流下来的河水，水浊的一半是采石场的污秽之水，如此鲜明的对比，令人唏嘘。入夜，大家为男主人庆生，喝酒唱歌聊到午夜，我有些高原反应，不敢喝烈酒，啤酒代替，正好！夜深人静，山村入睡一般，我们踏着星光回府。

8月2日，足不出户，在饶家拍朱雀，午后，在求吉寺的寺后找蓝马鸡未果，却喜出望外地遇到一对白斑翅拟蜡嘴雀，这就是观鸟，可遇不可求。

8月3日，奔包座县级自然保护区。途经包座战役纪念碑，我们有带娃戏耍，有观鸟拍鸟，有休闲吃喝，各得其所。想在包座乡午餐，竟找不到饭馆，只好从小卖部凑合着买些吃喝，继续上路。回到嘎哇，晚餐前，我们斗胆翻越篱笆走麦田至饶家。晚上，银措大显身手，带我们跳起藏舞，简直美不胜收！

到若尔盖，发朋友圈，四川卧龙的晓安部长热情地出了一联：若诗若画若尔盖。我便欣然回了下联：如泣如诉如来佛。不经意处，多少彰显了些许文人情趣。8月4日，小分队成员，先期奔赴成都，我们部分成员在嘎哇寨，一早包车3辆，在饶勇夫妇及老大加措带领下，前往隶属于九寨沟景区的神仙池，路上，翻山越岭，特别是喇嘛垭，为海拔3990米的垭口，我们兴奋地合影，一路欢歌。尽管修路，且未正式开放，我们凭银措的藏族本地人脉，一路畅通无阻，长驱直入，穿过贡杠岭保护区，进入尚在施工的景区，围亭野餐后，才走几步，就见到钙化池如黄龙地貌的美丽景观。当地寨上的藏族小伙阿珠一路陪着我讲他常看到的动物，还拍到不少珍贵视频，我一一解惑，并互通微信，感觉不虚此行。下午 3 点踏上归途。几天来，我们从若尔盖到求吉寺，从嘎哇寨到包座原始森林，以及今天之旅，坐的都是老饶邻居尼美的 7 座车。尤其今天，路途极其坎坷，尼美毫无怨言，在我们希望停车的地方，停下来等我们，景美的地方，有鸟的地方。即使天色渐暗，在元帅桥，我们还是下车打卡，拍照，满满一天，时间大多耗在路上，虽人困马乏，但汉藏一家亲的情义，时时萦绕于我们心头。晚上到了饶家，美美地吃了最后一顿晚餐，度过了在若尔盖、求吉寺、嘎哇寨愉快而充实的一周。

三

生肖动物
人生诠释

生肖鼠话

人鼠恩怨

2020 年，是中国农历的庚子年，即鼠年。鼠为十二生肖之首，与十二地支相配，故称"子鼠"。老鼠繁殖力强，中国古人祈求生命繁衍、子孙兴旺，于是，便产生敬奉子鼠的多子多福的生育观。李时珍在《本草纲目》中记载："以其尖喙善穴，故南阳人谓之鼠。其寿最长，故俗称老鼠。其性疑而不果，故曰首鼠……"况且，老鼠一降生就长着胡须，生就带着"老"相。更无可否认的是，老鼠在地球上已进化了几千万年了，的确比仅有区区几百万年历史的人类要古老得多。哺乳动物中，老鼠的家族最为兴旺，南美的水豚可谓最大的耗子，体大如猪。老鼠的种类繁多，啮齿目下多达 2300 种，而且个个身手不凡，生命力又是如此顽强。毋庸置疑，老鼠，从前就比人古老；未来，还将传宗接代，老而弥坚。

老鼠乃是不离人类左右的伴生动物，所以，难免有学者为之撰写文章、题诗作赋。著名的包括先秦《诗经》中的《魏风·硕鼠》，唐代柳宗元的《三戒·永某氏之鼠》，宋代苏东坡的《黠鼠赋》……而我最欣赏的则为明代龚诩写的《饥鼠行》，说是半夜老鼠出动，扰得人难以入梦，饱食终日的宠物猫却在酣睡。于是，孩童采取了一个憨态可掬的行动，企图吓唬老鼠——"布被蒙头学猫叫"，估计也是徒劳。而蜚声世界的米老鼠的形象，使人们一改过去对老鼠以憎恶为主的印象。可惜，好梦不长，就来事了。

鼠疫噩梦

似乎要为即将到来的鼠年做铺垫，2019 年年底，出现鼠疫病例，引起人们对公共卫生防疫问题的严重关注，我们应时刻注意与野生动物保持距离，莫要轻启潘多拉魔盒，毕竟，人类因为老鼠是吃过大亏的，殷鉴不远啊！

2019 年，奉北京市科学技术研究院派遣，我有幸到捷克进行科普考察，不料，竟遇见一座与鼠疫有关的纪念碑。那天，刚走访完在捷克的中国孔子学

动物与人

郭耕自然保护随笔

秦岭牛背梁的松鼠

院出来后，沿着布满石条的道路进入捷克古老街区，远见一座雕塑群簇拥的纪念柱，高大雄伟，原来是战胜黑死病纪念柱。14 世纪四五十年代对于欧洲来说，是一个极为悲惨的时期。从 1347 年至 1353 年，席卷整个欧洲的被称为黑死病（Black Death）的鼠疫，夺走了 2500 万欧洲人的性命，占当时欧洲总人口的 1/3 ！而发生在 20 世纪，堪称人类史上最为惨烈的第二次世界大战，欧洲因战争死去的总人数为其人口的 5%。足以看出这场瘟疫给欧洲人民带来的灾难。这场瘟疫在很多文献中被记作黑死病。

　　这场大瘟疫起源于中亚，1347 年蒙古军攻打黑海港口城市卡法（今俄罗斯城市费奥多西亚），将瘟疫传入，之后由亚欧商人传到欧洲。首先从意大利蔓延到西欧，而后北欧、波罗的海地区再到俄罗斯……以国家而论，在这次大瘟疫中，意大利和法国受灾最为严重；而少数国家如波兰、比利时，整体上讲侥幸地成了"漏网之鱼"。在城市中，受灾最为惨重的城市是薄伽丘的故乡佛罗伦萨：80% 的人得黑死病死掉。在亲历瘟疫的意大利人文主义作家薄伽丘所写的《十日谈》中，佛罗伦萨突然一下子就成了人间地狱：行人在街上走着走着突然倒地而亡；待在家里的人孤独地死去，在尸臭被人闻到前无人知

笔者创意的青铜生肖群，鼠为众生肖之首　　　霸王松鼠

晓；每天、每小时大批尸体被运到城外；奶牛在城里的大街上乱逛，却见不到人的踪影……与佛罗伦萨相比，在它北面的另一大城市米兰却分外幸运：在黑死病黑云压城般的包抄中，竟然奇迹般地安然无恙。但大部分城市都无法幸免于难。

14 世纪的欧洲人对鼠疫这种烈性传染病，简直毫无招架之力。欧洲元气大伤，因大瘟疫而引起了社会、经济和政治的大变动。但鼠疫也对欧洲文明的发展方向产生了重大影响，西方学者认为它已成为"中世纪中期与晚期的分水岭""标志了中世纪的结束"。黑死病对中世纪欧洲社会的经济、政治、文化、宗教、科技等方面造成了剧烈的冲击，产生了巨大的影响。有许多学者把黑死病看作是欧洲社会转型和发展的一个契机。经历了黑死病后，欧洲文明走上了另外一条不同的发展道路，更加光明的道路，原来看起来非常艰难的社会转型因为黑死病而突然变得顺畅了。因而它不仅推进了科学技术的发展，也促使天主教会的专制地位被打破，为文艺复兴、宗教改革乃至启蒙运动产生重要影响，从而改变了欧洲文明发展的方向。这场大瘟疫医学原因即引起鼠疫的鼠疫杆菌直到 1894 年方才被发现，而感染鼠疫的啮齿动物（如鼠类）由蚤叮咬传染给人，这个经由鼠类、蚤类传染的途径也迟至 1898 年才大白于天下。

有史以来，就总体格局来说，人与老鼠一直势均力敌，至少人并未战胜这个身材矮小却愈挫愈奋的对手。在人与动物的博弈史中，老鼠堪称是曾经致人死亡率最高的动物。

我们再不能肆无忌惮地居临于万物之上，盗猎动物，滥食野味！恩格斯早已教诲过我们："不能过分地陶醉于我们对自然的胜利，对于每一次这样的胜利，自然界都报复了我们。"

我们对老鼠应持的态度

其实，人类对老鼠最应采取的态度，或者说给老鼠最理智、最恰当、最科学的待遇就是保持其天敌的存在，保持老鼠天敌乃是对其生态权利的尊重，而这恰恰是现代人所作所为的薄弱之处。

人类作为一种动物，对我们的其他动物伙伴的心理始终是爱恨交加，对老鼠也是这样，既敬又畏，既恨又怕，还无可奈何，本指望置之死地而后快，却越灭越多。事实证明，人鼠之间的僵持是没完没了的，你就甭想完全得胜，只能承认，人类鼠类，旗鼓相当，如影随形，协同进化。对待老鼠，我们只有尊敬自然，只要有老鼠的天敌——黄鼠狼、猫头鹰、果子狸、蛇、鹰、狐狸、野猫等存在，老鼠就不得不苟且偷生，低调行事，否则，它们就要对你施以颜色，给你闹个地覆天翻。

作为鼠的天敌之一，猫在我国是外来者，是舶来品，但家猫在中国的历史也已经有几千年了，公认的中国家猫的家化时间是始于周代，尽管河姆渡的新石器遗址中，发现有类似家猫的骨头。就是说，6000年前，中国人已经开始驯化猫了。

人们养猫最初的目的就是为了捕鼠。《礼记》中有"迎猫，为其食田鼠也"。当人类发明了储藏食物的方法，特别是进入农业社会有了谷仓后，老鼠便成了挥之不去的心腹之患。鼠的天敌虽然很多，猫头鹰、蛇、鼬、獴、猫……只有猫既捕捉老鼠，又可爱乖巧，于是，早期人类便将野猫的幼崽从野外带回局住地，作为玩物饲养起来，长大后，桀骜不驯的放掉或宰杀了，温顺驯服的留下来。这样，逐渐培养出人类今天看来极其奢侈的宠物——家猫。猫因人的扩散而扩散，现在遍及世界各地，原本无猫的地方，现在有猫了，但对当地的动物来说，则是天降横祸。盲目引种，是导致物种灭绝的四大因素之一，猫的光临，给那些新世界的老物种带来的是灭顶之灾，如澳大利亚每年死于猫爪的鸟达百万之多。所以，动物一旦被人驯养，就须成为一种责任，包括对其繁殖和扩散行为的控制。对任何生命形式，不仅要顾及它的生物本能，更要考虑其生态制约因素，否则，就会导致过犹不及的后果。

最后，我们说，任何物种都有其存在的价值，包括老鼠。那老鼠在这个世界上到底有什么存在的价值呢？当然是不可否定了！因为许多物种都是以鼠为食的，所以老鼠就进化出繁殖力超强的本领和对策，甚至很多动物都依赖老鼠生存，蛇、鸮、黄鼬……如果世界没有了老鼠，它们一个个非饿死不可。可见，若论对地球的贡献，老鼠也是榜上有名的。

| 格言 |　　　法律和公正的约束不应该仅限于人类，就像仁爱应该延伸到每一种生物身上一样；这种仁爱精神会从人心中真正流露，就如同泉水会从流动的喷泉中涌出一般。

——［古希腊］布鲁达克

牛年话牛

世界上许多民族和部落，都不约而同地把牛奉为神灵，牛几乎就是农耕民族的象征。

汉字的"牛"是象形字，像什么呢？孔子曰：牛羊之字以形举也。对，"牛"字的甲骨文就像一头牛，这是中华文化深邃内涵的魅力所在。

位于南亚次大陆的印度素以自然崇拜闻名，因其国家版图形如牛首，且举国敬牛如神，而被称为"牛颅之国"。我曾有幸赴印度参与世界自然基金会（WWF）安排的环境教育国际培训活动，用我的话说就是"上西天取了一次经"，取的是自然保护之经。令我感受最深的是这里浓厚的宗教氛围，以及由宗教文化决定的人与自然、特别是人和动物那种特殊而神秘的关系。首先，在印度国徽上你能见到4种动物：雄狮、大象、骏马和公牛。

印度教主张万物有灵的"泛神论"，把许许多多大山大河、动物植物都敬奉为神，或当作精神的寄托，形成了人与自然紧密联系的文化，处处体现人对自然的崇敬、感恩之情。在古印度，牛是三大主神之一湿婆的坐骑，人们崇敬湿婆，当然也就对湿婆的坐骑一样崇敬了，既然是"神牛"，就吃不得，也杀不得了。在那里，牛被奉为圣物，严禁屠杀，还受到法律的保护，在印度是吃不着牛肉的，但可以喝牛奶。

在印度城市的大街小巷到处闲逛的牛，实际上是一种叫瘤牛的牛，这种牛肩上有瘤状突起，如同驼背。体毛乳白，双角高翘，两耳下垂，颈下垂肉晃里晃荡，走起路来昂首阔步，八面威风，仿佛牛魔王下世。但它们脾气平和，从不轻易攻击人，也不把公路上来往疾驰的汽车放在眼中，似乎知道没人敢碰它们。它们白天逛马路，在路旁吃草，夜晚干脆就卧在马路中央，犹如一尊巨石，成为印度大街上不可或缺的一景。在印度住了些日子后，我发现印度人对这些牛的态度也不尽相同，有送吃送喝，敬牛爱牛的；也有提出异议，要求驱牛的。我见到一些司机的车上常备一根竹棍，遇到"神牛"挡道，竟敢抡棍梆牛。但多数司机还是鸣笛示意，等牛不紧不慢地让道后才一踩油门，擦牛而

神牛与汽车对峙

304

过，从没有人胆敢开车压牛甚至碰牛，毕竟在信奉"万物有灵论"的国度，牛是人们心中的圣物，是神。印度有牛 2 亿头以上，约占世界总量的四分之一，是全球牛的存栏量最多的国家。用"存栏"这个词也许不准确，因为印度的牛大都处于散放或"流浪"状态。印度教认为牛是繁殖的象征，也是维系人类生存的必要生产资料，印度大街小巷虽然到处是牛，我当初以为就像松鼠、八哥那样没有归属。后来向印度同事一打听才知，这些四处闲逛、安然游荡的牛也是有主的。主人必须帮着挤奶，但饲喂、繁殖都不必操心，因为大街就是大牛圈，走到哪儿吃到哪儿，走到哪儿拉到哪儿，甚至走到哪儿生到哪儿。在印度，牛的福利基本能够得到保障，大都"颐养天年"，自然死亡之后才可利用。牛在印度，有充分的自由，多好哇！好是好，只是牛多草少，害得这些牛在大街上可怜兮兮地找吃找喝，在垃圾堆里翻来翻去，什么瓜皮烂叶，甚至连报纸都吃。我们一行人见到此情此景，纷纷戏言：看，印度的牛多有水平，还会读报呢！这些牛既然生于大街、长在大街，当然就不怕人，也不会去威胁人，大家相安无事。尊牛虽非坏事，但任何事情都有限度，过犹不及。到处流浪的牛已给印度城市的市容、卫生、交通、生态制造了颇多麻烦，由此，一些印度人曾无可奈何地说："如果印度再不吃牛，牛就要吃印度了。"

牛年将临，说起牛这种动物，人家熟悉的一般是家牛，而牛科动物中还有一些野牛，比较不为人所知。如今世界上的野牛大都成为濒危物种，也值得我们关注。野牛在分类上属偶蹄目（本目的动物约有 200 种，如牛、羊、羚、鹿、猪等）、牛科（又名洞角科，相对于鹿科动物角为实心）、牛亚科，其中真正称得上"牛"的牛族动物也就十余种，还有一些动物虽然叫"牛"其实非牛的，如犀牛、羚牛等。下面，就讲几则发生在"野牛"身上的故事吧！

险被杀光的美洲野牛

美洲野牛的形态特征是肩部长满了长而蓬松的粗毛，沿头部、颈部、肩部和前肢覆盖全身，比欧洲野牛更长更密。其肋骨 14 对，腰椎 4 节，决斗时喜欢用头顶撞。栖息环境多为草原。由于美洲野牛的进化晚于欧洲野牛，二者在外观上看如同近亲，有人便认为美洲野牛来自欧洲并且与欧洲野牛同种。其实从身体结构上看，二者在进化上确实可能有关系，但绝非同种。在哥伦布初到北美时，这里生活着大群的野牛，多达 6000 万头，最大牛群可宽达 40 千米，长达 80 千米，场面恢宏壮观。19 世纪，随着移居北美的欧洲人对大草原的开发，特别是铁路通过大草原后，由于庞大的牛群常常阻碍火车运行，野牛开始遭到大肆枪杀。一个外号叫"野牛比尔"的枪手，在 18 个月中就枪杀了 4000 头野牛，成了牛仔中的英雄，威名远扬。正是无数个"野牛比尔"，才使得美洲野牛从种群一望无际的规模减少到屈指可数的地步。到 1903 年，北美的野外只有 21 头野生野牛了。好在美国政府及时醒悟，把野牛置于国家的保护之下。现在，在北美一些国立公园中大约生存着 2 万头美洲野牛。注意，在北美，你如果听到人们将这野牛称为 Buffalo，千万别以为是水牛，它们就是美洲野牛，因为在欧美，现代人根本就不曾见过野水牛。

为政治牺牲的欧洲野牛

欧洲野牛腿长肩高，比美洲野牛尾更长，肋骨 15 对，腰椎 5 节，角斗时是真正的用角顶撞。栖息环境偏于森林。欧洲野牛又分为高加索野牛和波兰野牛。沙俄时期，沙皇亚利山大一世征服整个俄罗斯后，把生存于俄罗斯、波兰边境的野牛据为己有，并设立狩猎法加以保护，高加索野牛一度在这里繁殖得很好。但是，1918 年，沙俄统治被推翻，高加索野牛作为沙皇宫庭的宠物，也沦为政治斗争的牺牲品。而波兰野牛在第一次世界大战中也横遭厄运，仅有 3 头逃脱侵略者的枪口，再加上动物园里的 45 头，共有 48 头幸免于难。到 20 世纪 30 年代，人们才开始努力恢复波兰野牛的野生种群。现在，波兰野牛正安祥地生活在波兰东北部的巴洛维沙森林，那里还有海狸等动物与牛共舞。

桀骜不驯的非洲野牛

非洲野牛即非洲野水牛，与象、犀、狮、豹并称"非洲五霸"，曾广泛地分布在撒哈拉以南地区，在有水源、多青草的地方游荡。由于 20 世纪末非洲爆发牛瘟，很多非洲野牛不幸遇难，数量锐减。非洲野牛晨昏活跃，喜欢在泥水中走来走去，因为非洲的气候太炎热，野牛白天常躲在林荫下纳凉。它们个个是游泳好手，遇到危险便跳入水中或泥沼之中，当然，它们的奔跑能力也不错，时速可达 57 千米。非洲水牛不像亚洲水牛那样温顺亲人，它们未曾被人类驯养，从来就是桀骜不驯的。常见大群迁徙的野水牛可称为非洲草原野水牛，还有一种体形小些的，叫西非森林赤水牛，它们都是未被人类驯化的野生动物。

种类丰富的亚洲野牛

1.瘤牛，体色发白的瘤牛因肩上有瘤状突起而得名，约 8000 年前被驯化，在印度被视为"神牛"，可在街上、村落里随意漫步，如入无人之境。而笔者见到印度的其他牛种，如水牛、黄牛，却没有这样的光环。

2.白肢野牛，体形巨大，雄牛肩高 2 米，体长 3 米，体重超过 1 吨，是当今最大的野牛，体色黑棕而小腿却是白色，所以又叫"白袜子"，产于我国和印度边境的山林、高山草地。

3.爪哇野牛，也叫白臀野牛，产于东南亚，数量已很少，夜间行动，白天休息。休息时常卧成一圈，由一头母牛站立警卫，遇到危险，母牛立即跺脚示

鸟与黄牛

警，众牛闻讯马上跃起逃命。爪哇野牛的驯化种（7000年前被驯化）叫巴厘牛，常见于印度尼西亚。

4.大额牛，又被称为"四不象牛"。它前额宽大，头呈长桂状，身体粗壮，四肢短小像黄牛，背有肉峰像骆驼，角距宽张像野牛，是举世罕见的半驯化牛类，仅见中国西南高黎贡山西麓的独龙江畔，又叫独龙牛。

5.林牛，又名柬埔寨野牛，分布于中南半岛，雄牛的角尖下方形成明显的"毛边角"，体高身窄，体毛棕褐色，老公牛偏黑，隐秘于森林中，1937年才被人类发现，目前，全世界没有任何一座动物园拥有它。

6.野水牛，包括亚洲野水牛、山地倭水牛、低地倭水牛、民都洛水牛几种。亚洲野水牛又名印度水牛，双角宽度可达2米，为野牛之最，目前野生种群仅有3400头左右，与拥有1.7亿头的家水牛相比，数量简直是九牛之一毛了。山地倭水牛分布于印度尼西亚苏拉威西及周边地区，低地倭水牛也分布于印度尼西亚苏拉威西，其角色墨绿，喜独居。民都洛水牛1888年被发现于菲律宾民都洛岛，昼伏夜出，为菲律宾境内唯一的牛科动物。几种倭水牛都是极危物种。家水牛源自野水牛，包括来自印度的角型弯曲如小辫的河流型水牛和

海南岛上水牛与八哥共生互惠

来自中国的双角粗大向后弯曲的沼泽型水牛。

7. 武广牛，又名中南大羚，1992 年在越南安南山脉首次发现，被认为是 20 世纪最惊人的发现物种。侧面看好像只有一只角，故名亚洲独角兽，见于越南和老挝的边界，属于极危物种。

拐带家牛的野牦牛

在青藏高原，藏民的牦牛时常会走失。当考察者追赶野牦牛群时，有时也会碰到一两只不逃跑的牛，近前一看，原来是走失的家牦牛。走失的牦牛大多是母牦牛，是被野公牛"拐带私奔"的。而牧民如果在寻回走失的母牦牛时发现它已经怀孕，会非常高兴，因为家牦牛和野牦牛杂交生下的"小野种"体力好、耐疲劳，就是脾气较大。但家牦牛的血缘如果混入野牦牛种群，则会给野生牦牛的基因库带来负面影响。家牦牛是 4500 年前从野牦牛驯化而来，且有白色品种即白牦牛，深受藏民喜爱。

已经绝种的家牛祖先：原牛

在北京麋鹿苑的灭绝动物公墓，有一块写有"原牛，1627 年灭绝"的石碑，原牛是一种曾经生存在地球上的、颇具传奇色彩的野生的牛，分布在欧洲。欧洲曾有两种野生牛：原牛和欧洲野牛，二者是完全不同的物种。据研究，原牛的灭绝跟工业革命关系不大，主要是早期人类的过度猎杀所致。从有史记载以前，原牛便已广布欧亚大陆，原牛尚存的最后 2000 年，仅分布于欧洲中部。

原牛是很多神话中的原型，如希腊神话记述：克里特王后帕西法斯与神灵附体的公牛私通后生出牛头怪，于是，国王制造了著名的克里特岛迷宫，囚禁"牛头太子"。

原牛的拉丁语名称 Aurochs，意为家牛之祖。家牛源于原牛，如同家狗源于野狼。家牛是在约一万年前从原牛驯化而来。

原牛体态魁伟，肩高约 1.8 米，头上双角尖耸。古罗马统治者恺撒大帝在书中曾描述：它们略小于象，色彩独特，体形巨大，速度超群。无论人兽，它们都不示弱，无法被驯化，即使幼牛也很难。

自古以来，人们长期不懈地设陷阱捕杀原牛，好胜斗狠的年轻人则以捕牛为一种强身之法，在追杀中取乐，还以拥有多多益善的牛角为荣耀。人们热衷于搜集牛角，将其镶上银边，用做筵席的饮具。

家牛多是源于原牛，最典型的特征见于原牛仅仅延续到 10—11 世纪，那以后，除东普鲁士、立陶宛及波兰的荒野外，哪里都找不到原牛了。1299 年，鲍莱斯劳斯公爵在其领地马索维亚下达了原牛的禁杀令；1359 年，泽母维特公爵也下令保护原牛，使波兰成了原牛最后的庇护地。1564 年，原牛仅剩 38 头，到 1550 年尚出没于波兰西部森林中；1599 年，仅余 22 只；1602 年，仅剩 4 头；1620 年，原牛剩下了最后一头，这头原牛活到 1627 年，在波兰的一个公园里逝去，戏剧般地扮演了这种动物的最后一名成员，走到剧终。

原牛灭绝后，它的血缘依然存在于全球的家牛体内。话虽这样说，1920 年，德国柏林与慕尼黑动物园进行过一个育种实验，希冀再现早期壁画和陶器上描绘的野生原牛，但人工培育的"家养"个体，远比石器时代的"野生"原型要小得多。

虎年话虎

虎年一到，惹人喜爱的老虎形象便立刻充斥了大街小巷的商铺厅堂，属虎的和不属虎的人都会为这个虎虎有生气、浓情似火的年景而意气风发。

老虎这个物种的生存状况，真令我们喜忧参半，曾几何时，这些呼啸山林、威风八面的神兽，由于人类活动的加剧，狩猎手段的提高，原始森林的丧失而几乎陷入万劫不复的境地，尤其是我国特有的华南虎。

虎，肉食目猫科豹属，仅仅分布在亚洲，全球仅 1 种，但有 9 个亚种，分别是：巴厘虎（1937 年灭绝）、里海虎（1980 年灭绝）、爪哇虎（1988 年灭绝）、东北虎、华南虎、印支虎、马来虎、苏门答腊虎、孟加拉虎。20 世纪初全球有虎 10 万只，随着人类的发展，老虎在各地纷纷退出自然历史舞台。据记载，厦门 1858 年、杭州 1880 年、福州 1894 年、南京 1895 年都还曾有华南虎。20 世纪初期，罗布泊还有新疆虎，1964 年在秦岭、1974 年在山西原平曾发现过虎，可悲的是，这都是该地最后确切的虎踪。分布在新加坡的老虎到 1949 年已绝迹。

2008 年发生在陕西的令国人谈虎色变的"周老虎事件"乃是一个骗局、一场闹剧。其实在 2007 年 5 月 13 日，北京师范大学生命科学院的博士生冯利民利用架设的红外触发相机在云南勐腊拍摄到了一头走在河边的印支虎，这是中国第一张野生印支虎照片！这一证据表明，中国境内仍然存在印支虎。从动物学或生态学角度出发，这张正面的印支虎照片的意义远远超过了周正龙拍摄的假"华南虎"照片的社会反响，但印支虎的出现远未引起公众的关注。

打虎除害乃是早已过时了的错误观念，一度的打虎运动导致全国在 20 世纪 60 年代被打死的老虎数以千计。以后，对虎骨、虎皮的需求，商业性的盗猎、杀戮，更使虎的命运雪上加霜。

我国在 1993 年加入限制虎骨进出口的《濒危野生动植物种国际贸易公约》，特别是对全国枪支的收缴，对天然林的禁伐，终于使猎虎行为有所收敛。遗憾的是，全国各地的老虎数量已是七零八落，所剩无几，分布于我国的东北虎、华南虎、印支虎、孟加拉虎都加起来，也不足百只，真是到了山穷水尽、时运不济的灭绝边缘。

如果说中国是世界上 14 个产虎国中虎种数量最多的国家，那么印度则是世界上现存老虎数量最多的国家，尽管只有一种孟加拉虎。20 世纪中叶，由于森林砍伐和过度猎杀，印度老虎的数量一度减少到数百只。1970 年，印度成为立法保护老虎的第一个国家。1973 年印度总理英迪拉·甘地提倡保虎计划，将虎立为国兽，划定了 10 余个虎保护区，到 1984 年野生虎的数量，已经由 70 年代的 1872 只，增加到 4000 只，到 1989 年，又上升到 4334 只，但是，在这个贫富悬殊、物欲横流的世界，保护终难抵御盗猎。

无可否认，我国在禁止虎骨贸易之后，在一定程度上减轻了因入药需求对老虎猎杀的压力，提高了公民保护意识，也缓解了一些国际舆论的负面影响。

2008 年，一份关于印度老虎种群的普查数据正式公布，科考利用卫星定位和数百架红外线相机的影像辨认，使数据更为准确，但调查结果出乎人们的意料，印度老虎远非此前预计的 3000 多只的数量，而是只有 1500 只。数据显示，近年印度老虎数量下降了 66%。

知耻而后勇！自从 2005 年萨瑞斯卡老虎保护区的最后一只老虎被偷猎，印度政府开始成立老虎保护特别行动组。政府部门、科学家、保护人士为推进印度虎保护项目，合作行动，财长已签署了一项 5 年计划；为保护项目提供 1.4 亿美元的支持；一支 112 人组成的保护武装进驻到老虎分布的核心地区；为拉贾斯坦邦空运一批亚成年雌虎，以解决这里的国家公园雄虎过多的问题。

世界自然基金会最新发布的一份报告称：相比 1998 年的农历虎年，如今适宜野生虎生存的栖息地减少了 40%；若再往前回望，野生虎的领地只剩下原来的 7%。栖息地缩减，以及遍布亚洲的偷猎行为，使得全球野生虎数量急剧减少——大约一个世纪以前，"丛林之王"的数量在 10 万只以上；而今，估计仅剩下 3200 只。

在中国，华南虎和东北虎的命运令人揪心。20 多年来，全国各地有关野生华南虎踪迹的报告不下百次，却没有一次得到明确证实，专家判断，这个中国特有的野生虎亚种其实已"功能性灭绝"。而在 40 多年前，生活在我国南方的野生华南虎不下 4000 只。与存亡未卜的华南虎相比，林海雪原中的东

曾在北京濒危动物中心担任饲养员的郭耕——与虎共舞

北虎还算幸运。中国工程院院士马建章回忆：20 世纪 60 年代初，中国的野生东北虎约有 200 只；20 世纪 80 年代初，就很难再在野外看到东北虎了；1999年，野生东北虎几近灭绝，仅存 5~7 只。好在，采取种种保护措施后，东北虎终于在长白山脉留存下来，种群数量恢复到 20 只。对于特定的生态系统而言，性情凶猛的老虎并非一群"妄开杀戒"的猎手。它们以"顶级消费者"的身份控制着食物链下端诸多物种的数量，稳定着周围的生物圈。倘若老虎真的从地球上消失，将会给区域性生态平衡带来巨大灾难，更多物种可能因此而陆续消失。

"留得青山在，不怕没柴烧"，只要栖息地在，老虎就有希望。国际保护人士在缅甸的野外考察也传递出了令人欣慰的信息，缅北有一个大范围的老虎栖息地，多大呢？几乎等于比利时的国土面积。除此，泰国、老挝的原始森林也都有尚且适合老虎生存的地方，这些国家的政府人士如是称："谁也不想失去这些大猫，如果工作开展不难，开销不很大，在政治上也有益，干吗不支持老虎保护项目呢？"

我们的俗语中有一句话"老虎戴佛珠……"，在尼泊尔，保护人士真的为老虎戴上了"佛珠"，从 1974 年首次为老虎戴上项圈进行研究以来，这种科考又在泰国、中国、老挝、孟加拉相继开展。而尼泊尔的另一项卓有成效的保护是社区参与的森林保护项目，从 1994 年到现在，已有 1500 个这样的造林保虎团体，在为老虎带来大片栖息地的同时，森林功能的恢复也为水源的清洁、林产品的丰富带来了益处。

诚然，老虎不是吃素的，为避免人虎冲突，一些保护组织还安排了驯狗师帮助社区居民，用狗来预警老虎，防患于未然。作为可能是虎的受害者，也是受益者的孟加拉一位本地居民不无感慨地说："如果没有老虎，森林也会死去，而没有森林，我们的生活也将毁灭。"

来自俄罗斯的消息也令人欣慰，远东地区的西伯利亚虎即东北虎，20 世纪 40 年代仅有 50 只，随着人为影响的降低，作为老虎猎物的野猪、野鸡、驼鹿和狼的数量日益增加，老虎数量逐渐复苏。苏联解体后，美国及一些国际组织开始介入打击偷猎的工作并为之买单，近 10 年来东北虎数量一直保持在四、五百只（最近调查显示，成年东北虎 331~370 只，幼虎 100 只），占世界东北虎总数的 95%，是全球最大单独连续的老虎繁殖种群。随着森林居住人口的减少，人虎冲突自然也明显下降。

给虎一点阳光，生命就能灿烂。目前，全球老虎数量尚有 3000~4000 只，老虎本身具有高度的适应力和繁殖力，孕期短，产崽多，母虎孕期只有 103 天，一般每次产 4 崽，18 个月后，母虎就又能交配受孕。老虎保护的主要问题，不是数量的多寡（当然，野生虎也不能太少，人工虎不能太多），而是栖息地的大小。只要有条件适宜的大空间，就会有大希望。让我们共同呵护这个所有生命都赖以生存的地球家园！

只有健康的山林才能承载大型动物，特别是处于食物链顶端的大型食肉动物，一只"大猫"一年至少需要捕食 50 头食草动物，需要数百平方千米的生境才能维持生存，大种群的食草动物有赖于大面积的原始森林栖息，我们没有大森林，哪来大群的猎物？没有猎物，虎豹何存？所幸，随着生态文明的推进、天然林保护工程的实施，各地林场放下刀斧，停止砍伐，封存油锯，封山禁猎，森林恢复了生机，虎豹终于可以回归东北老家。东北也是我的老家，近乡情更怯，可人是乡音。赶早不如赶巧，2017 年 8 月 18 日我参加完西丰"鹿

地球上体形最大的东北虎

文化"论坛，就近闻讯而来，怀着对家乡的眷念、对父辈乡愁的寻访，更出于对"国家公园"的兴趣，走一趟吧，哪怕是自费。千载难逢，机不可失。

从东北虎国家级自然保护区马滴达保护站那些身穿制服、坚守一线的保护者的介绍，到图文并茂的保护工作展板和沙盘的演示，尤其是各种野生动物图片，都是通过设置在林间的红外相机，得到前所未有的虎、豹、熊、狐、獾、鹿、野猪、青鼬等动物的珍贵图片及影像，甚至拍到棕熊（以前以为这里只有黑熊）。大量的第一手证据，印证了上午在长春南湖宾馆"虎豹国家公园管理局"成立与揭牌仪式时披露的信息：目前，至少有 27 只东北虎和 42 只东北豹生存于此，且为中国虎豹恢复的重要路径和源泉。

记得在 2017 年 8 月 19 日上午的挂牌仪式座谈会上，杨伟民副主任发言，高度评价了以北师大葛剑平（我们认识了很多年，是在政协活动的场合）为首的科研团队。十年磨一剑，他们积累了大量翔实的数据，为国家公园的成立，奠定了科学基础。此行珲春，我正好与葛校长的助手冯利民博士同行，一路讨教，受益匪浅。杨主任的最后一席话可谓言简意赅："这是我国第二个挂牌的国家公园（第一个是三江源国家公园），其成立要达到三个满意，人民满意，中央满意，虎豹满意。"

让人民满意，让中央满意，这都听说过，让虎豹也满意，这一说法，令人耳目一新。

虎豹国家公园得以"横空出世"，可以说是顺应了天时、地利、人和的三大条件。

兔年话兔

您认识兔子吗？对这个问题，很多人会不屑一顾，谁不知道兔子呀！但我的确一直不晓得家兔和野兔有何区别，其实它们不一样，Rabbit 主要指家兔或穴兔，Hare 主要指野兔或草兔。通常我们饲养的兔子都是家兔，野外见到的兔子都是野兔，它们是完全不同种的动物。所幸，我在麋鹿苑几乎每天都能与野兔即草兔邂逅。每当凝视或极目追踪那些生灵跳跃的身影时，我，作为一个心系动物之人，总爱叩问它们背后的学问和故事。

到底家兔与野兔有何区别呢？在分类上，它们分别属于兔科下的两个属：兔属和穴兔属。

兔属于脊索动物门脊椎动物亚门哺乳纲兔形目，其下包括两个科：鼠兔科和兔科。鼠兔是一些有一拳大小的、耳朵很小、很特别的兔，全世界有 26 种，中国就达 20 种，当年我在川西高原野外考察，时常与鼠兔相遇；兔子家族的主角当然是兔子，兔科下有 11 属 46 种之多，中国的兔子只有 1 属 9 种，当然，这里指的都是野生兔。

在分类上，它们都属于兔科兔属下的成员，英文为 Hare。草兔通常体形大于野生穴兔并有更长的后肢，耳长，有黑斑，怀孕时间约一个半月，每次产 2~8 崽，幼兔初生时眼已睁开，身已覆毛，产下几分钟后就能跳跃。雌兔几乎不必育幼。分布于南极之外的世界各地，南美洲和澳大利亚为引入种。人工饲养寿命约 7 年。

草兔不挖掘巢穴，在地面栖息，有时利用狐、鼠等动物的弃巢或选择岩石之下藏身。嗅觉、听觉、视觉都很发达，危险出现时会压低双耳，伏身于地，一旦敌人逼近，纵身逃窜，能短距离游泳，郊狼、猞猁、狐狸、鹰隼、鸮等都是它们的天敌。

我们最熟悉的、品种多样、大量饲养的家兔在分类上则为另一个属——兔科穴兔属下的成员，其实，其下仅此一种——穴兔，或名欧洲穴兔饲兔、野家兔、家兔（Domestic Rabbit）。中国野外没有任何穴兔。

2015 年 6 月在北京麋鹿苑偶遇野兔

　　家兔即穴兔，所谓穴兔即善于挖穴之兔，前后爪并用，挖出形成体系的地下通道，白日躲避其中。穴兔繁殖力强盛，所到之处迅速蔓延，会吃光青草、树根、种子、果实、农作物，甚至毁坏树木。

　　穴兔交配频繁，数量众多，趋利避害的能力强，能游泳，沙漠绵尾兔甚至能爬树。它们在自然界没有泛滥成灾的原因是天敌众多：狐、狗、猫、鼬、鹰、郊狼、猞猁、浣熊……尽管还有人，但它们还是喜欢伴人而居的，因为能吃到农作物呀！穴兔喜群居，善掘洞，营巢地下，肯花气力在地下构筑一个安全舒适的庇护所，入洞逃避天敌，也是它们护身的法宝。家兔有自吃粪便的习性，其夜晚排泄的覆膜之软便富含 B 族维生素和蛋白质，家兔经常直接从自己肛门处吃掉全部粪便，只有生病的兔子才不吃屎。看来，我们常说"狗改不了吃屎"，应改为"兔改不了吃屎"更科学。

　　穴兔的母兔怀孕期为 31 天，每次产 2~7 只，母兔当年就能繁殖 30 个后代，约 4 窝，幼兔出生时十分柔弱无助，如同裸毛的豚鼠，未睁眼，这与草兔生而长毛、生而睁眼、生而能跑的特征呈鲜明反差。母兔昼出夜归哺育幼崽，但穴兔在头 10 天成长迅速，1 周长毛，1 月离巢，5 个月小兔即成熟。当小兔开始繁殖时，它们的母亲已又生下了几窝小小兔了，人工饲养的兔子一年繁殖量可达 50 只。

如果没有驯养动物，人类恐怕会走上一条相当不同的发展道路，兔子就是一种一度随人走向世界的动物。现在，全球家兔约 60 个品种 200 多品系，世界上所有驯养的家兔均来自欧洲的野生穴兔。达尔文认为，家兔是在中世纪随着航海业的发展，被水手们作为其漫长旅程的肉食补充品，带向世界各地的。祸兮福所倚，福兮祸所伏。如果引种不当，兔子也能导致祸端。如澳大利亚，作为从未发生过人类驯化动物的地区，却因盲目引种兔子引发了生态灾难。1859 年，一个农夫从外国弄回 24 只兔子，兔子逃逸后，由于没有天敌，快速繁殖，兔灾爆发。从最初的几十只迅增到几亿只，草场遭毁，一些有袋类动物因此灭绝。

家兔来自野生的欧洲穴兔，那是公元 1000 年左右的事情。中国的家兔驯化史说纷纭，但至少不是来自中国本地野兔（本地野兔耳薄，胆小，难以饲养，更难以繁殖，虽不会打洞，但桀骜不驯），而是先秦时期通过丝绸之路从欧洲输入的穴兔培育而成的，初为宫廷玩物，后流传到民间，被培育成体形不大、耐粗饲的中国白兔——"小白兔，白又白，两只耳朵竖起来"。

龙年话龙

有这样一首唤作《二月二》的民歌："二月二龙抬头，风调雨顺好年头；苞谷棒子粗又大，高粱谷子舞龙头。"生动反映了龙文化在中国民间影响的根深蒂固和喜闻乐见。

农历龙年将临，龙是十二生肖中唯一的虚拟动物、神话动物，我一贯声称，我与很多动物有过亲密接触、亲身交流的经历，像与鼠、与牛、与虎、与兔、与蛇、与马、与羊、与猴、与鸡、与狗、与猪，但唯独与龙无缘，既不曾画龙，又不是属龙，思来想去，与龙何干？蓦然想起，我曾撰文对龙有过独到的探究：农历"二月二"是中国民间"龙抬头"的日子，公历2月2日则是"国际湿地日"，二者到底有什么内在联系呢？

都是二月二日，只是一个巧合，那"湿地"与"龙"究竟有没有联系呢？当然了！前者是自然界的一种水陆交汇的生态类型，而后者是华夏民族世代崇拜的动物图腾，二者似乎无关连之处，但自然与文化之间往往隐含有深刻的、必然的渊源关系。湿地是地球上仅次于森林的物种多样性最丰富的场所，龙的形态作为各种动物之大成，有鳞、有角、有须、有爪，是多种动物——游鱼、走兽、爬虫、飞禽的综合体，这便体现了物种上的多样性；湿地是地球上唯一的四圈交汇之地（大气圈、水圈、岩石圈、生物圈），龙则下可潜渊，上可驾云，遨游四极，俯临八荒，表现了无所不能、无处不在的生态上的多样性；湿地作为众多动植物的庇护所，特别是水禽的栖息地，是生命之源、生命之汤，是地球物种的重要基因库，"龙生九子，各个不同"且变化无方、物不能治，恰恰体现了这种遗传上的多样性。

"水不在深，有龙则灵""深山大泽，实生龙蛇"，中国古代文化涉及"龙"的记载不绝于书，而龙离不开水，说明古代先人主要是择水而居，把栖息地设置在湿地附近，以求渔猎、饮食、舟楫之便。能用一条大河、一种动物，尽管是虚拟的龙，将一国之民如此紧密地联系在一起，并维系着上下几千年、纵横数万里的民族精神，甚至天人关系的国度，只有中国。"遥远的东方

德国博物馆，置身龙世界

有一条河，她的名字叫黄河；古老的东方有一条龙，她的名字叫中国。"

起源于原始社会新石器时期的华夏"龙"文化，至少有 6000 年的历史，"龙"虽然是虚拟之物，但绝非凭空捏造。原始时期，龙蛇难分，龙仅是一种夸张的蛇。到汉代，作为祥瑞灵异之神的龙，已具四足。至少这时，可确认龙是源于一种栖息在水泽的爬行动物。有人认为蛟即是龙，楚大夫屈原在《九歌》中早有"麋何食兮庭中？蛟何为兮水裔？"的诗句，从古文字看，"龙"字形如恐龙，但更似蛟鳄。蛟鳄是一种曾分布于中国华南湿地、体长约 10 米的古老鳄类，可惜随着人类对湿地的破坏和对动物的过度猎取，最后一只已于 1912 年在香港灭绝，中国境内从此再无蛟鳄。

说蛟是龙的原型，并生活在湿地，只是较为写实的推论，从人类学的角度即文化演变来看，龙是自然现象与社会象征、现实世界与抽象臆造的集合体。在远古，各个部落都有自己的动物图腾，黄帝统辖了虎、熊、鸟、鱼等部落后，成为总酋长，便会盟各个部落，结合各种图腾动物的特征，拼组出"角似鹿、头似驼、眼似兔、项似蛇、鳞似鱼、掌似虎、耳似牛、爪似鹰、腹似蜃"的神通广大的共同的图腾——龙。《说文解字》中有"龙，鳞虫之长，能幽能明，能细能巨，能短能长，春分而登天，秋分而潜渊"的记载。作为华夏民族亲和力的代表和中华民族追求天、地、人合　精神的象征，龙，便成为中国第一个统一王朝——夏朝的图腾。几千年来，"龙"不仅是中华民族共同崇拜的图腾文化，而且折射出了古人敬畏天地、亲和动物的自

带羽毛的恐龙化石

然观。它是一种民族大融合、文化多样性，乃至生物多样性思想的朴素体现与整合。

　　尽管龙被描述得神乎其神，但终究离不开水——湿地，至少，在人们的灵魂深处（传说龙宫在海底）是这样。古代中原，但凡有水之处，无论江河湖海、潭池渊泽，均有龙王之庙，所供龙王职司该地的旱涝丰歉。因此，人们对龙王崇拜之至，就连慈禧太后到颐和园，也要在龙王庙里祷告一番，祈求风调雨顺。在中国，龙王庙几乎成了与自然湿地形影相伴的一道人文景观，那么，我们又是如何看待湿地与龙现象的一致性和互利性呢？

　　如今，怎样看待作为湿地保护的文化渊源的"龙"现象，已经摆在我们面前，曾经是凝结中华儿女情愫和认知纽带的中华巨龙，是否也可作为亲和人类与自然、人与湿地、人与动物关系的精神纽带呢？其实，中华文化源远流长，与湿地有关的诗文，俯拾皆是。面对作为生命源头、古老乡愁的湿地，回望那在水一方的龙王庙、渔歌唱晚的摇篮曲、雁字当空的老词牌……能否唤起您对自然隐退、往事流逝、信仰迷失的惊悸和保护环境、拯救自我、魂归正宅的彻悟？保护湿地吧，龙的传人！否则，您将成为岌岌可危的丧家之"龙"。龙的传人，不能远离湿地的滋润。

　　我的老家在陕北榆林，那里有一首遐迩闻名的秧歌调《春节序曲》，其中就有龙，让我们在这首听来就会让人心潮澎湃，跃跃欲试，甚至"龙腾虎跃"的歌声中，在那 2012 年龙抬头的日子里，迎接龙年的到来吧！

　　"正月里来正月正，锣鼓唢呐鞭炮声……大街小巷人潮涌，就像那巨龙在云里翻腾，嗨咿呀嗨，就像巨龙在云里翻腾！"

蛇年话蛇

　　人们对蛇的印象和其形象的反应，相比其他生肖动物，大打折扣，因为大家心目中的蛇，或许就是毒蛇。据印度的一个统计数据，1922 年印度全国有 1603 人命丧虎口，而这一年中被毒蛇夺去性命的竟达 75000 人之多。我们总爱说老虎吃人，可毒蛇伤人的比例要远远高于老虎啊！一朝被蛇咬，十年怕井绳。人类在与各种动物的斗争中，蛇乃是一个重要的对手。他们捕蛇为食，如被蛇咬，快速死亡，令人难解。这种磨难和经历，势必会在原始人类的头脑中留下深刻印象，由此产生对蛇的敬畏。现在每年全球遭蛇咬者不下几百万，死者逾 2 万。许多人，包括声称爱动物的人往往也惧怕蛇，但是，蛇的窈窕身段和美丽外观又每每令人将其与美女联系在一起。听算卦的说梦见蛇预示发财，但如被毒蛇咬一口，也许小命就完了，不值！还是躲着点为妙！

　　蛇毒有多剧烈？ 1 克眼镜蛇的蛇毒可以杀死 7 万只小鼠；1 克银环蛇的蛇毒可以杀死 30 万只小鼠；澳大利亚虎斑蛇、爪哇毒蛇、印度蓝蛇的蛇毒更厉害。

　　蛇是进化了 1.3 亿年的古老的脊椎动物，与龟、鳖、鳄、蜥蜴同属于爬行纲，最早的蛇类来自恐龙时代。目前，全世界的蛇共有 3000 种，1/4 为毒蛇。中国约有 200 种蛇，毒蛇约 50 种。世界上最大的蛇是蟒蛇，长达 10 米，重达百余斤，最小的蛇是盲蛇，10 多厘米，才几克重。

　　无论毒蛇多么可怕，它们都不会主动进攻人类。不管是不是被蛇咬过，害怕蛇的，大有人在。其实，怕蛇是正确的，尽管蛇不会主动追着你咬你，除非你侵犯了它，但野外工作者动不动就"打草惊蛇"故弄声响，就是害怕遇到蛇，挨蛇咬，而蛇天生胆小，一有动静就逃之夭夭。

　　对了，你一定会写"它"字，但知晓其意吗？从这个字可以知道，蛇与人类的文化渊源有多深。让我们从"蛇"字辨析一下"它"背后的含义吧！古人们相互问候的第一句话是："无它乎？""它"即蛇，虽难考证，但从汉字的象形视角看，这个"它"，俨然就是一条昂立的蛇，加上"虫"字旁，就更是

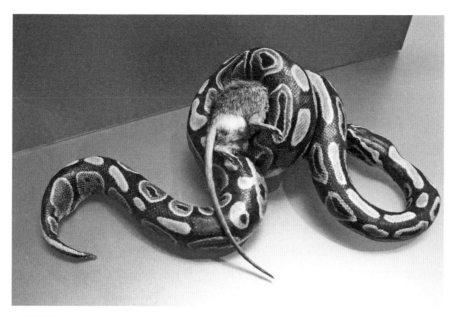

捕鼠的蟒蛇

形神兼备了。因为"虫"亦即蛇，我们至今还称蛇为长虫。福建的简称"闽"是因闽人以蛇为祖。

　　从生态角度分析蛇的作用，世界上不能没有蛇，人类更是不能离开蛇。老鼠和很多昆虫都有着惊人的繁殖力，过多就会成灾，但为什么没有全面出现这种老鼠成灾的现象呢？这完全是蛇等天敌的功劳。

　　一条菜花蛇一夜可捕田鼠数只，守护 20 亩农田，一条中等大小的蛇一年食鼠 150 余只，按每只老鼠耗粮 8~10 千克计，一年可以"虎口夺粮"1~2 吨。

　　然而，蛇在传统饮食文化和中医药中占有重要地位，约有 20 多种蛇被列上了食客的菜单，这严重刺激了蛇类的非法贸易，使原来的有蛇之地已是蛇踪难觅。

　　蛇类的急剧减少，致使我国部分地区鼠害频发，既造成农林生产的危害，还招致了传染病的发生。蛇咬人致命是零星现象，而"无它乎"——无蛇导致的灾患则严重得多，欧洲曾暴发的鼠疫——黑死病致使 1/4 的人口病死。所以，为了控制鼠害，维护国人的健康，必须保护蛇类。现在我们在强调保护蛇类的时候往往面临一些难题：

一是公众的保护意识淡薄，受商家误导严重，过分夸大蛇的保健作用。

二是法规不完善、不健全。我国的蛇类中除了蟒为国家一级保护动物，眼镜蛇、眼镜王蛇、滑鼠蛇为《濒危野生动植物种国际贸易公约》的种类外，多数蛇难以受到妥善、有效的保护。

三是蛇类养殖技术不成熟，资源的可持续利用水平低，亟待加强研究力量，以促进和配合物种和生态的保护。

蛇的世界如此神奇，可惜，我们身边的蛇却越来越少，包括我工作的麋鹿苑，10多年前遇见蛇是司空见惯的，可现在却相当少见了，幸亏还有黄鼬和老鹰的存在，否则，老鼠就会大行其道。

我与蛇曾有的亲密接触是在印度生活的岁月里。印度是热带国家，蛇类无处不在，在印度三个月的生活中，多次与蛇共舞，不仅常见经典的街头耍蛇人，还参加过一次蛇主题的乡村葬礼。

在一个蛇类中心，我曾手握一条肥大而柔顺的鼠蛇照相，并以为它们都是这样温驯。然而，一天傍晚，在所入住宾馆的花园，遇见一条鼠蛇，我自不量力地拾起一根棒子，想捏住它、掌控之，不料，这条蛇竟飞身蹿起，向我面门冲来，吓得我急忙躲闪，它扑了个空，便翻身隐入了草丛。这是一条什么蛇？不知道，无毒的还好，顶多给我留个牙印；有毒的呢，则吾命休矣！从此我知道，蛇是万万不能惹的动物。

马年话马

每当中国农历的马年来临，必然是热闹非凡，大家互祝一马当先、万马奔腾、马到成功……马，是一种哺乳动物，分类上属于奇蹄目马科。在有蹄类动物中，奇蹄目相对于偶蹄目（包括猪、牛、羊、鹿、羚等约 200 种），在种类的辨别上要简单得多，只有马、貘、犀三个科不到 20 种动物，其中马科约 10 种，即亚洲野马（普氏野马）、欧洲野马（普通马）、亚洲野驴（蒙、藏两种）、非洲野驴（索马里、努比亚两种，非洲野驴是家驴的祖先）、斑马（包括细纹、格氏、查氏及山斑马）和一种 1860 年才灭绝的马科动物——斑驴。

马的起源是在 6000 万年前恐龙消失的新生代，最早的化石记录出现于美洲，那时的马叫始祖马，身高不足 30 厘米，大小如狗，出没于灌丛，这不禁令人想起一个词"犬马之劳"。经过几百万年的演化，成为体态渐高的中新马，再经几百万年进化为上新马，这是因 1200 万年前的上新世而得名，这时的马已经有 100 厘米高，并从三趾变为单趾。又经约 500 万年的进化，上新马继续长个，发达的中趾成为蹄子，身高达到 140 厘米，成为现代马的直系祖先——真马。

由于气候的异常，特别是地球的冰川活动，原始的马科动物，逐渐从白令陆桥西移至东半球的欧亚大陆，西半球的马却绝迹了，真成了"马挪活，树挪死"。活跃于欧亚大陆的野马，开始在欧亚大陆发展并与古人类相伴。据考古学记录，曾在地球上生存过的马达百种之多（中国古生物学家就先后发掘出三门马、黄河马、北京马、云南马等，50 万年前，北京人的狩猎对象之一就是野马）。到人类进入青铜器时代，它们就剩最后的两个种类：灰色的欧洲野马和黄色的亚洲野马。

古人为果腹而猎马，马肉、马乳、马皮，都可维持生命，甚至"马革裹尸"；凭智慧而捕马，或集体驱赶轰下山崖，或制作陷阱及假人诱捕，《敦煌县志》便有"献天马于汉武帝"的记载。人类进入新石器时代，约 8000 年前，才开始对欧洲野马进行驯化，世界上最早的驯化马见于俄罗斯基辅的旧石器遗址，中国最早的驯化马记录出土于龙山遗址。之所以对马进行驯化，是由于猎杀的压力，自然界的马越来越少。约公元前 6000 年，世界上不同地区的人开始不约而同地控制马这种动物，当然，驯化之初，人类的目的主要是吃肉。大约公元前 1000 年，即 3000 年前，人类才跨上了马背。在西方，马匹开辟了一个时代——骑士时代；在东方，马匹成就了一个帝国——蒙古帝国，成吉思汗的骑手纵横欧亚，堪为马背驮起的一个帝国。一个曾经默默无闻的民族，一旦与一种平平常常的动物结合，竟然爆发出雷霆万钧之力。

驯化的成功，更取决于马这种动物自身的特殊性，马的食物是草，与人无争，随遇而安；繁殖、配种、选育都容易，全球驯化马的品系达 300 种之多，而且母马公驴配，生骡子，母驴公马配，生驴骡；性情不温不火，恰到好处。据说，人类历史上也尝试着驯化过斑马，甚至拉上了车，但斑马咬伤人的概率比老虎还大，只得放弃。马高雅的气质禀赋和强劲的奔跑能力，亲和而不失个性，温驯中蕴含着刚烈，特别是"马力"对人类外力的强化和弥补，改写了人类自己的时空概念，突破了自身行动的界限，终于使马和人结盟了。人、马的结合，堪称"天作之合"，是动物驯化史上的一个奇迹。要不然，为什么我们驯化的"驯"字怎么都是马字旁呢？法国博物学家布丰说："人类对马的驯服，不愧是最高贵的征服。"如今，全世界的家马有 300 多种，大到比利时拉曳马，小到广西果下马，千变万化，但万变不离其宗，它们都起源于欧洲野马（分布在欧亚大陆）。欧洲野马和各种家马的遗传基因相同，染色体数均为32 对，而唯一幸存下来的野马就是亚洲野马，亦名蒙古野马或普氏野马，其染色体数为 33 对，从未被家化。

在我国汉代，曾有"献天马于汉武帝"的记载，那是发生在敦煌附近的事件，当时常有野马出没，因为不是人为驯化的马，在大戈壁中无常出没，人们便误认为是天马行空，独往独来。当地人就想捕捉几匹献给皇上，可惜根本追不上。于是，有人出了这样的主意，利用野马需要来月牙泉喝水的习性，在泉边摆上几个身穿铠甲、手持套马杆的假人，起初野马很害怕，逐渐知道是假人，就不再理会，照常来饮水。一天，人们把假人撤走换上一些武士，还是手持套马杆站立于月牙泉的边上，待野马成群结队前来饮水之际，忽然一声令下，套马！几匹野马便束手就擒，终于实现了"献天马于汉武帝"的愿望。

圈养的野马

但是这些野马根本无法被驯服，其后果可想而知，必定是"心在天山，老死中原"。

在北京麋鹿苑就能见到这种圈养的野马。普氏野马是 1878 年被科学发现并鉴定为独立一种的，发现者是一个俄国军官普尔热瓦尔斯基，发现地是新疆的准噶尔盆地。真是生不逢时，此时，人类正从冷兵器时代向热兵器时代转化，人类有枪，再强大、再机敏、再凶猛的动物也难逃厄运。1890 年，一个德国人从中国捕捉到 52 匹普氏野马，长途贩运到汉堡，到达后仅剩 28 匹，最终 8 匹留下了后代。而作为野马故乡的中国，到 20 世纪 60 年代，自然界的野马终于灭绝。现在全球千余匹野马，都是当时那批运离故土的野马的后代。20 世纪 80 年代中期，我国参加国际合作的野马还乡项目，用中国野驴、白唇鹿从欧美换回 18 匹野马，在新疆和甘肃各建一个保护中心，经成功野放百余匹，新疆卡拉麦里已再现野马雄风。

羊年话羊

驯化之初，吉祥之喻

羊都长角，多数的鹿也都长角，但鹿角和牛羊之角是不同的。鹿角是骨质的"实角"，年长年脱。而牛羊的角属于"洞角"，由骨质心与角质鞘构成，终生生长，且不脱换。由此，大家对有角之兽已是粗知一二了吧？

有一种鹿叫驯鹿，顾名思义，这是一种被驯化了的鹿，但人类最初驯化的动物并非始于鹿，而是起于羊。山羊是所有畜养动物中，第一种被人类驯化的野生动物，尽管没有叫"驯羊"。故事发生在大约2.8万年前的伊朗山地，一只出生不满三天的捻角山羊被人轻易地捉到了，当男人把这个猎物带回洞穴即将杀之果腹时，女人出于母爱本能，把这只可爱又可怜的小生灵收留了下来……奇迹发生了，动物畜养开始了。可以说，畜养山羊是人类文明史上的一次伟大突破，之后，才养的狗、驯鹿及绵羊……

人类从公元前8000年对羊驯化起，到公元前2500年对骆驼的驯化，共有约148种陆生动物遭到驯化的尝试，但别高兴得太早，驯化合格的大型兽类仅有14种，其他134种均不合格，均属桀骜不驯。人类驯化的对象都来自野生动物，在不断把野生动物驯成家养动物的过程中，走上了从采集、狩猎，向农牧业生产发展的进化之路。古代先人从猎羊、捕羊，到养羊、放羊，如能一尝羔羊之鲜，简直是一桩美事，羊在古人心目中的地位，情感判断和价值取向，独占魁首，所以，吉祥的"祥"、新鲜的"鲜"、美丽的"美"，甚至善良的"善"，均出自"羊"。古人曾留下"羔羊跪乳，乌鸦反哺"的美谈，把羊喻为和善、孝敬的动物，象征幸福美满，固有"十羊九福全"之说，属羊，美哉，善哉！

洋洋洒洒，羊的世界

羊，在动物界里，可是个"羊"丁兴旺的大家族，如果，羊年是您的本命年，那就祝贺您了，但您希望您属的是哪一种羊呢？是山羊，还是绵羊？是家

野山羊

羊，还是野羊？是盘羊、岩羊，还是羚羊？噢，一说起羚羊可就远了，按说，羚羊已经不能算是羊了，但它毕竟有个羊字，例如藏羚羊。羚羊不是羊，黄羊（是一种原羚）不是羊，藏羚羊其实就是一种羚，那到底什么是羊呢？为使大家不迷路，我这个"四不像"就把世界上羊的种类，给大家介绍一下：

羊在动物界属于有蹄类的偶蹄目、偶蹄目的牛科（偶蹄目中除了牛科，还有猪科、鹿科、长颈鹿科、河马科、骆驼科等）。

咱们顺着羊亚科向下找，羊亚科又分为：羊羚族、羊牛族、高鼻羚羊族、羊族……太令人抓狂了！

但至此，我们终于找到"羊族"了，原来，在羊族中，才能见到真正的羊，全球共有二十几种。

让我们看看羊族都有哪些成员吧：

羊族之下共分 5 个属：绵羊属、蛮羊属、岩羊属、塔尔羊属、山羊属。其中蛮羊、岩羊、塔尔羊的属下各有一、二、三个种，都是纯粹的野生羊，山羊属下有 7 个种，绵羊属下有 8 个种，这七上八下的，倒也不难记，关键是记住每种羊的名称不易。就让我们从熟悉的山羊和绵羊入手，来走进这洋洋洒洒的羊世界吧。

山羊——福兮？祸兮？

山羊，英文 Goat，其中，家山羊是大家最熟悉的动物，山羊属之下，除了家山羊、野山羊，还有北山羊（即羱羊或悬羊）、高加索羱羊、西班牙羱羊、非洲羱羊及捻角羱羊 5 种。

在人类开拓疆土的进程中，山羊曾发挥了举足轻重的作用，它们为人类提供了乳、肉、毛、皮革，它们是防水容器，是渡河工具，是不用扛在肩上的财产，甚至是迎亲的嫁妆。自山羊随早期人类离开黑漆漆的山洞之日起，畜牧业便一发而不可收地蔓延开来，几只，几十只……几万只，几亿只，如今，全球的山羊总量已达 40 亿只。但是，在给人类带来滚滚"羊"财的同时，也带来了触目惊心的生态问题——过度放牧（overgrazing），往往容易导致草原沦落为荒漠。

人类从猎羊转为牧羊本是好事、美事。山羊比绵羊耐贫瘠，这也是它们的优点和美德。它们能在其他动物无法忍受的裸地上生存，采食包括植物根系在内的任何部位，甚至敢吃其他动物讨厌的、有异味的植物，故而明代就有"牛吃草，如浇，羊吃草，如烧"之说。但如过度放牧，就会过犹不及，生态崩溃，因过致溃，福祸转化，岂不成了祸事、坏事？目前人类放纵的"牧童经济"，正使山羊变成为破坏生态的替罪羊。

野生山羊起初仅分布于西起西班牙，经阿拉伯、喜马拉雅地区直至北美落基山的北半球。现在，则见于世界各地，包括历史上曾连一根羊毛都没有的地方——澳大利亚大陆，如今，澳大利亚竟有"骑在羊背上的国家"之誉。阿尔卑斯野山羊是几乎灭绝又被拯救的一种山羊，130 年前，这种山羊因猎杀过度，已在阿尔卑斯山地区消失，仅在意大利的格兰帕拉迪索国家公园余有 50 只，在王室的关照下，进行了人工繁衍，然后放归自然。如今，从法国到南斯拉夫，都能看到自然种群了。

山羊与绵羊的一个重要的外观区别是角的不同：山羊之角直上或后弯，绵羊之角则弯弯或分向两边。我曾在新疆天山深处捡到过一只北山羊的角，粗大多棱，形如弯刀，长约半米，我甚觉稀罕，但听专家说，这根本不算长，成年公山羊的角有的长过一米。野山羊的角雄伟粗壮，远远超出了我们对家山羊的认识。

绵羊——美丽之奴

有人之所以称山羊为山羊羚（Goat-antelopes），是认为山羊算不上真正的羊，而只是羊的近亲。那真正的羊又是谁呢？绵羊（Sheep）！一些分类学家干脆把绵羊属称为羊属（Ovis）。

羊属下除绵羊外，还有大角羊（即北美盘羊）、塔尔大角羊（即白大角羊）、摩佛伦大角羊（即欧洲盘羊）、赤羊、盘羊（东亚盘羊）、赤盘羊及雪山盘羊，共 7 种。

绵羊也是人类驯化较早的一种动物，大概始于一万年前的亚洲中部。当初，人类只是图其肉、皮、乳，随着剪毛技术的发展，人类在毫不伤害它们的情况下，便能大获其利了。养羊业带动了纺织业，纺织业又刺激了养羊业。现在，全球的绵羊数量已达 10 亿只。资本主义初期血腥的原始资本积累，因始于羊毛产业，便被称为"羊吃人"时期。

有趣的是，现在，澳大利亚随处可见的优质羊种——美丽奴，最初是在西班牙发现的，"美丽奴"为西班牙语 Merino，当时，因这种羊的毛质上乘，受人喜爱，西班牙曾颁布法令，禁止私带羊毛出境。

在美国道奇汽车系列中，有一款名为"公羊"RAM 的车型，颇受男人喜爱，这个牌子的灵感就源于北美的一种大角羊 Bighorn。在落基山的悬崖陡壁上，两只雄性大角羊对峙着，巨大羊角的撞击声，可传向一里开外，轮战中的胜者多为角大体壮者，只有这样优秀的个体，才有交配权，这叫种内竞争、优胜劣汰。

大角羊的分布，从西伯利亚、北美洲加拿大一直延至美国的新墨西哥州。有人认为，大角羊原产于东亚，是白令海峡尚未断开时，迁至北美洲的。

在羊的世界里，公羊（Rams）和母羊（Ewes）均长角，只是公大母小。有别于鹿角的年长年脱，羊角终生不脱，愈老愈大，因而，人们可以根据羊角大小判断其年龄。

世界上体形最大的野生绵羊是生活在亚洲荒原的盘羊，分布地包括：中国、俄罗斯、蒙古、尼泊尔及克什米尔，盘羊体大者可肩高 1.2 米，体重 200 千克。盘羊有 10 余个亚种，著名的有蒙古盘羊（又名大头羊）、西藏盘羊及新疆盘羊。

新疆盘羊又名马可·波罗盘羊，据说是 13 世纪时，马可·波罗从意大利来到中国，惊异于大头盘羊的雄伟，便写进他的《马可·波罗游记》，故此得名。新疆盘羊最奇特之处是羊角，其角虽不及蒙古盘羊来得粗壮，但其长度却在几种盘羊中遥遥领先，最长者可达 1.9 米，有的羊角还极度夸张地弯上一圈半，的确令人惊叹，堪称造物之美。

| 格言 |　　　　如果人类不压抑自己的七情六欲的话，那么他应该会以爱心善待动物。因为对动物残忍的人，对待人类也一定不会好到哪里去。我们可以从一个人对待动物的方式来断定他的心地好不好。

——［德国］康德

猿猴漫谈

> 猱然，仁兽也。喜群行，老者前，少者后；食相让，居相爱；生相聚，死相赴。
>
> ——［明］李时珍

中国家喻户晓的古典小说《西游记》，讲述了一只神通广大的猴王，护送大唐高僧西行天竺，一路降妖伏魔、历尽艰险进入天国取得真经，得成正果的故事。

其实，在人类历史上，第一个飞入天国的灵长类是人类的表亲，一个名叫"海姆"的黑猩猩。1961 年 1 月，美国"水星号"宇宙飞船以 5000 英里的时速搭载着这位被动的"冒险家"御风驾云般地进入太空，比俄国人尤里·加加林——首位进入太空的人类还早三个月。人们之所以选择了黑猩猩，是因为这个物种与人这个物种的亲缘关系最近，二者的遗传基因有 98.4% 是重合的。

可惜，在六亲不认的人类眼中，黑猩猩只是一种猿猴，一种代人受过的高级实验动物，甚至是只该囚禁于动物园或马戏团的玩物，但珍妮·古道尔在北京的一次演讲中，曾经告诉我们这样一个骇人听闻的数据：每从非洲捕获一只黑猩猩，便会平均有 6 只其同伴的死亡率。

黑猩猩的拉丁学名为"洞居"之意，那是早期科学家的误解，实际上黑猩猩是典型的"树栖"者，是人类祖先树栖经历的活生生的翻版。人与黑猩猩的分道扬镳、"人猿相揖别"是 500 万年前的事情。

不应与黑猩猩混为一谈的倭黑猩猩，是人类最后鉴定的一种大型类人猿，它与人类的相似性就更多了，如频繁地直立行走、面对面地交媾、娴熟地运用工具……为我们重塑了祖先的形象并再现了人类进化历程中失却的重要环节，这一切都证明，倭黑猩猩乃是我们更直接的亲戚，"五百万年前是一家！"

遗憾的是，人类刚刚找到自己的这一直系亲属，它们就因过度捕杀、肉被摆上餐桌、活体被卖作宠物而濒危，这种状况无疑是对人类行为的一种谴责、一种控诉。

许多动物，在人类还没有认识，甚至是误解之中便走向了灭绝，马达加斯加的指猴就是典型案例。一谈到指猴，人们总爱望文生义地竖起手指表示知道，实际上对于指猴的体形，绝大多数人并不清楚，误以为它们小如手指，其实，指猴体大如猫，体重 2 千克，身

秦岭金丝猴

长加尾长超过一米。之所以被称为指猴，是由于其指形奇特、细长如铁丝的缘故。更大的误解是，因指猴属夜行性，鸣叫之声酷似婴孩啼哭（故其英文名为Aye-aye），便被当地人视为不祥之兆而大肆捕杀，这与中国民间对待猫头鹰的态度何其相似。

在马达加斯加，还生活着一种叫大狐猴的原始灵长类（曾被某电视台误译成跳猴、跳狐猴），英文名称为 Indri，在当地语言中为"在这儿"的意思。原来，在 18 世纪末，动物学家刚到马达加斯加时，向本地土人了解猴子的情况，土人指着不远的大狐猴，热情地介绍："Indri（在这儿），Indri（在这儿）！"这位动物学家以为，该猴名称即为 Indri，便忠实地记录了下来，沿用至今。这种情况还发生在另一种动物——袋鼠的身上。当欧洲人初次到达澳大利亚见到袋鼠时，不胜惊讶，问当地土著：那是什么？土著不懂英文，便以土语回答：Kangaroo（我不知你说什么）。欧洲人误以为这句话就是该动物的名称，以后就永远地把袋鼠称为了 Kangaroo。

南美洲有一种名为白鼻丛尾猴的动物，其实，它们的鼻子是粉红色的，为什么名不副实呢？那是因为在 1984 年，当人们捕杀一只丛尾猴辗转送到动物学家戴威奥手里时，这张标本早已失去原来的光彩，动物学家便根据苍白的鼻色定了名：白鼻丛尾猴。以后，人们见到实物，明知有误，却只好按物种命名

的先入为主的原则，以讹传讹地沿用了下来。

遗憾的是，过去，人类一直耻与猿猴认作亲戚，在进化论建立之初，英国上层人士还以讥笑的口吻诘问动物学家：你的祖宗是哪只猴子？可当人类遭灾惹祸后，却又极尽"恶人先告状"之能事。19世纪，英法战争期间，一艘英国轮船在英格兰东北海面触礁沉没，船客包括一个马戏团，结果，全船唯一的幸存者是一只猴子。当时英法关系极为紧张，英国为了出气，便以法国间谍的罪名惩处了这只猴子，将好不容易死里逃生的猴子送上了绞架。

历史往往会重演，当今艾滋病袭扰全球，染病者达三、四千万，人类不说自己的行为有失检点，却再次迁怒于猿猴，说什么艾滋病全是猿猴惹的祸，不是责怪非洲绿猴，就是嫁祸于黑猩猩，也不想想，这些原本生活在自然界的野生动物招谁惹谁了，即便它们是艾滋病的携带者，如果你不去抓它们，养它们，吃它们，怎能染上它们的病？人家自古生活在原始森林中，作为大自然的一员，可能也作为病毒、病菌的寄主，已经在代人受过了，你偏偏要打破这份平衡，打开自然的魔瓶。作为自然疫源地的原生状态被干扰后，这些千百年来寄生在动物们身上的病毒、病菌只好另找寄主，这个寄主不是别人，只能是人类，因为人类正在占据着地球上越来越多的空间。

335

当然，由于人与猿猴无可否认的亲缘关系，这种交叉感染是相互的，对此，我在做黑猩猩饲养员时，深有体会，我一感冒，黑猩猩也会流鼻涕，它们拉稀，我也跑肚。更为恶劣的是，人类曾把脊髓灰质炎传染给野生的黑猩猩，使其大受残疾之苦，甚至黑猩猩部落的许多成员因此丧了命。

人有人言，兽有兽语。被我们视为兽类的猿猴各有各的寓意丰富的语言，珍·古道尔在演讲时，常以黑猩猩的问候语向大家打招呼，我有时能与长臂猿遥相对话，皆因知道猿猴们的只言片语。非洲长尾猴的警报语非常复杂，"嗒嗒嗒"的击牙之声表示地面有蛇，短促的急叫表示天空有鹰……旨在引起同伴们的注意。

我们也有把灵长类亲戚的警告之声，赋予神秘色彩的。欧洲唯一的非人灵长类叫叟猴或直布罗陀猿（Barbary Ape），是一种300年前引自非洲的猕猴，也是地球上唯一一种冲出非洲的猕猴。18世纪初，生活在海岸岩石上的叟猴曾因及时地向驻守英军发出有西班牙人进攻的警报，从而避免了英军战事的失利。从此，英国人就对曳猴的存在十分看重，视为英国理所应当盘踞在此的象征，并有"一旦曳猴消失，英国的占领亦将宣告结束"的谶语。二战期间，英国首相对此迷信说法也深信不疑，下令保持曳猴的数量。其实，这并非出于迷信，只是他比猴子更了解这个传说背后的意义罢了。

借猴之口给人以教化的例子，莫过于已盛传几百年的三只猴的故事。日本寺庙中循循善诱的三只老猴的塑像，一个捂嘴、一个捂眼、一个捂耳，把孔子"非礼勿说、非礼勿视、非礼勿听"（Speak no evil、See no evil、Hear no evil）三句古训，以人类近亲及社会旁观者的长者身份身教言传地摆在您的面前，大有"不听老人言，吃亏在眼前"之意，可谓寓教于乐的典范。

在当今世界人口爆炸，人数超过 61 亿的时代，地球上半数以上的灵长类物种却以史无前例的速度迎来灭种之灾，如果说一个物种的无度增加，竟要以许多物种的消亡和其生态环境的丧失为代价，那些古人留下的"兔死狐悲""唇亡齿寒""皮之不存，毛将焉附""天令其亡，必令其狂"等谶语将以自然规律的方式，了结和惩戒这种暴殄天物、为所欲为、独霸一切的恶行。必须承认，自然界本身就有这样一个规律：当一个物种凌驾于众生之上，达到绝对优势的霸主地位之时，也就是该物种行将覆灭之际，恐龙，便是前车之鉴。

灵长类概述

在全球 4000 多种哺乳动物中，有约 400 种是灵长类（亦称灵长目动物），这是瑞典生物学家林奈最先命名的动物类群，意思是"众生之灵、众生之长"。灵长类动物包括各种猴子、无尾的猿以及我们人类。

人类是灵长类中的一种，像世界上所有的物种一样，也有一个拉丁学名，人类为 Homo Sapiens，即智人，当然，这是人类自我标榜的，但愿是真智慧，而非"抖机灵"，更不要"聪明反被聪明误"。

灵长类区别哺乳纲其他成员的主要特征是：具备发达的脑、灵巧的手和正视的眼。

从纵向即进化的角度看，灵长类包括三类：

低等的原始猴类：狐猴、懒猴、婴猴、指猴、跗猴等共 17 个属 30 余种。

狒狒

　　中等进化的猴类：各种狒猴、卷尾猴等具颊囊的杂食猴类和具复胃的素食猴类共 30 个属近 150 种。

　　高等进化的猿类：长臂猿、合趾猿、巨猿（猩猩类）及裸猿（人类）共 5 个属 15 种。

　　从横向即分布的角度看，灵长类包括：

　　亚洲：跗猴 3 种、懒猴 3 种、猕猴 10 余种、仰鼻猴 4 种、各种叶猴 20 种、长臂猿 11 种、猩猩 1 种，共 50 多种。

　　非洲：婴猴 5 种，金熊猴、树熊猴各 1 种，猕猴 1 种，狒狒 5 种，山魈 2 种，赤猴 1 种，长尾猴 20 种，白睑猴 5 种，沼泽猴 1 种，喀麦隆猴 2 种，疣猴 7 种，大猩猩 1 种，黑猩猩 1 种，倭黑猩猩 1 种，共 54 种。

　　马达加斯加：指猴 1 种、狐猴 10 余种、倭狐猴 3 种、鼠狐猴 3 种、大狐

皇柽柳猴

猴 4 种及各种真狐猴、领狐猴、鼬狐猴、驯狐猴等共 20 余种。

南美洲：小型狨 10 余种、倭狨 1 种、节尾猴 1 种、卷尾猴 4 种、夜猴 1 种、伶猴 7 种、松鼠猴 5 种、僧面猴 2 种、秃猴 3 种、丛尾猴 3 种、吼猴 6 种、蜘蛛猴 5 种、绒毛猴 3 种、绒毛蛛猴 1 种等，共约 80 种。

从运动方式看，灵长类包括：

树跳型：婴猴、跗猴、大狐猴、鼬狐猴等；

四足型：懒猴、猕猴等大多数新、旧大陆猴类；

指撑型：黑猩猩、大猩猩；

臂荡型：长臂猿、猩猩为主；

直立二足型：人类。

从采食习性看，灵长类包括：

食虫为主：婴猴、鼠狐猴、狨猴、跗猴等，且多为夜行性；

食叶为主：叶猴、疣猴、吼猴、仰鼻猴、大猩猩等，且多为昼行性；

杂食：绝大多数灵长类，亦多为昼行性。

从婚配类型看，灵长类包括：

笔者与环尾狐猴

一夫一妻型：大狐猴、狨猴、卷尾猴、伶猴、夜猴、跗猴、长尾猴、叶猴的部分，长臂猿的全部及人类等；

一夫多妻型：长尾叶猴、大猩猩、赤猴、白睑猴、鼬狐猴等；

独居型：黄猩猩、树熊猴、婴猴、指猴、懒猴、倭狐猴等。

就像大自然的神秘永远无法穷尽一样，近年来，世界上的猿猴，仍有新种不断被发现。

鸡年话鸡

众所周知，我国的版图，从地图上看，就像一只引吭高歌的大公鸡，昂首挺胸，形神兼具，屹立于世界东方。法国的国鸟是高卢鸡，我国还没有国鸟，要是选国鸟，我会选鸡，选我国特有的金鸡——红腹锦鸡，这种珍禽色泽艳丽，姿态动人。10年前，我在濒危动物中心工作时，那里繁育的锦鸡很多，我总为它们的华羽和仪态而折服，当然，我指的是雄性锦鸡，相比之下，雌性就谦逊得多了。陕西有个地方叫宝鸡，便是因为历史上盛产红腹锦鸡而得名。

生肖动物排行榜里，鸡，竟是十二属相中唯一的鸟类。多数人熟悉的鸡乃是家鸡，什么九斤黄、澳大利亚黑、芦花鸡、狼山鸡、来亨鸡……那都是人工饲养的不同品种，人类畜养的家鸡曾达200种之多，许多已失传或绝种，目前还有70多个品种。家鸡不仅品种多，而且称得上是世界上数量最多的驯化了的鸟，全球人类饲养的鸡的总数在100亿只以上，只要是有人的地方，就会有鸡。

古代，鸡常被用作祭祀之物，歃血盟誓，动辄杀鸡。唐代，因玄宗皇帝沉迷于斗鸡，使斗鸡成了一个行业——斗鸡坊，驯鸡、养鸡者地位优越，当时社会上便流传有"生儿不用识文字，斗鸡走马胜读书"的民谣。

人类养鸡的最早有史记录是公元前8000年（旧石器时代）的越南，然后，中国、印度、埃及、古希腊、古罗马……相继发生鸡的驯养。在我国，长江流域的屈家岭人类遗址（新石器时代）中，曾发掘有陶鸡，这说明早在公元前，家鸡就已普及于华夏了，而波斯及美索不达米亚是公元前600年，英国是公元前100年，才出现禽类饲养的。可以说，在地球上的所有鸟类中，鸡，在人类进化史上，是立下汗马功劳的。

家鸡的祖先是美丽的野鸡——雉类，具体地说，是一种叫原鸡的鸡形目雉科动物。原鸡，包括红原鸡、灰原鸡、绿原鸡和锡兰原鸡，这些雉类可能都与现代家禽——鸡的起源有渊源，但驯化的主线还是红原鸡，无论形态和习性上，它们都与家鸡相仿，但适应能力、反应能力又都强于家鸡。这就是保护野生物种的遗传价值之所在。翻开《国家重点保护野生动物名录》，分布在我国南方热带丛林的、现存的红原鸡，还属于国家二级保护动物呢！

全世界的鸡形目动物共有280多种，雉科动物占150多种，其中鹧鸪、鹑类占2/3，雉鸡占1/3，50多种，包括原鸡4种、马鸡4种、锦鸡2种、勺鸡1种、血雉1种、角雉5种、虹雉3种、鹇类12种、长尾雉5种、环颈雉2种、孔雀雉8种、眼斑雉2

尼泊尔国鸟棕尾虹雉

种、孔雀3种。中国有雉科动物王国即"野鸡王国"的美称，在中国分布的61种鸡形目鸟类中，除8种松鸡外，均为雉科鸟类，鹑类、雉类种数各半，平分秋色。

民间传说中的凤凰是一种仅次于龙的图腾动物，在"血统"上，也与鸡近缘，或许，凤是一种已经灭绝了的野鸡。《山海经》记述"有鸟焉，其状如鸡，五采而文，名曰凤皇"；《太平御览》记述"黄帝之时，以凤为鸡"。千百年来，凤的地位至高无上，"龙飞凤舞"为皇家所独占，鸡则"鸡毛蒜皮"，与百姓为伍。可是，从形态类别分析，如果真有凤的话，它只应该属于鸡形目的鸟类，凤是鸡的文化转型，鸡是凤的世俗化身。世俗生活中，雄鸡司晨，母鸡下蛋，使人类获得了很大的实惠，"女婿进了门，小鸡没了魂"，毕竟，民以食为天，鸡历来是人类的口中肉、盘中餐。但也有例外，自古有"肉食者鄙"的素食家，而今，我本人也是不吃鸟兽之肉的素食者。鸡属于鸟类，所以，我不再食其肉。

法国的国鸟为高卢鸡，其实，中国历史上也曾把鸡的地位抬得很高，我们的祖先很早就把鸡视为世俗的太阳鸟，对鸡崇敬有加，称鸡为"德禽"。

鸡公山访鸡

《尔雅翼》中说，鸡有五德："头戴冠者，文也；足傅距者，武也；敌在前敢斗者，勇也；见食相呼者，仁也；守夜不失时者，信也。"关于鸡的"五德"有诗赞曰："意在五更初，幽幽潜五德；瞻顾候明时，东方有精色。"可能有人会觉得古人把鸡描述得太神奇了，可能吗？反正，我对鸡的机灵，还真有过一次亲历：某一年，我去重庆讲课，与绿色志愿者协会的吴登明等路途歇息，见鸡群中有一只鸡，难辨公母，老吴随便说了一句"母鸡吧"，话音未落，那只鸡便蹬上母鸡后背，显示出其公鸡的雄姿，令在场的每个人大笑不已，更是感叹不已。

"故人具鸡黍，邀我至田家。"由于鸡的经济价值实惠，驯养便利，中国的养鸡史至少已有 5000 年了。中国最早的养鸡专业户出现在汉代，姓祝，叫祝鸡翁。据《列仙传》记载，家住河南洛阳的祝鸡翁养鸡百年，有鸡上千，个个有名，一呼即应。白天散放，晚间回到家里，栖于树上，年复一年，居然发了鸡财。就我所知，中国最大的鸡也在河南，即信阳的鸡公山，位跨豫鄂两省的鸡公山，方圆 50 千米，属大别山，主峰报晓峰，势如雄鸡，引颈迎风，昂立于群山之中。

鸡叫三遍，太阳出来，鸡的司晨报晓，被看成黎明即起的吉兆。鸡便成了划分阴阳两界，送走黑暗，迎接光明的"阳鸟""天鸡"，是吉祥的化身，鸡者，吉也！司晨报晓有天鸡，以鸡煞鬼，除秽驱邪，也是鸡在民俗中的重要角色。清人袁枚说："鬼怕鸡叫，鸡叫一声，鬼缩一尺，灯光为之一亮。"尽管鸡与凤沾亲，是吉祥的化身，又有五德，但若出现母鸡打鸣，就不吉利了。《尚书》有"牝鸡司晨，惟家之索"之说，意思是母鸡若打鸣，家道会衰落，喻夫人干政或事物反常。

在农业社会的六畜中，鸡和狗的关系总是难解难分，犬守夜，鸡司晨，恪尽职守，有如人之食色，皆为天性。老子有"鸡犬之声相闻，老死不相往来"之语，陶渊明有"狗吠深巷中，鸡鸣桑树颠"之句。至于"鸡犬不宁""鸡犬升天""鸡零狗碎"，皆有其典，我觉得最有意思的是"鸡鸣狗盗"的故事了。

在没有钟表的时代，雄鸡打鸣是人类的主要计时工具之一，特别是在先秦，人们有鸡鸣即起的习惯，如闻鸡起舞，刻苦练功。各国的疆界、隘口也是闻鸡开关，这才有孟尝君计过秦关的趣事。齐国贵族孟尝君生性好客，门客三千，秦昭王曾礼聘他为相，后听谗言欲杀之，孟尝君闻讯而逃，至函谷关。因时辰尚早，鸡鸣才能开关，孟尝君一行只好等待天亮，忽闻秦王追兵将至，孟尝君大惊失色。这时，一位素无名声的下士自称会学鸡叫，以骗开城门，孟尝君大喜，命其一试，果然一鸣惊人，几声之后，远近村落的公鸡纷纷响应，此起彼落，连关吏养的鸡也昂首啼叫起来，关吏揉着惺忪睡眼打开关隘之门，孟尝君一伙便因此趁"鸡"而逃。以后，人们便将"鸡鸣狗盗"比喻各有所长。

其实，这类把戏我们小时候就从电影《半夜鸡叫》里学到了，以至于这些年，每次外出携伴观鸟时，凌晨叫早，便学鸡鸣，往往唤得远近公鸡纷纷呼应，屡试不爽，喔喔喔……

近来，我发现古代诗文中，对鹧鸪、野禽，甚至对家鸡的描述，不绝于书。从《诗经》中的"风雨潇潇，鸡鸣胶胶""风雨如晦，鸡鸣不已"到"鸡声茅店月，人迹板桥霜""秦台一照山鸡后，便是孤鸾罢舞时""诗成一夜月中题，便卧松风到曙鸡""犬吠鸡鸣几处，条桑种杏何人""三更灯火五更鸡，正是男儿读书时"……直至毛泽东的"雄鸡一唱天下白"。其中，我最喜欢的一首唐诗是项斯写的《鸡》：

买得晨鸡共鸡语，常时不用等闲鸣。

深山月黑风雨夜，欲近晓天啼一声。

狗年话狗

鸡年将去，狗年即来。鸡和狗"不是冤家不聚首"，二者总是黏在一块，什么"鸡犬升天""犬吠鸡鸣""鸡鸣狗盗""鸡零狗碎"。它们虽是一鸟一兽，但都与人类长期共存，相依相伴，由此，才深刻地影响了我们的生活和文化。不容忽视的是，由于我们驯养不当，给予它们的福利条件过差，饲养密度过高，管理失控而乐极生悲，狗带来的狂犬病，是人畜共患传染病中除老鼠外死亡率最高的。近年来，鸡的瘟病也呈现抬头之势，特别是禽流感，因曾出现变异为人禽共患导致死亡的病例，因而引发世界范围的恐慌。

西方有句俚语："不要无事生非（Do not wake asleeping dog）。"直译过来是"睡狗莫惹"。看来，我们在向大自然索取、谋求自身利益的时候，要适可而止，知恩图报，否则，难免带来麻烦和祸患。只顾索取，不愿给予，天下哪有免费的午餐。倒是被我们多数人视为宠物的狗，却显得性情上十分的随遇而安。知恩图报，甚至舍己为人。

狗是遍布全球的驯化动物，在我国新石器时期的遗址中，不乏家犬的骨骼遗骸。最早的"犬"字出现在商朝的青铜器上；甲骨文中繁体的"獸"带犬字边，是当时用犬狩猎的缘故；"臭"字由上鼻下犬组成，表现了古人已经意识到狗有嗅觉灵敏之长；"器"字表示储食的大缸由犬看守；古代有"犬侯"一职，指带犬作战的军士；殷墟发掘的百余座带兵器的墓葬中，半数以上都有狗的殉葬，且颈戴铜铃，证明此类狗乃是军犬。

西方人对狗更是喜爱有加。文艺复兴时期的绘画作品中，狗的出现频率很高，当时人们认为，狗会给女主人增添魅力。法国巴黎的卢浮宫收藏有《狩猎女神戴安娜》宫廷画及 15 世纪意大利画家的作品《打猎图》，都有狗相伴助猎，因为在枪发明之前，猎犬是杀死猎物的主要工具。古埃及人对狗膜拜之至，把狗视为亡灵接引之神的现世肉身。古希腊人认为，狗是生死之门的看守；古苏丹人和北美原住民都视狗为阴阳两界的信使；爱斯基摩人认为，赋予了人类名字的狗，便具有了灵魂，因而，他们会以自己过世亲人之名来命名狗。

奇怪的是，狗在很多民族和地区的象征意义都是褒贬不一，甚至是相反的，我们既认为狗是忠实的伴侣，是"忠臣"，又在很多贬义表达中使用"狗"，什么狗东西、狗改不了吃屎、狗嘴里吐不出象牙、狼心狗肺、汉奸走狗、狗头军师……东西方皆然。但是，无论推崇、高抬，还是贬

笔者与藏獒

低、羞辱，我们的这位四脚朋友都随遇而安地、以"狗不嫌家贫"的气度生活着，其荣辱不惊的心理素质，也在影响着、教育着我们，榜样的力量是无穷的！

养狗的人，大都不会否认狗对人的感情，而且狗也在潜移默化地影响着人类的情感世界。狗的出现，大致是在人类有建筑物之前的 1.5 万年前，它们既为我们狩猎、放牧、看家护院，也提供了我们情绪上的宝藏和无条件的陪伴，对我们的身心健康，特别是信诚的培养，有着积极的贡献。狗最令人感激之处就是不带任何挑剔地付出全部友谊，它们可能是世界上唯一一种爱你胜过爱自己的动物了。

欧洲关于狗的佳话很多，其中最动人的故事来自一条叫博比的狗，在苏格兰的首府爱丁堡，这只叫博比的狗，曾守在主人坟上达 12 年之久，直到它死去。后来，人们替这位忠实的动物，在它生前事迹的发生地，建立了一座纪念碑。这种与我们如此不同的生物，一为食肉目，一为灵长目，竟然如此地相依为命，令人感叹。

全世界形形色色的狗达 400 余种，小到不足一千克的吉娃娃，大至约百千克的大丹犬，无论是纯种，还是杂种，在人类的家庭生活与人伦世故中，都扮演着不容忽视的角色，对我们的心理和生理都大有裨益。狗狗们现身说法，为孩子提供行动的楷模，随时展现着它们天性中的忠勇、真诚、智慧、活泼。应知，负责任的饲养关系，可以引发尽善尽美的亲子般的关系，作为宠物，既可以是排解孤寂的伴侣狗，同时，也是扮演着心理医生角色的诊疗狗。

《十骏犬图》（之一） ［清］郎世宁

人们总爱牵强地赋予一些动物以某种禀性：鸳鸯的情爱，狐狸的狡猾，毒蛇的阴险……纯属无稽之谈。其实，最具优良禀性的，而且是不容置疑的、专一的、无私的、无畏的、明显带有利他主义的现实角色，非狗莫属。在人狗相伴的漫长岁月里，我们受益无穷，既有物质的，更有精神层面的。从多如狗毛的艺术作品中，便可见一斑。

希望有一天，随着社会生态文明的提高，人类的伦理观念会出现颠覆性的变化，当大家公认，说您"狼心狗肺"是褒义，而非贬义时，我们对狗的评判，才算做到了客观、公正和实事求是。因为，您若有狗一般的忠勇、狼一样的执着就好了，真有那样"侠肝义胆"的话，您几乎就是一个完美之人、侠义之士了。

狗是文明社会的狼。在生物界，与狗亲缘关系最近的就是狼。达尔文认为，狗是世界上不同地区在不同时期用不同的狼驯化而成。原始人与狼的关系可能是这样：尾随而来的狼，捡拾人丢弃的食物，人也会投掷石块迫使狼把到口的食物丢下。根据考古学证据，人类驯化的各种动物中，狗是最早的种类，然后便是羊，只是驯化来源和地点是多极的，而非单一的，驯化的动物不只有狼，还可能有豺、野狗，被驯的狗不止一种，驯狗的民族也不止一个。人、狗结合之后，人类的狩猎活动就变得无往而不胜了。

如果说羊的驯化应归功于妇人的母性，狗的驯化则可能是男人的专利。男人专职打猎，在出猎时，常有野狗或狼等犬科动物跟踪，禽兽被猎伤后，这些犬科动物便来凑热闹，猎人一般是将其赶走，但收拾猎物后抛弃的残渣、内脏，则可以扔给这些眼巴巴的守候者。久而久之，猎人与这些犬科动物相互熟悉，日久生情，甚至相依为命，变成"狐朋狗友"了。一些野狗干脆伴人而居，而不再山南海北地云游了，以至于人狗无猜，形成了相得益彰的生存伙伴关系。

关于狗的驯化，还有另外一个版本：可能在远古的某一天，猎人掏了狼窝，将一堆狼崽带回住地，在没有冷冻条件的时代，与其杀掉，吃不了而腐烂，不如留些活的，让妇女儿童照顾一下，待日后食用。看来，狗的驯化，也许还是男女配合下的产物呢！

幼狼憨态可掬，活泼乖巧，容易激发妇孺的怜爱之心，小东西们善于戏耍、跳跃，或低鸣，或咆哮，或摇尾乞怜，或追跑打闹，一派生机。它们有着稚嫩的玩偶般的小圆脸和与我们同样前视的大眼睛。玩累了的小崽，便婴儿般地酣睡，均匀的喘息，厚密的绒毛，蜷伏的身子，这一切都极易唤醒人类藏于心底的爱意，而非杀机。情感上的善良，便成为古人"发明"狗的滥觞，在人狗互动、人狗互惠中，开启了人类驯化动物的历史。

古人云："马有垂缰之义，狗有湿草之恩。"这是中华民族关于动物为人类尽心竭力服务、极尽"犬马之劳"的典故。人和狗，同样作为社会性的动物，同样具有丰富的情感和敏锐的情绪，需要是相互的，而非单向的尊重和赏识。我常说，要师法自然，值此狗年之际，我们不妨扪心自问，狗的很多优良品质，您具备吗？难道不值得我们学习吗？但愿狗的利他精神，狗的虔诚本性，狗的安分守己，狗的依恋情怀，能够永远影响着我们的情绪和行为，不仅在过去，而且在现在和未来。

猪年话猪

　　猪是大家非常熟悉的家畜，民间称其为六畜之首。在生肖属相中排在最后，让猪作十二生肖的压阵之物，倒也名副其实。我国养猪的历史已经有七八千年了。在许多古人的墓葬中，远至新石器时期的人类遗址，都不乏猪的遗骸，因为他们常常以牲畜的多寡来标度地位和富裕程度，由此，葬猪或以猪作祭祀品就显得十分重要。家祭时，陈豕于室，合家而祭，故"家"是宝盖下有个"豕"字，这乃是今天我们所用"家"字的由来，也有人解释为农耕社会居室之下养一猪。

　　古文中，关于猪的文字有不同的表达方式。《方言》曰："猪……关东谓之彘，或谓之豕，南楚谓之猪，其子之谓之豚，或谓之豨。吴扬之间谓之猪子。"汉字中的"豭"字为公猪之意，"豝"为母猪之意。在民间，猪有不少别名，"刚鬣""亥豕""糟糠氏""黑面郎""乌将军""长喙将军""天蓬元帅""乌羊"，还有"乌金"……故而杜甫诗曰："家家养乌金，顿顿食黄鱼。"有人解释"乌金"喻养猪生财之意。有趣的是，我国西南山区养的一种猪就叫乌金，在乌蒙山与金沙江一带，地域与形象、民俗竟如此有机地在猪的身上融合了，说明我国农耕文明中的猪文化内涵丰富。我国民间常把猪当成好吃懒做的代表，猪八戒就是家喻户晓的人、猪、神三位一体的角色，虽是神话，但人性与猪情，鲜活生动，惹人喜爱，也多少反映了明朝中后期的民俗世情。在西方，猪的象征意义大同小异，个别地方则有别于东方，古代德国有吹风笛的猪雕，代表色欲，认为梦见猪与性有关。苏格兰有使猪拉车的民俗。也有国家驯猪寻找松果、爆破地雷甚至稽查毒品。在英语中，对不同的猪，也有语汇丰富的表达方式，猪叫 Pig 或 Swine，公猪（野猪）叫 Boar，母猪叫 Sow，小猪叫 Piglet，群猪叫 Sounders。

　　人类吃肉的历史要比养猪的历史长得多。而人类养猪，主要是为了吃肉，杨公社主编的《猪生产学》记述，猪肉在全世界人们的各种肉类消费中约占40%，所占比例最高，在中国更高，约占67%。中国也是世界上肉类消费最多

贵州小山村，与"娃他妈"合个影

的国家，毕竟人口众多嘛！所以，猪被称为我国城乡居民的肉畜之王。中国养猪数量稳居世界首位，仅 1998 年的数字就达 48560 万头，1999 年为 42910 万头。世界粮农组织（FAO）统计：2001 年世界生猪出栏数达 117234 万头，但全球养猪存在明显的地域特点，猪肉产量亚洲居首位，占 55.38% 以上（其中80% 在中国）；欧洲占 27.46%；北美及中美占 12.72%；南美占 3.2%；非洲占0.64%；大洋洲占 0.52%。世界上养猪发达的国家中，中国第一，美国第二，另外，荷兰、德国、加拿大、丹麦、法国等都是在世界上名列前茅的以活猪出口为产业的国家。

　　我国养猪历史悠久，中国的养猪业举世闻名。在距今 10000~7000 年前，中国人就开始精心培育、驯化野猪，逐渐形成丰富多样的猪种资源，其优良品种早已为国外所关注。达尔文在《物种起源》中写道："中国人在猪的饲养和管理上颇费苦心……这些猪明显呈现出高度培育族所具备的性状……它们在改进我们的欧洲猪的品种中，具有高度价值。"

野猪

　　古罗马时期，一些商人来华交易，从广州带走了一些猪种，与当地猪杂交，形成罗马猪，对西方著名猪种的育成起了重要作用。康熙三十八年（1699年）英国商人来华，也从广州带走中国猪与英国本土猪杂交，18 世纪中，育成了巴克夏、大约克夏及美国波中猪、切斯特白等名猪，它们都含中国猪的血统。据资料统计，全球共有家猪品种 300 个，中国约占 1/3，近 100 个，其中地方著名猪种 48 个，是世界猪种资源最丰富的国家，为世界畜牧业的发展做出了贡献。

　　1979 年，中国农业部向法国赠送了 6 头繁殖率非常高的太湖猪，法国农业部如获至宝；1987 年英国引进中国的梅山猪，都对当地猪种繁殖率的提高和肉质的改善起到了重要作用。

　　这林林总总的家猪基本都源于一种野猪。古人以野猪为灾，称"豕祸"，听起来简直跟"失火"差不多，但各地的人们能把一些野猪驯化为家猪，又体现了人类化害为利的智慧。世界上的野猪有 10 多种，家猪到底来自哪个种的野猪呢？具体来说，家猪的野生始祖是来自偶蹄目猪科猪亚科，其下包括5个属，其中猪属之下的欧洲野猪（Sus scrofa），但这只是个名称，并非只在欧洲有或驯化只发生于欧洲，欧洲野猪所含亚种多达33个。简单地说，野猪可分为两大类群——欧洲野猪和亚洲野猪，从种的概念上，都是一个，所以可以相互交配后产崽。一般认为，野猪家化的起源是多中心，而非单中心，所以，欧洲野猪是欧洲家猪的祖先，亚洲野猪是亚洲家猪的祖先。而现生野猪又非现代家猪的直接祖先，从化石证据的研究和解剖学的颅骨结构分析得知，家猪与野猪既有亲缘关系，又有形态差异，这既有地理隔离的原因，也有驯化变异的结果。

不容置疑的是，世界各地的原始人在各个地域，不约而同地驯化一些动物，旧石器时期驯化了狗和羊，新石器时期驯化了猪和鸡，其中猪的驯化是8000~10000年前各自就地完成的。初期是猎捕野猪，猎获过多，无法储存，就将猪崽养起来，供随时取食，由此产生了驯化。驯化野猪必须具备的条件：一是人类定居而非游牧；二是猪的杂食习性便于解决食物来源问题，且食物转化率高；三是由于长期的圈养饲喂，家猪变得毛稀、皮薄、犬齿退化。经过长期驯育，猪从生理到心理都发生了从野到家、从行为到形态的变化；人工的选择，淘汰了野蛮个体，繁育了温驯个体，增加了对人有益的性状，特别是繁殖力强、生长迅速的优势，通过不断的改良和选育，形成了各具特色的猪种。

从自然地理的角度说，野猪原本起源于欧亚大陆，之后，自行扩散到南亚和非洲，在人类的作用下，它们又扩散到了美洲和大洋洲。历史上，一些捕鲸船把家猪带到加拉帕戈斯、夏威夷、毛里求斯等岛屿，然后，就不负责任地将其野放了，以便随时来取食这些猪野化了的后代，既可补充鲜肉，又可解闷搞点狩猎活动。但这些盲目的引种行为危害很大，野化了的家猪，对当地土生土长的动植物种造成了毁灭性的后果，甚至，很多珍贵的岛屿物种走向了灭绝。其实，扪心自问，千秋功过，罪不在猪啊！

猪年来临，撰此猪文，也祝诸位"猪"事顺意！

图书在版编目（CIP）数据

动物与人：郭耕自然保护随笔 / 郭耕著 . —北京：
北京出版社，2021.7
ISBN 978-7-200-15458-0

Ⅰ . ①动… Ⅱ . ①郭… Ⅲ . ①野生动物—动物保护—
文集 Ⅳ . ① S863-53

中国版本图书馆 CIP 数据核字（2020）第 025852 号

动物与人
郭耕自然保护随笔
DONG WU YU REN

郭耕　著

出　　版	北京出版集团	
	北京出版社	
地　　址	北京北三环中路 6 号	
邮　　编	100120	
网　　址	www.bph.com.cn	
总 发 行	北京出版集团	
经　　销	新华书店	
印　　刷	天津市银博印刷集团有限公司	
版 印 次	2021 年 7 月第 1 版　2021 年 7 月第 1 次印刷	
成品尺寸	170 毫米 × 240 毫米	
印　　张	22	
字　　数	300 千字	
书　　号	ISBN 978-7-200-15458-0	
定　　价	68.00 元	

如有印装质量问题，由本社负责调换
质量监督电话　010-58572393